全域智慧旅游重庆市 2011 协同创新中心
现代智慧旅游产业学院
国家一流专业旅游管理建设点
国家(重庆)应用数学中心

山地型避暑度假地的形成
机理与空间管理

王　昕　曾　祎　罗仕伟　等著

U0262719

科学出版社

北　京

内 容 简 介

　　本书一是简析了我国度假旅游的发展情况,聚焦山地型避暑度假地,通过避暑度假者消费决策模型和影响因素的研究,形成了避暑度假地的形成机理、避暑度假者的空间消费特征。二是对气候条件与避暑度假需求的空间分布进行了分析,印证了本书选择的研究对象的合理性与现实性;通过对山地型避暑度假开发适宜性评价和旅游者体验性评价的研究,提出了开发适宜性评价模型。三是从社会学视角,提出避暑度假地的基本构成要素、要素关系等;并进一步阐述了度假地的社会文化特征,即社会关系网络与社会系统、社会流态、社区参与、文化冲突与认同等。四是从旅游学视角分析了避暑度假地的业态特征、避暑度假者的消费特征。基于以上研究,提出了避暑度假地的基本功能空间、功能空间模式、空间格局与建构等。

　　本书可为山地型避暑度假地开发与管理提供科学依据,指导实践建设。

审图号:GS 川(2022)124 号

图书在版编目(CIP)数据

　　山地型避暑度假地的形成机理与空间管理 / 王昕等著. —北京:科学出版社, 2022.12
　　ISBN 978-7-03-073574-4

　　Ⅰ.①山…　Ⅱ.①王…　Ⅲ.①山地-旅游区-空间规划　Ⅳ.①TU984.181

　　中国版本图书馆 CIP 数据核字 (2022) 第 203091 号

责任编辑:刘　琳 / 责任校对:彭　映
责任印制:罗　科 / 封面设计:墨创文化

科学出版社 出版

北京东黄城根北街16 号
邮政编码:100717
http://www.sciencep.com

成都锦瑞印刷有限责任公司 印刷

科学出版社发行　各地新华书店经销

*

2022 年 12 月第 一 版　　开本:787×1092 1/16
2022 年 12 月第一次印刷　　印张:14 3/4
字数:340 000

定价:128.00 元
(如有印装质量问题,我社负责调换)

作者名单

王　昕　曾　祎　罗仕伟

（以下按姓氏笔划排序）

万芋良　邓皓玉　刘宇航　刘红莲

刘虹利　许璐瑶　孙天怡　杜佳容

杨俊平　宋　娟　张罗雪　张玲瑶

范　卓　龚　凤　彭锐真　曾凤君

前　言

随着我国经济的不断发展，人民生活水平不断提高，人们对美好生活的向往越来越强烈，观光旅游已经不能满足居民追求高品质旅游的需求，以休闲、健身、疗养、康养等为主的度假旅游迅速发展起来。短期的旅居生活更容易满足旅游者追求身心愉悦性、闲适性和健康性的需求，人们更希望在舒适环境中享受康乐生活。近年来，不同类型旅游度假区都得到快速发展，是我国度假旅游发展的标志。发展度假旅游是促使我国旅游产品迭代升级、调整旅游产业结构的重要举措，是新时代背景下旅游发展导向和路径的重要转变。旅游度假区的规范建设和发展对促进旅游业的转型升级具有重要意义。

中国旅游研究院发布的《中国旅游景区发展报告(2019)》指出，未来观光旅游仍是国内旅游的基础市场，并将呈现出观光旅游与休闲度假旅游融合发展的趋势。纵观我国度假旅游市场，需求总量越来越大，但度假区的发展并不成熟，呈现出一些阶段性特征。从度假旅游消费特征和消费行为看，居民的度假旅游消费观念有待进一步提高，大量度假型旅游者还没有从观光旅游、日常生活消费中脱离出来。作为度假旅游产品的供给侧，度假旅游地的开发理念、开发模式还没有完全走出观光型旅游地的思维和模式，过分逐利、照搬西方度假旅游模式等问题比较明显，应该发展符合中国国情的度假旅游和度假旅游地。

(1)不同类别的旅游目的地、不同类型的度假旅游地应该有不同的发展要求和思路以及不同的建构模式。本书选择避暑度假地为研究对象，是基于长期的实地调研，发现南北方避暑度假地的开发方式有天壤之别，因此聚焦山地型避暑度假地，它是近年来形成的非常典型的度假地，超乎传统认知。本书选择山地型避暑度假地为研究对象的基本逻辑(下图)：一是不同的旅游产品类型应该有与之对应的旅游地，度假地的旅游开发模式应该具有特殊性，不应一概而论，愈发微观愈加分异；二是近年来我国南方避暑旅游发展非常迅猛，根据避暑度假地的调研发现，南方山地区的避暑度假地形成了与北方完全不同的旅游地形态，具有独特的业态特征、社会特征和空间模式，已经成为一种不可忽视的旅游现象，而且得到了社会的广泛共识和响应；北方的避暑度假地、避暑旅游地的形态和业态特征更接近旅游地的一般性特征。为此，有必要对(南方)山地避暑度假地进行研究，为其合理发展总结科学经验、提出基本理论。

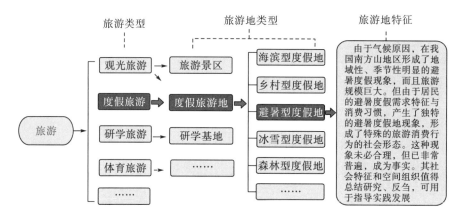

（2）山地型避暑度假地的特殊性在于其形成机理和避暑度假者的消费决策模型，与其他旅游地有明显差异。影响山地型避暑度假地形成的主要因素包括气候舒适度、居民的避暑度假愿望和消费能力、避暑度假的消费方式等。其中，避暑度假消费方式决定了山地型避暑度假地的开发模式。由于我国居民的传统消费理念，加之需要避暑度假的时间比较长（客源地气候原因），大多数居民选择了避暑房消费方式，刺激了度假地的旅游地产迅猛发展，因此山地型避暑度假地普遍发展了以避暑地产为主导的业态模式。避暑度假者的消费方式与一般旅游者有明显不同。

（3）山地型避暑度假地是一个开放的旅游与社会系统，具有特殊的社会关系与网络特征，其功能空间布局与传统旅游地有质的差异。由于大量避暑度假者选择了避暑房度假，避暑度假者成了当地的临时居民，具有明显的双重属性，属于典型的"候鸟式"群体，夏季特别明显，由此产生了复杂的社会关系与网络，也给当地管理带来了难度。同时，由于避暑度假者的消费特征和行为特征，决定了山地型避暑度假地的功能空间布局与众不同，需要从旅游、生活、游憩、康养等多方面考虑各要素的布局问题。这也是目前度假地的主要问题所在，即功能空间缺失和布局不合理，导致避暑度假地既缺乏度假味，又过分商业化。

（4）作者认知"避暑旅游"始于2009年的贵州桐梓乡村旅游节；关于避暑度假地的思考，起于作者2013年的一次消费，购买了一套避暑房；从2015年开始，体验了避暑度假地的各方面，逐渐意识到此"避暑度假"并非传统认知的"避暑旅游"，有必要专题研究。2018年开始，本书研究团队调研了重庆、湖北、四川、贵州、江西、云南等多个避暑旅游地。在实地调研过程中，通过度假产品、业态、度假地场景、消费行为等方面真实地感受到我国的避暑度假发展正处于初级阶段，还存在大量的不合理现象，社会关系和功能空间的缺失，导致避暑度假地存在诸多尴尬。也意识到避暑度假地功能空间体系的重要性，否则会带来系列的多元文化、多元消费观的矛盾冲突，因此更觉得本书的价值较高。本书实地调研了16个（南方）山地型避暑度假地，共97人次参与，获得有效问卷1013份（书中相关数据即为此调研统计，不再赘述）；并对典型避暑度假地进行了多次深入调研。

本书基于社会学、旅游学、城市规划学的基本理论与思路，对山地型避暑度假地的发展规划、经营管理、社会管理等都有借鉴作用。它提醒度假地的发展定位与目标、旅游规划与开发、功能空间的布局、社会治理等应该结合各自的旅游资源与环境条件，注重避暑度假人群的消费行为特征，合理发展。否则容易导致避暑度假地的旅游功能缺失、社会服务不完善，过度开发会导致土地资源和社会资本的浪费，影响当地的可持续发展。

由于研究水平有限，本书对山地型避暑度假地的社会关系研究不够深入，对功能空间关系解析不够透彻，对不同类型度假地的比对研究尚欠缺。一本拙书，但值得交流，但愿本成果能够对山地型避暑度假地的发展有所帮助！

作者于重庆缙云山麓
2021 年 11 月

目　　录

第一章　旅游度假区与发展概述

《马尼拉世界旅游宣言》指出，旅游业的经济利益，无论如何现实和重要，都不会也不可能是构成各国做出鼓励发展旅游之决策的唯一标准，度假权利、给公民以熟悉自己周围环境的机会、更深刻地了解国民性、把每个公民与其同胞联系在一起的凝聚力、文化和民族归属感，这些都是促使每个人通过度假和旅行等方式，参加国内旅游和国际旅游的主要原因。度假旅游的旅程旅时相对于观光旅游更长，更强调休闲性，旅游者更加追求身心的愉悦性、闲适性和健康性，在舒适环境中放慢、调节生活，与度假地的社会互动关系紧密。20 世纪 90 年代以来，随着我国城市化进程的加快、人民生活水平的不断提高、社会闲暇时间的增多，观光旅游产品已不能满足居民追求高品质生活的需求，以休闲、健身、疗养、康养、娱乐和短期居住为主要目的的度假旅游迅速发展起来。不同类型、不同层次、不同主题的旅游度假区是度假旅游产业化的发展标志，发展度假旅游是促使旅游产品升级迭代，调整旅游产业结构的重要举措，是新时代背景下旅游发展导向和路径的重要转变。旅游度假区的建设和发展对促进旅游业的转型升级具有重要意义。

根据中国旅游研究院发布的《中国旅游景区发展报告(2019)》，未来观光旅游仍是国内旅游的基础市场，并将呈现出观光旅游与休闲度假旅游融合发展的趋势。在我国，度假旅游正在成为大众生活的重要组成部分，旅游度假地与旅游度假区的建设开始成为政府、业界、学界研究关注的焦点之一。纵观我国度假旅游市场，总体需求规模越来越庞大，但目前发展并不成熟，具有一些阶段性特征；从居民的度假旅游消费特征和消费认知看，度假意识有待进一步提高，大量度假型旅游者还没有从观光旅游、日常生活消费中释放出来，其度假消费还需要一定的引导；作为度假旅游产品的供给侧，不能盲目发展或照搬西方度假旅游模式，而应发展符合中国国情的度假旅游。本章拟首先厘清旅游度假相关概念，然后梳理我国度假旅游的发展历程，从而进一步探讨我国度假旅游的发展导向。

一、概念诠释

关于旅游度假，常提及的相关概念有"度假旅游""旅游度假区""旅游度假地""度假地"等。"旅游度假区"和"旅游度假地"一字之差，内涵区别不大，主要在于空间范畴的区别。"旅游度假区"在《旅游度假区等级划分》(GB/T 26358—2010)中进行了明确界定，强调空间范围的明确性，如同"旅游景区"一样，要求具有空间管理可控性，具有中国旅游特色；"旅游度假地"则是比较通识的表达，没有明确的空间范围，但它更符合现实情况；"度假地"则是简约表达，有学者认为"度假"本身就含有"旅游"之意，因此认为不必赘述为"旅游度假"，当然，这只代表一种观点。

1. 度假旅游（旅游度假）

从语言表达看，"度假旅游"和"旅游度假"并未严格区分，要看具体的使用场景，字面上二者词意几乎可以画等号。"度假旅游"沿袭了"观光旅游"的表述方式，即强调"度假"功能。也有将"度假旅游"简化为"度假"的表述方式，认为度假本来就属于旅游活动，不必重复表述。

从内涵看，根据《中国成人教育百科全书》，度假最早起源于法国，度假（vacancies）一词原为法文，有"从工作、劳动中解放出来"之意。必须具备两个条件：一是闲暇时间，特别是法定带薪假日和每年节假日的存在；二是工资和消费水平的提高。前者有赖于工作时间的缩短、假期的延长和退休年龄的提前；后者为闲暇时间内从事旅游活动提供了经济支付能力[1]。

根据《朗文英汉双解词典》，英语中"假期"为 vacation 或 holiday，vacation 源于拉丁语，指的是人处于"未被占领的空闲时间状态"（to be unoccupied）或"闲暇的状态"（at leisure）。holiday 是指不用上班、上学等的传统法定节日或假期。《辞海》中"度假"意为"度过假期"。在西方，度假一般指在"假期"这一特定时间段离开常住地所进行的休闲活动，常常与带薪休假期间的外出旅游相关联，西方学者用 vacation、vacationing 或 holidaymaking 指代度假。

农丽媚和杨锐认为，关于什么是度假旅游，国内外学者从不同的研究视角进行了多方面探讨，目前并没有统一的定义。在欧美语境下的度假旅游是一个动态发展的概念，在时空演变的进程中，其主体、内容、客体、内涵和外延都处在不断丰富发展的动态过程中，即便是在当今的欧美学界，对于度假旅游的概念也没有统一的界定[2]。

从出游目的出发，Strapp 提出"度假旅游"即是"利用假日外出进行令精神和身体放松的康体休闲方式[3]。肖潜辉认为度假旅游是旅游者出于消遣和疗养目的而利用假期外出旅游的休闲方式[4]；孙文昌指出度假旅游是旅游者追求消遣寻欢、放松休闲和健身疗养的旅游方式[5]；唐继刚指出度假旅游与带薪假期有关，它比传统的观光旅游更为强调环境质量和生活丰富性来提高休息和服务的水平，从而实现休闲健身、身心愉悦的目的[6]；孔繁嵩认为度假旅游是旅游者通过各种活动恢复旅游者生理机能和心理平衡的旅游方式[7]；吴必虎提出，度假是一种利用时间段的休闲方式，度假旅游则是以度假为目的的旅游形式[8]。

从度假行为出发，爱德华·因斯克普和马克·科伦伯格更注重度假旅游的行为特征，认为度假旅游是一种自由选择性强、停留时间长、时间较为宽松，且高度重视锻炼设施和服务的休闲形式[9]。Aron 则认为度假旅游是在非居住地进行一段时日的娱乐活动的活动形式，这种活动不同于工作和生活[10]。

从流动性看，马波指出度假旅游是旅游者在某一目的地完成旅游活动的集约式空间行为[11]。刘岩认为度假旅游是人们为缓解日常生活和工作压力，使身心达到平衡而利用闲暇时间，前往某地进行的流动性较少、逗留时间相对较长的旅游活动[12]。杨铭铎和陈心宇指出度假旅游是以康体休闲娱乐为目的，利用假日离开居住地到某地进行相对较少流动性的为期数天的一种高质量高层次旅游活动[13]。姜红敏认为度假旅游是人们离开居住地到其他地方进行的至少一天的追求心理健康的旅游活动[14]。吴国清提出度假旅游是指以休闲、健身、疗养为目的而离开自己的常住地到其他地方进行的逗留时间较长(至少一天或过夜)的旅游活动[15]。

从服务要求出发,熊清华认为度假旅游是人们利用闲暇时间,以度假旅游产品为载体,享受并积极参与到一系列具有个性化、人性化的服务中,通过放松身心、获得体验,实现其追求健康、亲近自然、陶冶情操及增添生活情趣的休闲活动[16]。

从度假类型看,黄郁成在《新概念旅游开发》一书中指出度假旅游代表着多种度假旅游的方式,如海滨度假、温泉疗养度假、山地避暑度假、休闲体育、文化娱乐等[17]。张耀天认为度假分为私有住宅度假(包括分时租赁酒店、分时租赁私有住宅、购买私有住宅等)、特殊事件度假(包温泉疗养、会议、某项专业运动等)和旅游胜地度假(在旅游景区及其发展腹地进行的游览休闲活动)。整体来看,旅游胜地度假是最大众化的度假方式[18]。

国内外学者基于不同的出发点,对度假旅游进行了相应研究,对度假旅游的理解有相同、相通之处。归纳起来,度假旅游应该包含以下三个层面的内容。

(1)度假旅游不同于以游览为主要形式的观光旅游,度假旅游更强调体验,以休闲、疗养、娱乐为主要目的,以此缓解日常生活与工作压力,愉悦身心。

(2)度假旅游对旅游目的地的环境、服务水平和综合服务设施要求相对较高,旅游者在度假旅游体验中更希望得到更丰富、更个性化与人性化的服务。

(3)度假旅游对闲暇时间的利用灵活性强,旅游者在旅游地之间的流动性较少,在某一度假旅游地逗留时间相对较长。

因此,度假旅游应该是通过对闲暇时间的利用,以休闲、康养、娱乐等为目的,离开常住地到环境良好、服务水平高和有较完善度假服务设施的旅游目的地,长时间逗留的活动。

一般情况下,观光旅游和度假型旅游的区别见表 1.1。

表 1.1 观光旅游和度假旅游的区别

比对指标	观光旅游	度假旅游
住	空间移动性强,在某一旅游地逗留时间较短(视具体旅游活动而定),是否住宿取决于游程,是顺便的需要;"住"不是吸引旅游者的首要要素	旅游的流动性、移动性弱,在某一度假地逗留的时间较长(至少 2 天);"住"是吸引旅游者的重要因素之一,而且一般对住宿的质量要求较高
游	游览观赏为主要目的,强调旅游资源的景观性、视觉观赏性,在具体点位的停留非常短促,活动轨迹为线状	"游"态以静为主,在具体度假地驻留后,活动轨迹多为发散状;同样有观光活动,但对观景景观要求不高,对有利于身心历练、体验的环境在意
娱	娱乐、康体设施是游览之余的旅游生活配套设施,次要,要求相对不高	"度假"的常态活动主要是休闲和康养,因此娱乐、康体设施等是度假地的首要标配,占主要地位
食	各类旅游地对餐饮需求区别已经不太明显。观光旅游者也在意餐饮特色和品质。但由于旅游时间和旅游线路的限制,部分强调就餐节奏,对餐馆设施、条件要求不太高	饮食可能会成为度假生活的重要组成部分,强调过程的享受性;度假旅游者也喜欢特色餐饮、品质餐厅。但长时间避暑旅游、避寒旅游者比较特殊,更在意餐饮的日常生活性,喜欢自做餐、自理餐,节约消费
行	旅程特征明显,可能较长;旅"行"在一次旅游活动的时间占比较大	一次旅游的时间主要花费在度假地,旅"行"时长占比小;旅程特征不明显,度假目的地可能较远
理念特征	追求感官上的新奇体验,希望在有限时间内看到尽量多的景点,获得比较简单的感官刺激,丰富生活经历	追求静态的身心愉悦和健康,希望在符合要求的环境中舒缓休闲、康养体验等,寻求比较深度的参与体验
旅游动机	以开阔眼界、丰富认知、增加阅历为主要目的;观赏自然与人文景物,体验和了解异乡风情	以放松健康、休闲娱乐为主要目的;调节生活节奏,解除身心疲劳,寻求轻松的生活消遣方式,并达成身心健康

续表

比对指标	观光旅游	度假旅游
供给特征	资源类型丰富多样，任何具有可观瞻的事物均可称为旅游资源；是旅游地产品供给的最基本要求	强调主导性度假资源，对旅游环境条件要求相对较高，要求环境能够为度假主题提供适宜条件。要求度假地提供特征明确的主导性度假产品(例如避暑度假)，并根据度假生活要求，配套齐全的设施设备，营造富有度假"生活"的氛围

2. 旅游度假地

我国于 20 世纪 80 年代开始兴起旅游度假地建设，并于 90 年代迅速发展。旅游度假地，国外也称为旅游休假地；国内对于旅游度假地的概念研究很少，更多是指代旅游度假区。

美国学者 Gee 认为，旅游度假地(tourism resort)概念的中心原则是创造出一种能够促进并提高愉快欢乐感的环境。在实践中，它是通过提供娱乐设施和服务项目，创造愉快、宁静或兴奋的环境，尤其重要的是以亲切、友好的态度，根据客人的不同情况提供高水平的服务来实现[19]。

Tavallaee 等则指出，旅游度假地是一个相对自给自足的目的地，为满足游客娱乐、放松需求而提供的可以广泛选择的旅游设施与服务[20]。

邹统钎在其所著的《旅游度假区发展规划——理论、方法与案例》一书中，对旅游度假地的定义是以闲暇为导向、自给自足的设施与服务有机组合体，用以为游客创造一种特殊的环境与经历[21]。

陈东田和吴人韦指出旅游度假地是指旅游资源集中，环境优美，具有一定规模和游览条件，旅游功能相对完整独立，为游憩、休闲、修学、健身、康乐等目的而设计、经营的，能够提供相当旅游设施和服务的旅游目的地整体。旅游度假地的外延应该是广泛的，它涵盖了从旅游度假村到大型旅游度假区的度假目的地[22]。

综合以上观点，可以更加清晰地解析出，旅游度假地是地域综合体，在一定地域范围内满足旅游者异地休闲度假的旅游需求。旅游度假地具有以下三个特点：一是旅游度假地的着重点在于创造适宜的旅游度假环境，旅游资源集中，环境比较优美。二是旅游度假地是一个较为综合的有机整体，功能完整，具有相应高标准、高水平的设施和服务与之匹配，满足旅游者旅游度假的相关需求。三是旅游度假地的外延广泛，不仅涵盖旅游度假村到大型旅游度假区，并包含由观光旅游目的地转化而来的旅游度假地。

3. 旅游度假区

世界旅游组织旅游规划顾问、旅游开发规划师 Tavallaee 等在其《旅游规划：综合和可持续发展》一书中提到旅游度假区是具有综合配套的旅游服务设施，尤其是休闲娱乐设施齐全，能提供广泛的旅游服务的旅游地[20]。

Scanlon 认为，旅游度假区通过所提供的旅游服务和设施为游客创造一种给人带来愉快欢乐感的环境[23]。

Sukkay 和 Sahachaisaeree 提出旅游度假区建设除了应具备传统旅游景区软硬件条件

外，更强调度假区所处区域的地质地貌、自然背景和生态环境条件，具体涉及地质环境、地形地貌、自然安全、土壤、空气、植被、环境、水质等条件[24]。

国内学者魏彬认为，国家级旅游度假区必须具备明确的地域界限，以自然资源为主要资源，具备地方特色的人为资源为辅；符合国际旅游度假需求，功能齐全、设施完备、服务优良，是一种外向型、高创汇的旅游区[25]。

《国务院关于试办国家旅游度假区有关问题的通知》（国发〔1992〕46号）明确指出，国家旅游度假区是符合国际度假旅游要求，以接待海外游客为主的综合性旅游区。显然该界定已经成为过去，它应该是满足所有休闲度假游客消费需求的地方。《旅游度假区等级划分》（GB/T 26358—2010）表明旅游度假区是具有良好的资源与环境条件，能够满足游客休憩、康养、运动、益智、娱乐等休闲需求的，相对完整的度假设施聚集区。《中国旅游度假区发展报告（2009）》提出旅游度假区是一种综合性的旅游目的地，以满足游客休闲需求为主要目标，以完备的设施与服务为主要特征，资源环境与区位也是其关键要素[26]。

从开发角度，邢铭认为，旅游度假区即指旅游度假开发区，是我国现存七种城市开发区的一种，它是在旅游资源非常丰富的城市（地区）划出一定范围，以旅游、娱乐、度假、休养为主要目的的开发区[27]。方志远等在《旅游文化概论》一书中提出：旅游度假区是人工营造的为旅游者带来愉悦与欢乐感的环境[28]。刘爱利等认为旅游度假区是依托良好的旅游资源环境、单位面积投入产出大的旅游开发形式，是最小单元的旅游目的地，是一种特殊类型的经济技术开发区，集中满足旅游者食、住、行、游、娱、购等多方面的需求[29]。

从旅游者短期居住特征角度，张凌云指出，度假区是为度假者提供娱乐、休闲、疗养及短期居住的地区性综合体，度假区住宿设施的利用要比旅游饭店更多地依赖于外部自然环境、康乐休闲设施和特定的市场区位[30]。吴承照认为旅游度假区作为一个旅游者短期居住的综合体，其设施系统应包括住宿设施、餐饮设施、购物设施、基础设施、游憩设施及会议设施[31]。廖慧娟认为旅游度假区是为旅游者较长时间住留而设计的住宅群，是为度假者提供娱乐、休闲、疗养及短期居住的综合体，为度假者营造愉悦、安静、舒适的环境[32]。

从边界来看，吴承照和薛海旻提出度假区基本可以分为两类：集中型与离散型。集中型度假区面积相对较小，为10~20km²，功能单一，纯粹是为了旅游发展，管理系统单一。离散型度假区，面积相对较大，为50~100km²，多种经济成分共存，综合发展，管理系统复杂[33]。

综合视角上，束晨阳指出旅游度假区是适应度假旅游发展的专门区域，是生态健全、环境优美、设施齐备、服务周详并于重点突出休闲娱乐和观光游览的高质量、高品位的生活社区[34]。毛建华和蔡湛提出旅游度假区是在环境质量较好，区位条件优越的风景区，以满足康体休闲需要为主要功能，并为游客提供高质量服务的综合性旅游区[35]。陈东田和吴人韦认为度假区是旅游地的一种类型，是一种以休闲度假为主要目的，通过向旅游者提供配套的设施与服务，并具有丰富休闲度假内容的环境良好的旅游地[22]。杨帆认为我国的旅游度假区就是一个政府批准建立、自然环境优越、服务设施齐全、休闲娱乐功能多样、适合游客短期性居住、满足度假者"吃住行游购娱"等多种需求的全能型旅游胜地[36]。

陈诗认为旅游度假区是一种集度假、休闲、娱乐、健身、观光等功能为一体，经行政管理部门批准成立，具有明确地理界限与功能分区，以度假市场和会议市场为主要目标市场，提供完善的配套设施和服务项目，区位条件优越，环境优美舒适，适合短期性居住，能满足度假者"吃住行游购娱"多方面需求的综合性旅游区[37]。

基于以上国内外学者对旅游度假区的概念界定，可以看出关于旅游度假区的研究一直在不断发展与完善中，具有一定的时代性。虽然出发点不同，有各自的理解，但也有相通之处。

(1)旅游度假区是为发展度假旅游而专门开发建设的，以休闲度假为主要目的，以接待过夜游客为主。

(2)旅游度假区具有明确的地理界限、统一有效的管理机构。

(3)旅游度假区是拥有优美舒适环境的综合性度假旅游区。舒适的度假环境营造需依托良好的自然或人文资源、高质量服务、综合配套的旅游服务设施。

(4)以满足度假旅游者需求为开发导向，能满足度假者"吃住行游购娱"等综合需求，具有度假、休闲、康体疗养、观光等功能，适宜度假者短期性居住。

整体上，旅游度假区是一个依托良好旅游资源环境、功能相对完善的独立系统、小型旅游地或旅游目的地。以休闲度假为主要目的，提供休闲、娱乐、度假、休养等综合功能，其外延随着度假旅游的逐步成熟而不断延伸。

4. 避暑、避暑旅游与避暑度假

有学者认为，从旅游活动目的和本质看，避暑、避暑旅游、避暑度假是有区别的。避暑不等同于避暑旅游，避暑未必是旅游活动；同样，避暑不一定是度假；避暑旅游与避暑度假是不同形式的旅游活动，等等。但是，从现实的旅游者消费行为特征看，很难将这些概念严格区分，它们之间具有融合性。

"2007 年首届中国(贵阳)避暑旅游经济论坛"首次在国内提出"避暑旅游"的概念，该论坛同时还提出了避暑经济、避暑产业、避暑旅游带等新概念。目前，关于"避暑""避暑旅游""避暑度假"等也没有统一的定义。罗燕结合"避暑"和"旅游"两个概念，将避暑旅游总结为旅游者为了避开当地炎热的天气，离开他们的惯常环境，到凉爽的地方停留，连续不超过一年的活动[38]。罗燕还从旅游需求和旅游供给两方面，更加细致地对避暑旅游的性质、表现形式等做出定义，并认为避暑旅游具有季节性、地域性、重复性、大中型和组织性五大特点。刘园园和金颖若认为避暑旅游目的地是指那些具备优势气候资源的地区，这些地区可以依托稀缺的气候资源条件开发相应的避暑旅游产品，从而发展避暑旅游产业[39]。吴普等认为避暑旅游的本质是以目的地凉爽舒适的夏季气候为主要吸引物和动机而实施的旅游休闲度假活动，其本质是凉爽舒适条件下的旅游行为[40]。

本书对"避暑""避暑旅游""避暑度假"有如下解析：①避暑旅游应该是带有避暑目的的旅游活动，即旅游者选择的目的地是具有避暑功能的，旅游过程仍然具有游走性，即不会在某旅游地长时间停留；从某种意义上讲，避暑旅游就是传统的旅游活动，只是其目的更明确。②避暑度假是避暑旅游的一部分，避暑度假是在具有避暑功能的旅游地长时间停留，其目的还具有康养性、休闲性，度假活动的形态具有生活性。③如果按照"度假"

的字面和内涵解析，如今我国广为盛行的"避暑度假"，应该就是具有位移特征的纳凉休闲；从避暑消费的人群特征看，他们多为闲暇时间充裕的退休者，不符合"度假"定义中"从工作、劳动中解放出来"的主体属性，似乎不符合"度假"本质。

　　显然，以上分析符合命题的科学要求，但面向现实市场的消费特征，这种理解过于严格和拘谨。本书认为，第一，具有位移的避暑行为符合"旅游"的定义，从目前我国的"旅游者"统计看，夏季庞大的避暑人群具有旅游者属性，避暑活动应该是旅游；第二，目前我国避暑人群的消费行为具有"度假"特征，其避暑度假决策也符合旅游决策行为特征。因此，本书将所有到避暑地纳凉休闲、度假康养的人群视为避暑度假者，他们与"游走"的避暑旅游者的消费行为存在较大差异；本书也专注于"避暑度假"，将在避暑地长时间"避暑"的消费行为视为"避暑度假"，这一避暑消费现象具有中国避暑度假特色，也是比较合理的现实解读。

　　5. 旅游度假区与旅游度假地的空间关系分析

　　我国学者对于旅游度假区与旅游度假地的认识持有三种观点：一是认为旅游度假区等同于旅游度假地，陈南江认为度假区又称旅游度假区、旅游度假地，其中小型的称为度假村[41]。二是旅游度假区是旅游度假地的一种类型，张耀天认为度假地和旅游度假区是有区别的，度假地的含义更广，可以指代任何度假空间，而旅游度假区仅指休闲设施完备的综合型旅游区域[18]。三是度假区范围比度假地范围大，吴承照和薛海旻提出国内外很多度假区均属于离散型度假区，如澳大利亚的黄金海岸、美国夏威夷、墨西哥坎昆以及中国的青岛、大连、三亚等，整个城市都是一个度假区[33]。

　　旅游度假区作为我国一种得到行政认可的社会经济区域类型，需要具有明确的地理界限，以便统筹管理。按照国家标准，国家级旅游度假区面积应不小于 $8km^2$，省级旅游度假区面积应不小于 $5km^2$。旅游度假地的范围则无界定，外延广泛，只要是旅游资源集中，环境优美，具有一定规模和游览条件，旅游功能相对完整独立，为游憩、休闲、健身、康乐等目的而设计、经营的，能够提供相当度假旅游设施和服务的旅游目的地都是旅游度假地。

　　旅游度假地与旅游度假区的空间关系如图 1.1 所示，旅游度假地更具有概念性和市场认知性，无明确地理边界，可能包括景区、旅游度假区、度假地产、周边社区及旅游相关业态，与当地社会区域一起，形成一个相对完整独立的社会系统。旅游度假区则是具有明确边界、管理范围的度假旅游综合体，是旅游度假地的一个中心功能区，承载着旅游度假地作为一个旅游目的地的主要接待功能。旅游度假地的研究更具有挑战性，其社会系统更加复杂。例如，以自然资源为主导的传统山地避暑型旅游度假区，气候资源为其核心吸引物，其主要功能为避暑度假，但该区域外延辐射形成了一个复杂的旅游度假区域。

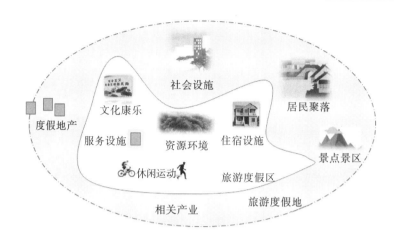

图 1.1 旅游度假地与旅游度假区的空间关系示意图

二、研究概述

目前，关于旅游休闲度假类的研究较多，国外最早可追溯到 20 世纪 60 年代，我国则起源于 20 世纪 90 年代 12 个国家级旅游度假区的批准建设。根据中国知网高级检索平台，以"旅游"和"旅游度假区"为检索关键词，时间段选为 1992 年 1 月 1 日至 2020 年 7 月 1 日，共检索到 177 条结果。其中，主题为旅游度假区的文献有 172 篇、主题为休闲度假的文献有 10 篇、主题为旅游区的文献有 10 篇、主题为旅游地的文献有 10 篇。在史蒂芬斯数据库 (EBSCOhost) 平台上进行检索，按照检索式主题= "vacation" AND "tourism"检索得到 1576 条结果。其中，学术理论期刊 522 篇、贸易出版物 423 篇、期刊 235 篇、杂志 203 篇。另外，本书还采用了追溯查找文献法，即利用某些优质文献所附的参考文献查找到一批文献，进行逐级追溯，一环扣一环地查找，扩大了文献线索。本书从这类研究中截取其中部分专家学者的研究，并对其进行了以下梳理。

国内外学者对于旅游度假区的认知颇具相似性，认为一个真正的旅游度假区需要满足三个条件：一是必须配备相对完善的娱乐设施和服务设施；二是必须以为度假者休闲、度假、疗养而建；三是必须以特定的旅游资源为依托。

1. 旅游度假区类型的研究

根据《旅游度假区等级划分》(GB/T 26358—2010)，旅游度假区的资源包括自然资源和人文资源。其中自然资源包括海洋、内湖、山地、滑雪地、森林、温泉、草原 7 类；人文资源包括乡村田园、传统聚落、主题运动(指人工环境下的主题运动，如高尔夫等)、主题娱乐(如赛马、影视城、主题乐园等)、人文活动(指以人为媒介的传统习俗、非物质遗产等)5 类。基于此标准，研究者们积极地开展了对旅游度假区类型的研究。

温泉旅游是休闲度假旅游的主要代表类型之一，蔡卫民和熊翠通过分析湖南省温泉休闲度假旅游资源开发和利用现状，提出了点轴式的空间布局模式和湖南省建设"一心两点、五轴三区"的温泉旅游空间总体格局[42]。海岛旅游是休闲旅游度假区的另一主要代表类型，江海旭等总结了地中海海岛旅游开发经验，并通过西班牙巴利阿里群岛旅游的案例来分析海岛旅游的开发特征[43]。近年来，滑雪地休闲度假旅游这种体育旅游类型发展态势较好，张善斌等运用文献调查法和实地调查法，分析我国滑雪休闲度假旅游发展现状，认为滑雪体验是该度假旅游的核心产品，并从中分析了存在的问题和应对策略[44]。同时，我国的地理条件为山地旅游提供了资源禀赋基础，唐静以黔西南州为例，研究了山地休闲度假旅游资源的特征和旅游产品存在的问题，并提出了黔西南州山地休闲度假旅游产品的设计构架[45]。王恒等以重庆市黄水镇为例，运用参与式农村评估(participatory rural assessment，PRA)、地理信息系统(geographic information systems，GIS)技术和遥感影像相结合的方法，研究了山岳度假旅游地旅游业态集聚演进特征及驱动机制[46]。

　　鉴于我国旅游度假发展的阶段性特征，旅游度假区的类型是以自然资源为主导，人文资源为主导的旅游度假区相对较少，因此对旅游度假区的研究多是以滨海型、河湖型、山地型、温泉型的度假区为主，而对乡村田园、传统聚落、主题运动等人文资源为主的度假区类型的研究较少。随着我国休闲旅游时代的到来，应该加强对以人文类资源为主的度假区的关注，积极开展规划、开发和研究。

2. 旅游度假区空间建构的研究

　　随着旅游度假的不断开发和发展，研究者积极开展了旅游度假区的地域分布特征、度假区布局和空间建构模型等空间性的研究。杨振之等认为度假产业的空间布局是度假区空间布局的核心，并继续提出了单核式空间布局模型、大本营式空间布局模型、带状空间布局模型和点轴式空间布局模型4种基本空间布局模型，为我国旅游度假区的空间布局和规划提供了宝贵的理论基础和思想要点[47]。蔡卫民和熊翠通过系统分析湖南省温泉旅游现状，认为开发利用湖南省温泉旅游度假资源的最佳空间布局模式是点轴模式[42]。郑群明等运用地理集中指数、基尼系数、不平衡指数、洛伦兹曲线等地理学方法，对大湘西地区度假类景区空间分布特征进行分析，研究发现大湘西地区度假类景区整体上趋于集聚型分布，均衡程度较低，且以自然资源开发为主[48]。陈桂洪等以闽南金三角地区旅游度假地为研究对象，采用空间分析、比较分析、因素分析方法探索其空间布局特征，研究发现闽南金三角地区旅游度假地在总体上呈现"环核"和"轴带"的空间格局，并预测其具有成为一大度假核心区、两大休闲度假带的发展潜力[49]。赵明等借助数学统计方法和 GIS 测量了北京 421 个度假地城市中心距离，分析了北京城市周边度假地开发区位的时空演变特征，研究表明北京城市周边度假地与城市中心距离呈倒"U"形距离衰减模式，并随时间推移呈现向城市中心收敛的趋势[50]。

　　上述关于旅游度假空间性的研究主要是从宏观角度展开。对度假区(地)内部的空间建构等分析，主要采用定量和定性研究相结合的方法，研究也联系了实际区域地理的具体情况，探索了旅游度假区的空间布局和空间建构模型。但对度假区(地)具体功能空间的关系、如何建构、空间组织、空间管理等缺乏深刻研究，因此实践指导性并不强。

3. 旅游度假区可持续的研究

　　如今可持续发展观已经逐渐深入我国社会经济发展的各行各业中，也是旅游业持续健康发展的重要指导。旅游度假区同样需要可持续发展，以统筹兼顾为根本方法，努力提高旅游度假区的市场认同度和市场竞争力，保持持续的创新发展。国内学者积极展开了旅游度假区可持续发展的研究。

张艳艳针对天津市发展休闲旅游的旅游资源、发展优势和存在问题等方面进行分析和研究，认为天津市具有一定的区位优势，并对其可持续发展对策进行探讨[51]。李慧敏认为秦皇岛具有丰富的自然资源和人文资源，其建设应向休闲度假转变，同时针对旅游度假可持续发展问题，提出了全方位打造一流的海滨休闲度假旅游带、建设中国最有文化的葡萄酒休闲旅游区、积极发展养生温泉休闲游、打造国家级运动体育休闲旅游名城和营造宜人的休闲旅游环境 5 条建议[52]。苏章全等运用复杂系统理论，分析了休闲度假目的地系统运行机制等，并构建了休闲度假目的地的反馈模型，为休闲度假地的可持续发展提供了理论策略支撑[53]。孙鸿其和崔梨园以南京珍珠泉旅游度假区为研究对象，根据实地调查和文献研究发现其中不足，提出了在自然景观观赏的基础上建立山野休憩模式型度假村、提高服务水平和从业人员素质和加大宣传力度等可持续发展策略[54]。

以上研究多就具体旅游度假区进行研究，提出与度假区发展相符的可持续策略，为其他旅游度假区的可持续发展提供了一定的参考。但关于发展模型的研究缺乏实践应用、反馈评价等。

4. 关于旅游度假区规划和设计的研究

旅游度假区的规划和设计研究一直是热点，学者们比较感兴趣，研究内容也比较丰富。从 1992 年我国首次提出国家级旅游度假区开始，学者们就开始了关于旅游度假区规划和设计的研究，发展到今天呈现出多元化与专业化态势。

随着旅游文化的强化，王铮和李山认为旅游景观规划应当充分重视挖掘和提炼旅游区的历史文脉，形成文化主题、文化精神，将它运用到旅游规划的主题形象策划与项目策划中[55]。魏小安和魏诗华将情景规划引入旅游规划中，情景规划作为一个商业战略的分析工具，分析想象景区在未来可能会遭受的影响和冲击，从而提前做出预防机制[56]。陈诗以新泰市莲花山旅游度假区为例，探讨了影响旅游度假区规划的因子，并以此为基础归纳出针对旅游度假区的良好的规划设计手法[37]。陈丹阳通过 5 个具体的案例分别从自然生态保护与项目开发的结合、度假与养生的结合、自然体验、主题产品策划、文化体验发展等方面研究了成功的山地旅游度假区规划设计要点[57]。郭菲菲和王雪梅则针对城市周边出现的度假庄园，对旅游度假庄园景区设计进行探讨，提出了度假庄园设计的基本思路和要点[58]。

可以看出，国内关于旅游规划的理论及实践研究比较广泛，早期主要涉及旅游景区结构、旅游产品、可持续旅游发展等整体性的研究，为旅游度假区的规划提供了一定的理论基础。但相比旅游度假区的发展速度，关于旅游度假区规划设计的研究还不多。由于规划设计的具象化，旅游领域对旅游度假区规划设计的研究主要是理论层面、理念层面和案例分析层面，所提出的举措落地性不强，实践指导性不足。

5. 国外旅游度假区发展模型的研究

关于旅游度假区发展演变、发展模型的研究多针对具体类型或具体度假区展开，通过时间纵向的统计分析、比较研究推演出该(类)度假区的发展形态，预判发展趋势；同时也有关于影响发展的因素研究(具体见表 1.2)，其中最典型的是旅游度假区生命周期模型研究，对相关研究产生了较大影响。

表 1.2　国外旅游度假区发展模型研究

研究内容		作者	年份
通过海滩度假区形态的变化，获得了滨海旅游度假区的结构，并发现了旅游设施的布局集中化趋势		Barrett	1958
研究了旅游开发演化过程，提出旅游度假区等级演化的模型		Miossec	1976
对沙滩度假区的形态进行了总结		Pigram	1997
旅游度假区生命周期模型研究	巴特勒生命周期模型实证研究，旅游度假区的发展划分为探查、参与、发展、巩固、停滞、衰落或复苏六个阶段	Hovinen	1981
		Meyer-Arendt	1985
		Wilkinson	1987
		James	1988
		Keith	1990
		Weaver	1990
		Sevend Lundtorp	2001
	结合当地旅游业的发展，提出了将旅游度假区发展分为当地旅游、区域旅游、国内旅游、国际旅游、衰落/停滞/复兴五个阶段的新模式，并总结了每个阶段的发展特点	Bruce Prideaux	2000
	以经济地理学为基础，建立了市场空间力量之间存在互动的新的旅游度假区进化模式，并解释了旅游度假区发展的因果机制	Andreas	2004
旅游度假区再生研究	聚焦于如何使度假区走出巴特勒生命周期的停滞和衰落期	Hans	1982
		Gomez	1995
		Gerda Priestley	1998
		Sheela Agarwal	1999
旅游度假区演进过程中特点的研究	探讨了在度假区发展过程中游客心理需求的变化	Cohen	1972
	探讨了在度假区经过一段时间发展后，游客个性特征的变化	Smith	1977
	以希腊克里特岛为例，指出在旅游度假区形态演进过程中的主要推动力及政治的影响力	Konstantions Andriotis	2006

(资料来源：李婷[59])

6. 小结

国内外对旅游度假区的研究较为丰富，研究主题主要集中在旅游度假区的概念、空间结构、规划设计、发展形态等方面，以宏观性研究为主。我国旅游度假区已有近 30 年的发展历史，但从目前情况看，进展并不是很理想。很多学者开始关注度假区的发展问题、发展路径等对策性研究。

从研究方法看，国内学者多采用定性分析、文献研究和实地调查等方法；在研究度假区的空间建构问题时，以建模、GIS、数学统计等定量方面的研究方法为主。

从研究内容看，主要集中在旅游度假的基础研究(度假区概念、度假区基本要素及其关系)、旅游度假区类型及旅游产品的研究、旅游度假区空间布局及区位选址的研究、旅游度假区的可持续发展研究(文化旅游、生态旅游、健康旅游、体育旅游和休闲旅游等)等方面。

从研究尺度看，国内学者从宏观层面的研究较丰富，如旅游度假区的大格局、发展机制、时空演进特征及驱动机制、度假区规划原理等研究；也有开展旅游度假情感和认知等领域的研究。

三、旅游度假地的主要类型

"旅游度假区"和"旅游度假地"一字之差，内涵上没有太多的区别，但是从行政管理和开发角度，提"旅游度假区"较多；从研究视角，提"旅游度假地"较多，不同研究类型的提法在交替使用、不断转换。随着旅游业的发展，旅游度假地形态愈发丰富，旅游度假地类型多种多样，为了更好地区分和认识旅游度假地，对其进行了较细致的分类。从目前的分类标准看，主要根据资源类型、经营时间、度假区的等级和旅游度假地距离城市远近，对度假地进行界定与区分。

(一)根据资源类型划分

根据《旅游度假区等级划分》(GB/T 26358—2010)，旅游度假区的资源包括自然资源和人文资源。其中自然资源包括海洋、内湖、山地、滑雪地、森林、温泉、草原7类。根据旅游度假区的自然资源特征，将旅游度假区划分为海滨海岛型旅游度假地、湖泊山水型旅游度假地、山地避暑型旅游度假地、滑雪型旅游度假地、森林公园旅游度假地、温泉疗养型旅游度假地、草原旅游度假地等；人文资源类则主要包括乡村田园、传统聚落、主题运动(指人工环境下的主题运动，如高尔夫等)、主题娱乐(如赛马、影视城、主题乐园等)、人为活动5类。后来在此基础上，又细分出了乡村田园型旅游度假地、传统聚(村)落度假地、主题运动旅游度假地、主题乐园旅游度假地等。

1. 按自然资源划分

(1)海滨海岛型旅游度假地。海滨海岛型旅游度假地以滨海风情为主要吸引物，主要依赖于沙滩的质量和范围、景色、气候以及水上体育运动。以海滨浴场为基础，依托"3S"资源［以"阳光(sun)、沙滩(sand)、大海(sea)"为主的海岸旅游资源］，供给海水浴、沙浴、阳光浴、冲浪、潜水、海洋科考等旅游产品。当然，海滨海岛型旅游度假地的生态环境、餐饮和服务也是具有吸引力的度假旅游资源。如三亚亚龙湾国家旅游度假区、北海银滩国家旅游度假区、青岛石老人国家旅游度假区、大连金石滩国家旅游度假区等都是我国较为著名的海滨海岛型旅游度假地。

(2)湖泊山水型旅游度假地。湖泊山水型旅游度假地以内陆湖泊、山地为主要吸引物，以水上活动、山地旅游为主，提供游泳、跳水、划艇、湖滨散步、牵引伞、登山、骑马、徒步等旅游产品。如武夷山国家旅游度假区、广州南湖国家旅游度假区、无锡马山国家旅游度假区、昆明滇池国家旅游度假区等。

（3）山地避暑型旅游度假地。山地避暑型旅游度假地以凉爽的气候资源为核心吸引物，以避暑度假为主要功能，通过多种度假设施主要为游客提供避暑度假产品。受气候的影响，山地避暑度假存在季节性，夏季是主要的经营季节。我国十分重视避暑度假产业发展，《国务院办公厅关于促进全域旅游发展的指导意见》（国办发〔2018〕15 号）中明确提出"大力开发避暑避寒旅游产品，推动建设一批避暑避寒度假目的地"，这标志着我国的避暑度假产业上升为国家性战略。从目前的市场消费行为看，长江中下游地区的避暑度假发展非常迅猛，已经成为夏季旅游的主流，稍有资源条件的地方都纷纷开发避暑度假地。

（4）滑雪型旅游度假地。滑雪型旅游度假地主要依托气候、地形和生态环境等自然资源，以滑雪为主要吸引物，供给登山、攀岩、跳伞、徒步、日光浴、森林浴、冰川科考等旅游产品。此类度假地对环境要求较高，包括要有适宜的气候、覆雪和山地、带有供暖设备的旅游住宿接待设施、造雪机和扫雪机等。著名的滑雪型旅游度假地有瑞士阿尔卑斯山滑雪旅游度假区以及我国黑龙江的亚布力滑雪旅游度假区、吉林北大壶滑雪度假区等。随着北京第 24 届冬季奥林匹克运动会的举办，相信张家口将会成为新的世界级滑雪旅游度假地。

（5）森林公园旅游度假地。森林公园旅游度假地一般地处由山峰、山谷和山岭所组成的山地地区，旅游景观以森林旅游景观为核心，同时以软件设备和硬件设备作为山地森林旅游度假地的必须载体，并以优越的自然生态风貌、舒适宜人的气候条件、丰富的生物多样性为主要吸引物，为旅游者提供以度假、休闲养生、观光为重要取向的多样化选择。其中，山地森林度假地一般地形起伏较大，山峦众多，能够给旅游者提供丰富的游憩线路，让旅游者在欣赏风景的同时，实现运动健身。山地森林度假地是集齐度假休闲、游憩观光、康养健身为一体的综合健康度假旅游地。

（6）温泉疗养型旅游度假地。温泉疗养型旅游度假地以温泉矿泉为基础，主要分布在有特殊地质条件的地区，依托的主要度假旅游资源是温泉矿泉、良好的生态环境、特色的餐饮与服务及接待设施。温泉疗养型旅游度假地一直深受大众的喜爱，主要源于其良好的康体功能、康疗效果（一般含有多种活性微量元素，有一定的矿化度，对改善体质、增强抵抗力和预防疾病有一定帮助）。我国温泉资源丰富，且分布较广，几乎每个省份都有温泉，其中云南、西藏、福建、台湾、重庆、广东、海南、江西等为温泉密集区。以 1997 年试营业的广东恩平金山温泉旅游度假区作为序幕，我国温泉疗养型度假地建设开始追求有大面积露天泳池、观光性强、度假功能显著等特点的综合型温泉旅游。由于温泉资源的有限性，个别地方由于过度开发，存在不同程度的资源浪费和滥用，已开发的温泉旅游地需要依靠抽取温泉水来保证营业，自涌温泉水几乎没有。在我国知名度较高的当属南京汤山、北京小汤山、广州从化、云南腾冲等温泉旅游度假地；重庆有知名度的历史温泉地主要是南、北温泉，同时后来居上，2012 年获"世界温泉之都"称号，但温泉度假产品品质有待进一步提高。

（7）草原旅游度假地。草原旅游度假地以草原自然生态景观为主，集河流、湖泊、冰雪、湿地等多种类型景观群落为一体，具有独特的草原风光和浓郁的少数民族风情。我国这类旅游度假地主要分布在内蒙古、新疆等地。

2. 按人文资源划分

(1)乡村田园型旅游度假地。乡村田园型旅游度假地以乡村田园资源为依托，开展民俗风情、民间节庆、乡间散步、骑马、网球、高尔夫球、农家生活体验等度假旅游活动，依托的主要度假旅游资源是乡村田园风光、良好的生态环境和乡村特色餐饮。随着城市生活压力的加大、人们生活水平的提高及对生活品质的追求，近年乡村度假比较火爆。到乡村体验农人乐趣是很多城市居民的需求，也是休闲放松的有效方式。乡村田园度假的发展对促进乡村振兴有重要意义，随着它的不断完善和发展，乡村度假将会成为我国居民周末度假的主流。

(2)传统聚(村)落度假地。传统聚(村)落度假地利用历史聚落遗迹，让度假者以探索的方式追寻古老的记忆；有些以展览的形式向度假者展示当地的文化遗迹和文化故事；也有更直观的将整个度假村按地域特色原汁原味地展现出来，让游客置身其中，获得更多体验和收获。传统聚(村)落一般是指人类历史发展进程中形成，并且具有特殊历史、特色建筑群和传统文化特征的村落，具有较高的历史、文化、科学、艺术、社会、经济价值，是物质文化遗产与非物质文化遗产相结合的载体。近年来，依托深厚的历史文化底蕴，以及宜人的环境、怡人的风情、较成熟的旅游开发、齐全的基础设施和旅游接待设施、丰富的旅游功能，逐渐形成传统聚(村)落旅游度假地，受到休闲度假旅游者的青睐。

(3)主题运动旅游度假地。主题运动旅游度假地侧重于依靠度假者主动运动和锻炼来强健身体、缓解疲劳，与自然环境、游憩娱乐、社交活动的有机结合，享受高品质的服务，使旅游者不仅锻炼了身体，也放松了心情。我国深圳观澜湖高尔夫球俱乐部，以及广州、北海、顺德的一些高尔夫球俱乐部，均属此种度假地类型。

(4)主题乐园旅游度假地。主题乐园旅游度假地主要是依托主题公园发展起来的主题活动、游憩娱乐旅游地，如上海迪士尼乐园、深圳华侨城、万达乐园、广州长隆等知名主题乐园。主题乐园的蓬勃发展推动了强调娱乐活动与身心愉悦、高品质服务融合的"乐园度假游""主题乐园+度假酒店"的模式，形成一站式的主题乐园综合性旅游度假区，度假区内部功能设施、服务设施完备，几乎是一个综合性社会区域。

(二)根据经营时间划分

根据度假地所拥有的主导性度假旅游资源(特有的旅游吸引物)和面向的客源市场，以及度假产品的季节性，可以将度假地划分为夏季度假地、冬季度假地、四季度假地等。

1. 夏季度假地

夏季度假地由于典型的湖泊、海滨或山地条件，在夏季拥有独有的舒适气候环境，深得游客喜爱，其经营时间以夏季为主。20世纪60年代，在加勒比海沿岸、地中海沿岸、东南亚的海滨地区以及夏威夷、澳大利亚的海滨地区形成了以夏季休闲度假为主要目的的海滨旅游度假地；山地区依托较高的海拔、良好的生态环境和景观环境，形成以凉爽气候资源为主导的避暑度假地；由于特殊的气候条件，我国长江中下游等地区受到太平洋副热带高压影响大、影响时间长，夏季炎热(特别是沿江城市)，对凉爽环境需求非常旺盛，居民追求适宜的气候环境、有利于身体健康的海拔高度，夏季避暑度假地应运而生，发展火爆。

2. 冬季度假地

冬季度假地主要依托冬季所形成的特有的自然地理环境，如滑雪旅游度假地就是由于冬季有丰富的覆雪，形成了天然的滑雪场，从而吸引游客。典型地理区域是高纬度地区或山地区，如欧洲的阿尔卑斯山区、我国的东北和新疆山地区、韩国首尔附近的山地区等就属于以冬季山地运动和健身为主要目的的旅游度假地；冬季度假地经营时间一般是 11 月至翌年 4 月，主要提供滑雪、滑冰、驾驶机动雪橇等游憩项目，具体活动视所在地的情况而定。

另外，冬季还有避寒度假地，高纬度、高寒地区居民为了逃避极寒气候环境，往往会选择比较温暖的地方度假，例如我国海南岛有大量俄罗斯、我国东北地区的居民前往避寒，享受冬天的阳光、沙滩等。我国云南抚仙湖和四川攀枝花、西昌等地正在成为川渝黔等地居民的避寒旅游度假地，特别是中老年旅游市场比较火爆。

3. 四季度假地

四季度假地不受季节影响，一年四季皆可经营。多坐落在全年气候温和的地区，主要提供适合夏冬两季的消遣活动。现代旅游度假地的竞争越来越激烈，迫使季节性很强的度假地努力转向多季经营。20 世纪 60 年代，一些季节性很强的旅游度假地，通过增加体育、文娱活动项目以及一些不受季节影响的新型消遣活动，逐步演变成为四季度假地。事实上，主题型度假地也是典型的四季度假地，受季节影响相对较小；此外，我国云南气候条件特殊，如昆明等地四季如春，也适合四季度假(云南每年的 5 月左右相对不宜，气候比较干热)。

(三)根据度假区的等级划分

本处提"度假区"，是因为我国度假区的等级主要从管理层面提出，管理要求不同级别的度假区有一定面积和明确的范围、建立有主导性管理机构，因此"度假区"的提法在此比较合理。

1. 国家级旅游度假区

国家级旅游度假区是指符合《旅游度假区等级划分》(GB/T 26358—2010)相关要求，经文化和旅游部认定的旅游度假区。由省人民政府报国务院批准公布，有明确的地域界限和特定功能小区，所在地区主导性度假旅游资源明确、资源丰富，客源基础条件较好，交通便捷，对外开放工作有较好基础，适于建设配套旅游设施，突出度假休闲产品特色，符合国际度假旅游需求。国家级旅游度假区的建设是为了适应我国居民休闲度假需求快速发展需要，为人民群众积极营造有效的休闲度假空间，提供多样化、高质量的休闲度假旅游产品，为落实职工带薪休假制度创造更为有利的条件而设立的综合性旅游载体品牌。

2. 省级旅游度假区

省级旅游度假区是指经省、自治区、直辖市人民政府批准设立的,有明确地域界限和特定功能小区,突出度假休闲产品特色的旅游区域。根据文化和旅游部数据,截至 2018 年我国有 456 家省级旅游度假区,进一步丰富了度假旅游产品,加快提升了住宿设施品质,为各省区市的旅游业发展做出了重要贡献。

(四)按旅游度假地距离城市远近划分

1. 城市旅游度假地

城市旅游度假地是依托城市特定区域(或项目)发展起来的度假区域,与城市功能融为一体,相互支撑和借鉴。城市旅游度假活动一般具有客源市场相对稳定、重游率高、没有季节限制等特点。城市旅游度假主要包括主题娱乐、主题街区、城市游憩、人文体验、社会交往、会议商务、消磨时光等。

2. 城郊旅游度假地

城郊旅游度假地分布于城市建成区边缘,是环城游憩带的组成部分。2009 年 12 月,国务院印发《关于加快发展旅游业的意见》(国发〔2009〕41 号),要求积极发展休闲度假旅游,引导城市周边休闲度假带建设;其主要目的是为城市居民的休闲生活提供去处。城郊旅游度假的最大优势是既能避免游客长途跋涉的艰辛,又能满足游客回归自然、放松度假、调节身心的需求。城郊旅游度假地多依托优美的风景或名胜古迹文化遗址,如杭州之江国家旅游度假区、上海太阳岛旅游度假区、西安曲江旅游度假区等休闲度假地。城郊旅游度假地有利于缓解中心城区的发展压力,满足城市居民回归自然、度假休闲的户外游憩需要,能有效提升城市居民生活的幸福指数,美化城郊环境,带动郊区经济发展,实现城乡一体化。随着时代的发展,城郊旅游度假的类型将越来越丰富,城郊乡村度假将会成为主流之一。

除以上两类之外的旅游度假地则多分布在自然环境良好、主题度假资源优势明显、距城市距离远的地区,也是旅游度假地的主体所在。

(五)其他类型

其他类型的旅游度假地无以俱全。例如流动型的度假,是一种较为特别的旅游度假,无法用传统的旅游度假地要求来审视它,其涉及范围较广,多以游船、游轮和豪华的旅游列车等现代交通工具为依托开展度假活动。参与这类度假活动的游客既注重沿途的风景名胜,又注重游船、游轮和旅游列车上丰富的娱乐活动、餐饮等特殊体验。

四、我国旅游度假地的发展历程

2011 年我国人均 GDP 超过 5000 美元,2019 年首破 10000 美元,同年一月国家发改委官方首次确认中国有近 14 亿人口(2020 年第七次人口普查为 14.1 亿人),其中中等收入群体超过 4 亿人,而且该人群规模仍将持续扩大。联合国世界旅游组织(Word Tourism

Organization，UNWTO)研究表明，当人均 GDP 达到 5000 美元时，就步入了成熟的度假旅游经济，休闲需求和消费能力日益增强并出现多元化趋势。按照国际经验，人均 GDP 水平达 1 万美元，度假旅游产业将迎来爆发期。据世界著名度假目的地的发展历程显示，中等收入人群的崛起往往是度假旅游发展的重要因素[60]。从以上数据看，我国发展度假旅游有着坚实的基础。纵观近年的旅游发展，我国各类型旅游度假地发展迅速，力求满足旅游者多元化的旅游需求。但与有着成熟度假旅游地建设经验的国外相比，我国还处于快速发展的大众休闲度假阶段，度假旅游市场尚未成熟稳定，度假旅游产品在国际上还未形成竞争优势。

我国度假史源远流长，早期度假主体主要为少数统治阶级和名流贵族，典型的度假旅游地当数河北承德避暑山庄、北京颐和园等皇家园林，以及苏州、无锡等地的私家园林。我国真正提出"度假旅游"概念、发展度假旅游则较晚，国内学者自 20 世纪 80 年代后期才开始关注与观光旅游相异的度假旅游。

度假旅游地作为度假的重要载体，其发展变化见证了度假旅游的动态发展过程。根据我国度假旅游发展的实际情况、旅游度假地的开发模式和发展路径，旅游度假地可分为旅游度假区和由观光旅游目的地转化而来的旅游度假地两种形态[61]。我国旅游度假地在产品丰度、档次及空间布局上已初步实现对不同层次旅游者的全覆盖，日将成为 21 世纪满足人们美好生活需要的主要旅游业态之一，截至 2020 年已经形成了以 45 家国家级旅游度假区为引领、各省级旅游度假区为支撑、多样化的主题度假区及品类各异的度假村为依托的金字塔式度假地发展格局。

纵观新中国旅游度假地的发展历程，大体可划分为三个阶段，即雏形发展阶段、引导发展阶段和规范提质阶段。

(一)雏形发展阶段(1978～1991 年)

我国现代休闲度假主要集中在海滨、山地和温泉疗养地等，以避暑和休(疗)养为主要目的，前者如著名的避暑胜地河北秦皇岛、江西庐山；后者主要为新中国成立后建立的休(疗)养院，如云南个旧为锡矿工人建造的疗养院等[60]，多以政府建设为主体，建筑主要是单幢建筑，设备简单，基本属于福利性质。从单个旅游度假区开发规模来讲，均比较小，多数客房在 1000 间以下，类型以滨海、山地等少数几种旅游资源为主，空间分布极其有限。

改革开放以来，我国旅游业从单纯外事接待向经济创汇型产业转变，正式步入起步阶段。早期为体现党和国家对工人阶级的关怀，修建的一批具有度假村性质的社会福利性疗养院被市场化的旅游经营所取代。随着国民经济水平的提高，少数国民的度假旅游意识逐渐被唤醒，不再满足于单纯的走马观花式旅游；在珠江三角洲等地也兴起了一批以经济效益为主要目标的旅游度假区，康体休闲活动迅速增多。

20 世纪 80 年代，为带动地方经济发展，加速追赶发达国家，我国旅游业确定走一条非常规发展道路：大力发展入境旅游，积极发展国内旅游，适度发展出境旅游。为满足入境游客的需求，这一时期我国旅游产品以文化观光旅游为主，结构相对单一。20 世纪 90 年代以前，我国度假旅游地的开发建设总体规模比较小。

（二）引导发展阶段（1992～2007 年）

我国大众化的休闲度假始于 20 世纪 90 年代，以 1992 年国务院首次批准建设 12 个国家级旅游度假区为标志，也是我国旅游产品结构开始转型的重要标志。为进一步加大改革开放力度，我国以政府为主导，根据国内外旅游发展形势和居民日益增长的休闲度假需求，促进和引领旅游行业由观光型向休闲度假型转变，在参照国外度假旅游区建设模式后，我国以积极创汇为目的，以接待国际旅游者为主，于 1992 年首次批准建设广州南湖、苏州太湖、昆明滇池、福建湄洲岛、海南亚龙湾等 12 个国家级旅游度假区（江苏太湖分为苏州胥口度假中心和无锡马山度假中心，因此又有 11 个之说）。当时以"高起点规划，高标准建设，高水平发展"作为建设要求，并要求度假区构成至少有三个要素，即"一个中心酒店、一个高尔夫球场、一个别墅区"。因度假概念泛化、经验欠缺、产品缺乏竞争力、目标定位不准确、国内市场消费转型慢等主客观条件，此次开发建设行动并未获成功，但是激发了国内关于旅游度假的理论研究与实践开发，拉开了全国各地"度假区""度假村"等的建设序幕。

1995 年五天工作制与 1999 年三个黄金周开始执行，推动了国内旅游的迅速发展，观光旅游表现非常火爆。观光旅游的过分拥挤触发部分旅游者开始青睐通过休息、放松以增进身心健康为目的的度假休闲旅游。1996 年博鳌亚洲旅游论坛明确指出，21 世纪旅游产品将提高到以休闲度假旅游为主的时代。同年，中国旅游业的主题为"度假休闲游"。在政府政策引导和支持、专家的理论引导下，旅游业开始了产品结构调整，许多观光旅游目的地开始转型，转向开发度假旅游项目、兴建旅游度假设施，将度假旅游作为旅游产业升级的重要途径，一些传统的观光旅游目的地向旅游度假地转化。原有旅游度假区也在起初的疗养避暑基础上，与游乐相结合，出现了众多大型旅游度假村、度假俱乐部及大型度假娱乐设施。

当时我国的度假旅游产业主要以传统模式为主导，传统资源开发与物质建设为主，大体形成了"三三式"结构：一是以满足海内外度假需求为导向的国家旅游度假区和部分省级旅游度假区；二是以满足暑期度假休闲需求为主的海滨度假地；三是满足双休日需求的环城市旅游度假设施[62]。

（三）规范提质阶段（2008 年至今）

度假旅游常常作为与观光旅游相对比的一个旅游类型，强调从走马观花、单点发展的旅游产业模式，向深度体验、长时间停留、拉动区域经济发展的模式转型[63]。为规范度假旅游地的发展，进一步助推旅游产业的转型升级，2008 年国家旅游局启动了旅游度假区等级划分标准制订工作；陆续出台的《旅游度假区等级划分》《国家级旅游度假区等级管理办法》《国民旅游休闲纲要（2013—2020 年）》《国务院关于促进旅游业改革发展的若干意见》等一系列文件，旨在引导旅游度假区加强管理、提高品质和质量、促进我国旅游度假区科学发展。通过对度假旅游产业的提档升级，以满足城乡居民旅游休闲的消费升级。

2015 年国家旅游局批准建设 17 个国家级旅游度假区，2017 年批准建设 9 个国家级旅游度假区，2019 年文化和旅游部批准建设 4 个国家级旅游度假区、2020 年批准建设 15 个国家级旅游度假区（表 1.3）。截至 2021 年 5 月，全国共有 45 个国家级旅游度假区（由于

建设目的、批建顺序、开发模式、市场定位和建设重点的转变，1992 年国务院批准建设
的 12 个国家级旅游度假区未计入其中）。

表 1.3　国家级旅游度假区一览表

发布机构	发布年份	数量/个	具体名录与分布地区
国务院	1992	12（批准建设）	辽宁省　大连金石滩国家旅游度假区 上海市　上海佘山国家旅游度假区 江苏省　苏州太湖国家旅游度假区、无锡太湖国家旅游度假区 浙江省　杭州之江国家旅游度假区 山东省　青岛石老人国家旅游度假区 福建省　武夷山国家旅游度假区、湄洲岛国家旅游度假区 广东省　广州南湖国家旅游度假区 广西壮族自治区　北海银滩国家旅游度假区 海南省　三亚亚龙湾国家旅游度假区 云南省　昆明滇池国家旅游度假区
国家旅游局	2015	17	吉林省　长白山旅游度假区 江苏省　汤山温泉旅游度假区、天目湖旅游度假区、阳澄湖半岛旅游度假区 浙江省　东钱湖旅游度假区、太湖旅游度假区、湘湖旅游度假区 山东省　凤凰岛旅游度假区、海阳旅游度假区 河南省　尧山温泉旅游度假区 湖北省　武当太极湖旅游度假区 湖南省　灰汤温泉旅游度假区 广东省　东部华侨城旅游度假区 重庆市　仙女山旅游度假区 四川省　邛海旅游度假区 云南省　阳宗海旅游度假区、西双版纳旅游度假区
国家旅游局	2017	9	海南省　三亚亚龙湾旅游度假区 浙江省　湖州安吉灵峰旅游度假区 山东省　烟台蓬莱旅游度假区 江苏省　无锡宜兴阳羡生态旅游度假区 福建省　福州鼓岭旅游度假区 江西省　宜春明月山温汤旅游度假区 安徽省　合肥巢湖半汤温泉养生度假区 贵州省　赤水赤水河谷旅游度假区 西藏自治区　林芝鲁朗小镇旅游度假区
文化和旅游部	2019	4	四川省　成都天府青城康养休闲旅游度假区 广西壮族自治区　桂林阳朔遇龙河旅游度假区 云南省　玉溪抚仙湖旅游度假区 广东省　河源巴伐利亚庄园
文化和旅游部	2020	15	河北省　崇礼冰雪旅游度假区 黑龙江省　亚布力滑雪旅游度假区 上海市　上海佘山国家旅游度假区 江苏省　常州太湖湾旅游度假区 浙江省　德清莫干山国际旅游度假区、淳安千岛湖旅游度假区 江西省　上饶三清山金沙旅游度假区 山东省　日照山海天旅游度假区 湖南省　常德柳叶湖旅游度假区 重庆市　重庆丰都南天湖旅游度假区 四川省　峨眉山市峨秀湖旅游度假区 贵州省　六盘水市野玉海山地旅游度假区 云南省　大理古城旅游度假区 陕西省　宝鸡市太白山温泉旅游度假区 新疆维吾尔自治区　那拉提旅游度假区

（数据来源：根据文化和旅游部官网，截至 2021 年 5 月）

从空间分布看，国家级旅游度假区主要分布在我国东部（沿海）和西南地区，其中华东地区分布最多。从省（区、市）分布看，浙江省有 7 家国家级旅游度假区，是国家级旅游度假区最多的省份；江苏省位列第二，有 6 家国家级旅游度假区；山东省和云南省分别有 4 家国家级旅游度假区；此外，四川有 3 家、贵州有 2 家、湖南有 2 家、重庆有 2 家、广东 3 家。截至 2021 年，内蒙古自治区、辽宁省、北京市、天津市、山西省、宁夏回族自治区、甘肃省、青海省 8 个省级行政区尚无国家级旅游度假区。形成这种分布格局的主要因素是地方经济发展水平、度假旅游市场需求、地方经济与政府重视程度、度假旅游资源分布等。

从国家级旅游度假区的资源类型看，截至 2021 年，河湖湿地类度假区最多，有 16 家，约占全国国家级旅游度假区总数的 36%；其次是山林类度假区 8 家；其余依次为温泉类度假区 6 家、海洋类度假区 5 家、主题文化类度假区 5 家、冰雪类度假区 3 家、古城古镇类和沙漠草原类度假区各 1 家（图 1.2）。2020 年最新一批国家级旅游度假区新增了冰雪类、古城古镇类、沙漠草原类度假区，表明我国旅游度假区的类型越来越多元化。我国旅游度假市场需求的多元化和城乡居民不断增长的度假需求，助推了我国旅游度假的发展，相信会有越来越多的高质量度假区涌现。

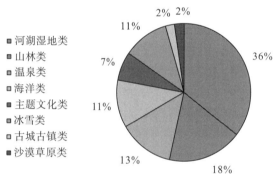

图 1.2   不同资源类型的国家级旅游度假区统计分析图
（资料来源：根据文化和旅游部官网，截至 2021 年）

五、旅游度假区与我国旅游发展的导向

我国旅游度假发展之初，受国外度假旅游发展模式影响，国内度假旅游意识开始萌动，民众消费观念逐渐由物质消费向精神消费转变。随后，为适应我国经济和社会文化发展，我国通过主导旅游度假区的建设来影响旅游发展方向性调整，刺激旅游产业结构转型。随着国民经济收入和受教育程度的提高，国民对"美好生活""高质量"度假旅游生活的需求日益强烈，发展旅游度假成为必然。因此，我国需要调整传统的旅游发展方式，积极推进旅游转型升级，以旅游度假（区）的建设为契机，引导旅游发展（开发）理念和模式的转变，以更好地满足社会需要。

（一）旅游消费休闲化

如今，中国已经成为世界第二大经济体和"一带一路"沿线国家入境游的第一大客源国，正在进入后工业时代以休闲旅游为重要组成部分的消费型社会。在这一新的发展阶段，以中产阶层为主要社会组成部分的橄榄型社会结构正逐渐成熟，中产阶层逐渐成了中国旅游市场最为活跃的主体，必将引导我国旅游的全面发展。特别是受新冠肺炎疫情影响，影响了我国休闲旅游的发展，民众更加注重有质量的旅游生活，休闲性旅游消费逐渐成为常态。

欧美等国家的度假旅游已经大众化。截至 2021 年 5 月，我国已有国家级旅游度假区 45 家，加上省级旅游行政主管部门批准的省级旅游度假区，以及未申请或未评上的旅游度假区等，我国旅游度假区的发展规模和速度与市场度假需求比较契合，规模和类型等基本能满足大众化的度假旅游需求。同时，旅游度假产品多元化、品质化、服务多样化，最大限度地满足了大众旅游度假的个性化消费需求。目前，尽管我国的旅游度假区(地)尚处于市场大众化初始阶段，但已具有很多优势，有着较大发展潜力，并加速与国际接轨。

(二)旅游过程体验化与康养化

观光旅游作为最基本的旅游类型，强调旅游者的观感性；而度假旅游则强调旅游过程的享受性，注重不同人群在旅游度假地的生活体验。不同类型的旅游度假地有其主导性旅游度假产品，其市场针对性比较明显，例如冰雪度假旅游主要面向中青年市场。如今，休闲型旅游者越来越关注旅游地的生活体验性和健康性，特别是中老年群体，希望旅游能够提供健康获得感，大量度假旅游产品正好能够迎合这类需求。

我国目前正处于人口老龄化不断加深的阶段，根据国家统计局《第七次全国人口普查公报(第五号)》公布的数据，全国人口中 60 岁及以上人口为 264 018 766 人，占全国人口总数的 18.70%，其中 65 岁及以上人口为 190 635 280 人，占 13.50%。据世界卫生组织预测，到 2050 年，中国将有 35% 的人口超过 60 岁。随着中老年型年龄结构的形成，康复护理、医疗保健、精神文化等需求日益凸显。根据 2019 年"60+研究院"(中关村科技旗下专注于养老领域的研究机构)联合"有哎社区"(中关村科技旗下的健康养老品牌)共同发布的《中老年旅游市场研究报告：细分、突破与创新》显示，我国老年(60 岁及以上)旅游人数占全国旅游总人数的比重超过 20%，老年旅游市场规模已超一万亿元；在中老年旅游市场中，50～60 岁的游客占比超六成，旅游市场规模超两万亿元。作为有一定经济基础、闲暇时间较多，对于旅游品质要求相对较高、旅游消费意愿强烈的中老年人群将是未来度假旅游市场的主要目标群体。

(三)旅游开发社区化

新时代下，旅游需求多样化以及旅游市场的不断完善，要求旅游产业转型升级。旅游产业需要从发展理念与开发模式上创新，开启旅游全域化发展时代，解决旅游业发展模式固化问题。与传统旅游发展思路不同，现代旅游要求旅游资源泛化、景观全景化、服务全覆盖、产品公益化、设施共享化等，通过旅游发展促进产品丰富、资源优化、空间泛化、利益共享等，旅游度假地的发展正是这种理念的落实，它能够较好地实现旅游开发与社区发展的融合，相互促进，形成旅游产业集群。例如，江苏省南通市如皋市为建设全域旅游示范区，自 2017 年以来对旅游资源、生态环境、公共服务等"打包"升级，构建了以旅游度假区为龙头、核心景区为支撑、乡村旅游区为点缀的全域性旅游目的地体系。

进入泛旅游时代，部分景区将成为没有围墙的旅游活动区域，传统的旅游景区中心化发展模式重视封闭的旅游区开发，无法为旅游者提供有效的休闲生活空间，旅游地开发社区化将成为必然。

(四)旅游产品多样化和主题化

随着我国旅游市场需求的个性化发展，旅游产品需要多元化发展，度假旅游是其中最重要的类型之一，以海滨、滑雪、山地、温泉等自然资源为依托的度假旅游具有较大魅力。消费者对个性化、特色化度假旅游产品和服务的要求越来越高，在新需求的催化下，"旅游+""+旅游"等新概念频出，包括乡村旅游、红色旅游、文化旅游、低空旅游等业态得到快速发展，顺势而行的旅游企业也大动作不断，欲通过线上线下联动、跨业态整合等方式，串联出更多元化的服务和产品，以期快速扩大旅游新供给；推动旅游与城镇化、新型工业化、农业现代化和现代服务业的融合发展，拓展旅游发展新领域，给旅游市场注入新活力。

随着时间推移，无主题的度假旅游难以满足游客的个性化需求。主题明确的旅游度假地更具有市场吸引力，游客可以根据各自爱好，选择诸如"避暑度假""温泉度假""康养度假""运动度假""避寒度假"等旅游地。

(五)旅游生活环境生态化

良好的生态环境就是"金山银山"和"生产力"，生态环境在任何时候都是应该首要关注的问题。对旅游生活而言，旅游者更加关注旅游地生活环境的生态化问题。度假旅游以休闲、康养为主要目的，度假地首先需要有适宜的旅游度假资源，其次需要有良好的生态环境质量。旅游者前往旅游度假地主要是为了摆脱城市生活带来的负效应和错综复杂的社会关系，以达到回归自然、放松心情、养生养心等目的，追求新的、临时的生活环境。在新的旅游发展理念和时代需求下，观光旅游追求旅游地的景观资源，休闲度假则更加追求度假地的生态环境质量。因此，要更加重视旅游开发与生态环境的关系，坚持在保护中开发、在开发中保护，旅游发展必须是遵循自然规律的可持续发展，绝不允许以牺牲生态环境为代价，换取眼前和局部经济利益。

第二章　山地型避暑度假地的形成

第一节　社会消费与避暑度假地的形成

一、社会消费基本特征

消费，指人类消耗和使用一定社会资源或劳动产品来满足自身需要的行为与过程，它是人类赖以生存与发展的基础和前提。广义的消费包括生产消费和生活消费（也称个人消费），狭义的消费则仅指个人消费。经济学家常把投资、出口、消费比作拉动经济的三驾马车，而消费是拉动经济的三驾马车之首。社会学家将消费看作一种社会现象，并视其为社会阶层分化的重要指示器。心理学家则主要运用马斯洛需求层次理论来解释消费者的消费行为与购买行为。

社会消费，也称公共消费，指在社会总消费资源、劳务中，用于非物质生产领域的物质消耗，具体表现在国防、科教文卫和各种生活服务等消费领域。个人消费和社会消费都是以消耗一定有限资源为代价，以满足个人或社会发展需求的社会行为与活动。

在社会总消费资源、劳务中，用于不同生产领域的消费总量的变化特征，可称为社会消费特征，它反映了社会居民的消费结构特征，并在一定程度上体现了居民的消费心理和消费倾向，为市场经济与企业经营指示着正确的发展方向。

不同国家具有不同的社会消费方式。美国作为发达国家，呈现出典型的高消费、低储蓄型消费方式，食物、衣着等消费较低，而家具、住房日常维护等消费相对较高，同时，医疗保健是居民的第一大消费支出。瑞典是社会福利型消费方式，是社会福利政策保障下的高消费、低储蓄。日本则由于自身地理国情，呈现出资源节约型的消费方式，住房、娱乐等消费较高，而食品、医疗、交通、教育消费都比较低。印度则是二元型的消费方式，小部分富有阶层的享受型消费与大部分平民阶层的温饱型消费并存。总的来看，发达国家普遍在食品、衣着、教育等方面消费支出较低，而在住房、休闲娱乐上消费支出较高；发展中国家则在食品、衣着、教育、医疗等方面消费支出较高。

（一）居民总体消费特征

我国的社会消费正经历着动态的转型过程，根据中央电视台财经频道公布数据资料整理分析（图2.1～图2.3），可分别从居民总体消费与日常生活消费两个方面，对我国居民的社会消费结构进行阐述与分析。

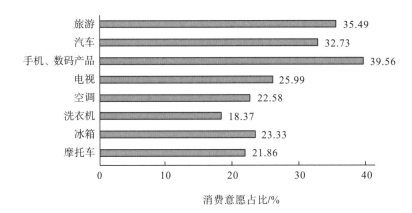

图 2.1　2008 年中国居民消费意愿统计

（资料来源：中央电视台财经频道公布数据，2019 年）

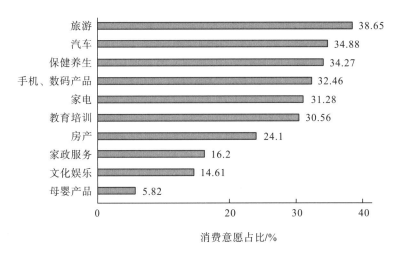

图 2.2　2018 年中国居民消费意愿统计

（资料来源：中央电视台财经频道公布数据，2019 年）

　　2008 年居民消费的热点领域主要有手机、数码产品，旅游，汽车，电视，冰箱，空调，摩托车，洗衣机等，其中手机、数码产品的消费意愿最高，旅游、汽车、电视等消费意愿紧随其后。2018 年居民消费热点领域主要有旅游，汽车，保健养生，手机、数码产品，家电，教育培训，房产，家政服务，文化娱乐，母婴产品等，其中旅游消费意愿最高，然后是汽车，保健养生，手机、数码产品等。

　　对比 2008～2018 年旅游、汽车、手机与数码产品三个领域的消费意愿可知，旅游领域增长了 3.16 个百分点，汽车领域增长了 2.15 个百分点，而手机、数码产品领域则下降了 7.1 个百分点。

　　结合上述消费意愿变化趋势与相关文献研究[64-67]，可总结出我国居民的总体消费特征。

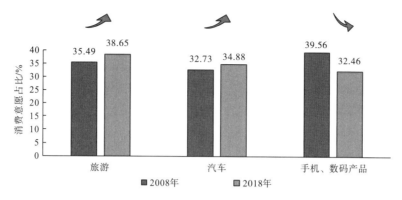

图 2.3　2008～2018 年中国居民主要消费意愿变化分析图

（资料来源：中央电视台财经频道公布数据，2019 年）

1. 生产型社会向消费型社会转变

2008 年，我国科技发展水平和社会生产力水平还不高，物质生产资料相对缺乏，居民消费意愿以电视、冰箱、洗衣机、空调等物质产品占比较大，生产决定消费，此时是典型的生产型社会。实际上，生产型社会中的劳动者也是生产要素，而非真正意义上的市场消费者，其消费意愿本身较低，且由于当时国民收入水平还不高，居民勤俭持家、自给自足的传统观念深厚，导致生产型社会的消费市场整体比较保守，而家庭耐用型产品则成了消费市场的主流。消费对生产具有反作用，生产部门根据居民现有的消费意愿，选择继续生产家庭耐用型的物质产品，使得生产型社会特征愈加显著。

2008 年，金融危机席卷全球，引发了国内社会转型发展的思考，相关人士认为应当从生产型社会转向消费型社会，即劳动者不仅是重要的生产型要素，还是重要的市场消费者群体，因此，应当激发大众消费者的消费欲望，以扩大市场内需，从而实现经济增长方式的逐步转型。实际上，消费型社会本质上就是生产过剩而消费需求不足矛盾激化的产物，也是劳动生产率提高的必然结果[68]。在国内外环境变化的背景下，应当采取相应措施向消费型社会转型。

经过十年的努力和发展，国内科技水平和社会生产力水平有了极大提升，国民收入逐渐增加，休假制度不断完善，人们传统的消费观念逐渐被打破，转而开始享受生活，开始关注自身的发展需求。其中，中产阶级作为消费市场的主体，规模不断扩大，收入水平逐渐提升，消费需求持续增长，原来过剩的生产型产品通过社会阶级的转变与扩张得以消化。在 2018 年的居民消费意愿统计中，旅游、保健养生、教育培训、文化娱乐、家政服务等享受型消费占比很大，与十年前单一的物质生产型消费相比区别较大，反映了近十年来我国由生产型社会向消费型社会转变的特征。

2. 消费意愿大众化，全民消费特征显著

在生产型社会向消费型社会转变的过程中，人们的消费欲望得到释放，根据国民经济数据统计（2018），消费已经成为经济增长的第一驱动力。同时，随着国民经济的增长和生活条件的改善，中产阶级不断扩大，消费市场逐渐呈现了大众化、家庭化、中档化的特征，可以说，全民消费已然来临。

不同人群具有不同的消费喜好与消费结构，各年龄、性别层次都展现出了一定的消费意愿(图2.2)。例如，中老年人群体的消费意愿主要表现在保健养生项目上，占比34.27%；教育培训项目的消费群体则主要是中年人与青少年消费群体，占比30.56%；母婴产品项目反映了女性群体的消费意愿，占比5.82%；然而，也存在各人群都具有消费意愿的项目，如旅游是大众群体都乐意消费的项目，占比38.65%。

对比过去(图2.1)，居民的消费活动主要以家庭为单位进行，消费类型大多为物质生产型消费，消费群体则主要集中在年轻一代的父母上，消费群体相对单一。如今，全民消费的时代，居民基本需求得到满足的前提下，会对文化精神、康养等有所追求。其中，旅游从以前的"奢侈品"逐渐走向了"大众化"，成为人们日常生活消费的一部分。2008~2018年我国居民的旅游消费意愿上升了3.16个百分点，"旅游热"现象显著，经中国旅游研究院(文化和旅游部数据中心)综合测算，仅在2019年春节，全国约有4.15亿人次出门旅游、700万人次出国旅游[69]。

3. 服务型消费占比提升，消费升级趋势明显

新时代背景下，我国的社会矛盾由人民群众日益增长的物质文化生活需求同落后的社会生产之间的矛盾，转变为人民日益增长的美好生活需要和不平衡不充分的发展之间的矛盾。据中华全国商业信息中心2019年4月10日发布的数据显示，2018年全国居民人均服务型消费支出为8781元，占总消费支出的44.2%，与十年前比提升显著。随着居民可支配收入的增长与社会保障体系的进一步完善，人们的消费观念逐渐从"占有商品"转为"享受服务"，物质型消费结构逐渐转变为服务型消费结构，消费层次进一步升级，服务型消费特征显著。

2018年9月20日，中共中央、国务院印发《关于完善促进消费体制机制进一步激发居民消费潜力的若干意见》，在"总体目标"中明确指出，以消费升级引领供给创新，服务型消费占比稳步提高，全国居民恩格尔系数逐步下降。我国的服务型消费蕴藏巨大潜力，若能将其充分释放，必将成为我国经济增长的重要驱动力。

根据2018年的中国居民消费意愿调查，居民的主要消费产品包括房产、汽车、旅游、教育、娱乐、休闲、手机与数码产品等，消费热点多样化趋势明显。其中，旅游、娱乐、休闲、教育等服务型消费占比较大，居民消费逐渐转型升级。

值得注意的是，房产与汽车消费是连接多项消费产品的重要纽带和驱动点。如房产消费体现了新时代居民对居住条件改善、资金财产投资的需求等，它进一步带动了家装、电器等产品的消费，因此是过去数年国民经济发展的支柱产业。汽车消费则缩短了人与人之间、人与地之间的时空距离，方便了人们的联系，促进了旅游等第三产业和服务业的发展，是我国重要的支柱产业。

(二)日常生活消费特征

日常生活消费特征是微观视角下居民的消费行为特征。消费，作为人们日常生活的重要内容，是人们参与社会生活的主要活动之一。一方面，基于群体的趋同化心理，社区群体的日常生活消费活动大致相似，他们在相似的时间做着相似的事，如就餐、休闲娱乐、购物、锻炼、休憩、通勤等。另一方面，日常生活消费活动还与社会阶层密切相关，不同

社会阶层所表现出的消费特征也不同，因此居民的日常生活消费特征具有多面性。

1. 社区群体式消费，时空关联性强

根据德国学者克里斯塔勒的中心地理论，消费者为尽可能地减少成本或费用，会自觉地选择最近的中心地进行消费。该理论适用于绝大部分的城市地理空间和旅游生活空间分析，也适用于小范围的消费服务空间分析。

一般情况下，人们会根据就近原则来选择具体的消费区域。如买菜，在菜价基本相同的情况下，人们更愿意步行前往最近的菜市场或超市选购，以 10～20 分钟的路程为宜；人们买菜耗费的成本一般随距离的增加而增加，所以大部分人不愿意坐公交或开车去更远的地方买菜。同时，相邻社区的居民日常生活流程大致相同，这就是早晨成为一个消费高峰期的原因，进而出现社区群体式消费，由此也形成了多个以一定距离为单位的中心菜市场。宏观视角下，基于人类自身的社会型生活特征，社区群体式消费成了居民日常消费的主要行为特征之一。

人们日常生活还具有一定的时间规律，即在大致的时间去往大致的空间进行大致的生活体验活动，"日出而作，日落而息"便是民众生活最普遍的时间规律。即使是如今快节奏的社会生活，人们忙碌工作之余，也会有其他生活需求，诸如购物、就餐、娱乐、锻炼、休憩等，人们为享受服务而去往相应的场所。以购物消费为例，人们白天通勤时间忙于工作，但在晚上下班或周末期间，便可自由进行购物消费活动。所以，居民日常生活消费大致呈现出了较强的时空关联性特征。

2. 消费行为内部阶层特征显著

虽然整体上人们日常消费活动与生活流程大致相同，但细分人群，存在阶层特征的差异性。不同阶层所占有的社会资源不同，使得不同阶层面对问题的态度也不同，从而表现出不一致的日常生活消费特征。人们的日常生活消费行为普遍存在内部差异，并逐渐形成了不同的价值取向与情感偏好[70]。

当人们面临相同的外在环境变化时，不同阶层由于所占资源的差异，具有不同的应对态度与解决问题的能力，进而采取差异化的方式进行日常生活消费。以应对雾霾天气为例，高阶层群体由于占据了更多的社会资源，具有更高的经济支付能力，因此，他们往往可以通过多种渠道或出行方式来代替日常的生活消费，以实现障碍的最小化，由此展现出了一种更为积极主动的态度，其生活自由度一般比常人更高。而低阶层群体由于所占社会资源较少，经济支付能力不足，最终只能被动选择接受现状，并承受更多来自身体、心理上的压力，耗费更多的时间、精力等成本。因此，外界的环境变化往往会对居民日常生活消费造成较大的影响。中间阶层群体则介于上述二者之间，外界环境对他们的日常生活消费影响更多取决于他们的应对态度。

我国也面临社会阶层的差异，例如贫富差距显著，为此，我国政府不断加强和完善宏观调控措施，增加中产阶级的收入，建设橄榄型社会。然而，应该清楚地知道，社会阶层差异几乎是不可能被消灭的，其消费行为仍将存在内部分异，且阶层特征显著。

二、旅游消费特征

关于旅游消费,世界旅游组织从技术层面定义为"由旅游单位(游客)使用或为他们而生产的商品和服务的价值"。然而,学者们则大多倾向于认为旅游消费是人们为满足自身的享受和发展需求而进行资源、劳务消耗的行为与过程。旅游消费特征直接影响到旅游地的产生和发展。

旅游消费是社会总消费中的一种享受和发展型消费,它受各种经济和社会因素影响较大,其中社会经济发展、生活方式变动、城市化水平程度等因素,在旅游消费发展过程中起着基础性、关键性作用[71]。随着国家经济发展与人民生活水平的进一步提高,直接激发了居民强烈的旅游消费欲望,并逐渐成为普遍的社会消费现象,逐渐常态化和大众化。

旅游消费行为,指旅游消费者为了满足自身需求,选择、购买、使用旅游产品或劳务的一系列行为过程的总和。在旅游活动过程中,旅游者的消费行为是由消费心理所支配,且随心理变化而变化的一个动态过程。旅游消费行为有其自身的特点和规律。

(一)我国居民旅游出游率提升迅速,旅游消费活力凸显

根据马斯洛的需求层次理论,人类一共有5个需求层次,即生理需求、安全需求、归属与爱的需求、尊重的需求、自我价值实现的需求,只有低层次的需求得到满足之后,才会产生高层次的需求。从社会心理学角度看,旅游需求是在人们低层次的基本生活需求得到满足之后,产生的更高层次的消费心理需求。旅游需求反映消费动机,消费动机构成消费市场。旅游需求受多种因素的影响,可从宏观与微观两个层面分析,宏观层面的因素表现为社会经济发展状况、社会福利制度、国家休假制度等整体环境;微观层面则表现为个人收入状况、带薪休假、教育水平、兴趣爱好等个体环境。近十几年来,随着国民收入水平的提高和国家法定休假制度的完善,人们的旅游消费热情和出行愿望不断高涨。

根据2019年文化和旅游部公布的统计数据,2011~2018年,我国旅游人数逐年增长(图2.4),2018年的旅游人数达55.39亿人次,国际旅游收入达1271亿美元,分别是2011年的2.1倍和2.6倍,可见我国居民的旅游需求旺盛,旅游活力进一步凸显。另外,我国旅游人数持续增长,基本保持在每年10%以上的增长水平(2018年旅游人数增速有所放慢,这可能是由于国内旅游出行人次的总量基数较大,到后期的增长速度必然会有所下降)。

图 2.4　2011~2018 年我国旅游人数及增长分析图

(资料来源:文化和旅游部,2019 年)

同时，2011~2018 年我国国际旅游收入逐年增长（图 2.5），其中 2014~2015 年的国际旅游收入大幅增长，增速高达 99.82%，2015 年之后国际旅游收入则呈缓慢增长趋势。

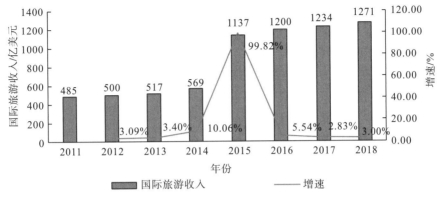

图 2.5　2011~2018 年我国国际旅游收入及增速图

（资料来源：文化和旅游部，2019 年）

综上分析，我国旅游出行人数不断增加，国际旅游收入不断提高，旅游已经逐渐常态化、大众化，旅游消费活力得到进一步释放。境内外旅游企业及旅游目的地也正享受着我国旅游消费趋势所带来的红利。

(二)旅游消费转型升级，旅游需求多元化

随着我国旅游产业的逐步成熟、人们旅游经验的不断积累，旅游消费者的消费层次得到进一步提高，从追求"量"逐步过渡到了注重"质"，更多旅游者认识到一次美好的旅游体验胜过多次奔波疲惫的旅游日程。国家旅游局数据中心发布的《2017 国庆中秋旅游消费大数据报告》指出，我国旅游消费品质持续升级，游客对住宿、特色餐饮的需求逐渐增加；同程旅游等联合发布的《2018 新消费时代的目的地营销趋势预测》也指出，我国境内外旅游者在旅游花费，以及交通、住宿等消费层次上均有明显的升级趋势。因此，提升旅游产品质量已成为我国旅游发展的重要目标和任务。

旅游消费的本质是体验，为了获得良好的旅游体验，人们选择购买相应的旅游产品。观光型旅游产品仍是我国旅游市场的主导消费产品，但在旅游消费转型升级趋势的引导下，我国旅游产品正逐步发生变革与转型。以观光旅游为例，传统的"走马观花"、疲惫奔波式的旅游活动已经无法满足游客的消费需求，而是更加需要高层次、高品质的旅游产品，以满足猎奇、安逸、体验的消费需求，这种消费需求成了推动旅游消费市场变革与转型的原动力与依据。近年来，我国旅游市场上出现了诸如避暑旅游、度假旅游、冰雪旅游、夜间旅游、山地旅游、研学旅游、体育旅游、邮轮旅游等新型旅游产品，游客的旅游消费选择越来越丰富。特别是度假旅游，逐渐成为仅次于观光旅游的旅游类型，受到市场的青睐，度假旅游强调轻松、舒缓的旅游方式，旅游者希望寻求平和、放松、康养的旅游方式，它更加强调安全和宁静的环境条件、丰富的休闲娱乐活动、康养的游憩设施、高品质的服务等。

(三)旅游消费者分布空间呈现出非均衡化发展态势

旅游消费是在社会生产力的基础上发展而来的,社会经济发展水平较高的地区,往往具有较高水平的旅游消费能力;而社会经济发展水平相对较低的地区,则旅游消费能力相对较低。一般情况下,我国东南部地区的旅游消费能力要高于西部、北部地区的旅游消费能力,大致呈现出东南沿海的旅游消费能力向西部、北部逐渐降低的不均衡格局。

以 2018 年为例,我国出游力指数(指某一客源地居民群体在经济能力、休假制度、身心健康等条件下形成的参与户外休闲或旅游的综合能力[72])排名前十的城市分别为上海、北京、成都、重庆、武汉、广州、西安、南京、杭州和郑州(表 2.1)。从出游客源地看,我国出游力城市指数是东南沿海地区城市数量(上海、北京、南京、杭州)高于西部、北部地区城市数量(成都、重庆、西安)。但中西部地区城市的出游力指数在逐渐提高,呈现与东部地区城市出游力指数差距逐渐缩小的发展趋势。近十几年来,国家将西部大开发与中部崛起等战略上升为国家战略,通过一系列相关政策的实施,中西部地区的社会经济发展水平得到快速提升,居民的生活质量得以大幅改善,出行愿望明显增强,与东部城市的出游力指数差距越来越小,呈现中西部旅游消费人次占比不断提升的均衡化态势。

表 2.1 2018 年我国出游力指数城市排名

排名	城市
1	上海
2	北京
3	成都
4	重庆
5	武汉
6	广州
7	西安
8	南京
9	杭州
10	郑州

(数据来源:中国旅游消费大数据报告,2018 年)

(四)休闲度假逐渐成为旅游主流之一,多与地产行业结合较紧密

据中央电视台财经频道公布的数据,2018 年旅游已经成为中国居民消费的第一意愿。然而,旅游消费是一项综合的社会性活动,包括了吃、住、行、游、购、娱等要素的消费需求。其中,交通与住宿消费一般会占到旅游总消费的一半以上。交通是实现旅游者空间位移的载体,随着我国基础设施建设的不断完善与升级,旅游交通消费会逐渐惠民化,这是旅游消费趋势之一。住宿是为游客提供临时休息场所的服务产品,能给予人们一种安稳、安全的心理感觉;旅游住宿具有季节性特征,即旺淡季的住宿需求会有显著的上升或下降,导致住宿价格上下波动,特别是在旅游旺季,住宿盈利往往比较可观。

随着国民生活条件改善和收入水平的提高，休闲度假逐渐成为旅游的主流之一，大量旅游者注重旅游过程的闲适性、安逸性、康养性，希望在某旅游地长时间停留，而不是传统的游走性旅游。为此休闲度假旅游者对旅游住宿、旅游生活环境要求越来越高，追求恬静的旅游生活状态。由于我国居民长期的生活习惯和消费行为特征，一般多希望在自己熟悉、自己可控的居住空间生活（即真正属于自己的空间），包括旅游生活意愿也是如此；加之国民的理财投资习惯，使得休闲度假旅游与地产行业结合在了一起。

地产投资商为追求利润进入旅游行业，旅游与地产有机结合，成了旅游市场的重要发展引擎。据不完全分析，一般旅游项目的投资回收期可能超过 15 年，可持续回报时间则可超过 50 年；而旅游地产一般仅需 2～3 年便可全部收回投资，盈利可达 150%～400%。因此在各方面利益的催生下，度假旅游地产迅猛发展，旅游地产化趋势显著，几乎所有度假旅游地都有相应的旅游地产。随着旅游消费品质的升级，休闲度假旅游也更符合旅游市场的需求，休闲度假旅游地产的发展潜力也更大；当然，不能过分发展度假地产，否则对当地经济持续发展有害。

三、山地型避暑度假地的形成机理

避暑度假是度假旅游类型之一，是以避暑为主导功能的度假活动。避暑度假地就是以避暑为主要功能，同时也能满足康乐、康养、游憩、观光等服务需求的旅游地。避暑度假与避寒度假相对应，是我国比较典型的度假类型，由于我国地理气候分布特征，产生了大规模的避暑、避寒度假需求，加之国民不同的消费习惯，使得避暑/避寒度假地形成了与其他类型度假地不同的旅游空间和社会形态。

避暑是相对的，只是相对于凉热之地而言。我国幅员辽阔，具有避暑功能的地方非常多。以我国夏季为例，在长江流域的伏旱天气时期，我国东北、新疆、青藏高原等地对南方居民而言均可以避暑，都可以成为避暑地。但事实上，南方居民选择的以避暑度假为目的的旅游地是有独特规律的，形成了独特的旅游度假地。东北、新疆、青藏高原等地是南方居民避暑旅游的选择地，但并非最佳的避暑度假地。显然，山地型避暑度假地的形成具有特殊机理。

近年来，我国的避暑度假消费异常火爆，是旅游目的和特征最明显的一种旅游类型。特别是在长江流域（中部、东部）等南方地区，产生了大量的避暑度假地。在避暑度假消费过程中，形成了各种新的社群关系、社会空间关系与社会形态等，也催生了大量相关业态，形成了特有的旅游地形态；避暑旅游吸引了政府、行业、学界等的关注。整体来看，避暑度假地涉及市场消费心理与习惯、社会经济、空间形态、社群关系等多种要素，是一个综合性的演变过程。

对此，可以从三个方面对避暑度假地的形成进行解析：一是产业视角的解析；二是不同地区的避暑需求分析；三是避暑度假的形成机理及特征分析。

（一）产业视角的解析

一般情况下，避暑度假需求是旅游市场的动力要素，它为避暑度假地的形成奠定了市场基础；避暑地产和避暑住宿业虽是不同类型的经济产业，但因为避暑度假的特殊性，将二者联系了起来，本质上同为避暑度假消费的服务产品，是避暑度假旅游市场的重要支撑，起着与各类避暑产业要素连接的作用，成了当下避暑度假地发展的经济支撑。由此，避暑度假需求、避暑地产和避暑住宿业等被视作避暑度假地的主要市场要素。

1. 避暑度假需求

我国南方夏季气候炎热、极端高温天气频繁，民众的"纳凉"需求一直都客观存在，只是缺乏现实条件。随着我国国民经济的快速增长，人们生活水平得到实质性改善，旅游消费规模保持着较高增长速度；如今，在绿色、康养、文化等消费意识的驱使下，人们开始减少对空调"凉"的需求，将消费转移到生态天然的避暑环境中，引发了居民强烈的避暑需求，避暑度假市场快速升温，避暑产业迅猛发展。当然，在旅游需求市场的刺激下，促进了避暑地的社会环境基础发展，交通等设施得到完善和提升，配套服务设施也得到质的发展，避暑度假几乎成为特定地方居民的日常消费。根据中国旅游研究院发布的《2013年中国城市避暑旅游发展报告》显示，我国避暑旅游市场潜在规模至少超过3亿人，进一步证明我国居民的避暑旅游需求非常旺盛，避暑旅游消费市场潜力巨大。

2018年7月25日，中国旅游研究院与携程旅游大数据联合实验室发布了《2018年中国避暑旅游大数据报告》，报告指出共有超过50%的游客最终选择了具备避暑属性的目的地或旅游度假产品，当时预测，2018年50亿人次国内游客中，有将近1/5的人(约10亿人次)选择在暑期(7~8月)出行，而避暑度假/避暑旅游规模预计占一半左右，中国将形成全球最大的避暑旅游消费市场。同时，报告还指出避暑旅游出行的主要群体是老年人、学生和教师，或高温城市居民等。相对于其他群体，老年人群体具有充足的时间与收入，可以自由选择避暑度假出行时间；学生和教师群体一般会拥有整个暑假的自由时间，可以进行避暑旅游出行。高温城市居民的避暑动机则更为纯粹，那便是避暑。在其他条件相同的情况下，"火炉"型城市(例如重庆、南昌、长沙、武汉、南京等)的居民避暑出游意愿整体较高，是避暑度假旅游的主要客源市场。

2. 避暑休闲地产

伴随全球避暑休闲热潮的兴起，"上山下海"(山地避暑、海滨避暑)式回归大自然、放松休憩、修身养性的田园生活梦悄然升起，随之催化了避暑休闲地产的迅猛发展[73]。广义的避暑休闲地产是指与避暑活动相关的所有物业类型，包括酒店、度假房、农家乐等，而狭义的避暑休闲地产则指商品房住宅。从全国发展形态看，避暑度假房主要依托于一定海拔的山地区，或较高纬度、滨海旅游资源丰富的地区，具有季节性消费特征(盛夏避暑)，同时还兼顾休闲、修养和旅游等其他功能。

目前避暑休闲地产主要有两种产权形式，一是完整的避暑房房屋产权，是避暑度假消费者直接、一次性购买房屋产权，基本用于避暑度假，相对永久、私人；二是分时度假房屋产权，是指避暑度假消费者购买某个时段的房屋产权，即每年在指定时间内享受房屋的使用权，实质是一种共享产权。分时度假的概念在国外比较流行，在我国也出现了一段时间，但对大多数中国居民而言，似乎并不怎么接受这种经营/消费模式，或者说接受度不高，因此在很多地方，仍然是比较陌生、不成熟的新事物。整体看，国内避暑休闲市场倾向于购买完整的避暑房的房屋产权。

事实上，这种情况与避暑度假的实际消费者群体密不可分，避暑度假的消费主体是中老年人群体，一个有钱、有时间、渴望健康、生活愿望大的群体，其独特的消费特征和消费习惯，使其倾向于购买完整的避暑房房屋产权。一方面，中老年人群体增多，总体消费力较强[中老年人口增多主要是由于中国的老龄化现象，老年人口占比逐年提高(图2.6)；总体消费力较强则是因为老年群体经过退休前的工作奋斗后，拥有了豁然超俗的生活智慧，也具有了相应的经济能力，能够支付得起避暑度假过程中的基本消费]。另一方面，中老年人群体由于自身思维习惯等，购置房产的传统观念较强。据零点调查公布的数据(老年住宅投资前景分析)，在中高收入老年人群体期望的入住方式中，有51%的人希望购买房屋产权，而只有24%的人打算租赁房屋使用权。具体原因有三：一是中老年群体由于身体原因，一般不喜奔波。二是中国传统的"家"文化观念根深蒂固，归属感心理驱使中老年人群体对购置房产具有心理偏好。三是由于远离城区，地价较低且单户面积小，房地产企业开发成本较低，避暑度假房价格相对不高，在中老年群体的经济可承受范围内。

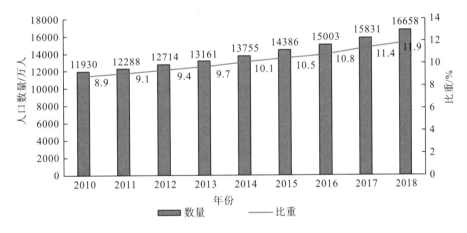

图2.6　2010～2018年中国65周岁及以上人口数量及比重

(数据来源：国家统计局)

3. 避暑住宿业

避暑住宿业是避暑旅游的重要组成部分，是避暑旅游者不可缺少的"驿站"。避暑住宿业主要包括酒店、客栈、民宿、旅店、度假木屋等形式，避暑人群根据自身的消费需求、度假时长等客观条件选择相应的避暑住宿形式。

避暑地产与避暑住宿业是两个不同的概念，虽然它们都是为避暑度假人群提供住宿服务，但避暑地产是通过地产销售为避暑人群提供住宿服务，而避暑住宿业则主要为避暑人群提供租赁住宿服务。

一般情况下，避暑住宿业消费群体的旅游停留时间较短，大多数时间为2～3天；避暑地产消费群体的停留时间则较长，短则三五天，长则几个月不等。总体来看，避暑地产的消费群体一般为中老年人群体和少量亲子游群体，他们需要的是长期稳定的避暑度假住宿产品；而避暑住宿业的消费群体则主要为上班族，例如教师、职员等，他们追求新鲜刺激，游走性较强，一次避暑旅游可能游玩几个地方，也只有短期的住宿服务可满足他们的住宿需求。因此住宿租赁也是避暑旅游的住宿消费方式之一。

（二）不同地区的避暑需求分析

盛夏之时，在没有空调的情况下，人们一般会采取扇扇子、睡凉席、冲凉、游泳、吃冷饮等方式消暑。然而，离开炎热的生活地去往凉爽的异地生活一段时间，往往是一种更为有效的消暑方式[74]。避暑并非近代才产生的需求，而是自古便有，且各地人们选择避暑的方式有所不同。

我国幅员辽阔，地理环境复杂，存在明显的南北差异、东西差异等，不同地区有不同的避暑认知和避暑方式，形成了不同类型的避暑旅游地，不同地区也有不同的避暑需求与避暑消费特征。

1. 不同类型的避暑旅游地

由于地理条件和历史原因，我国传统避暑胜地有"一庄一河十四山"之说，即承德避暑山庄、北戴河、鸡公山、庐山、莫干山、普陀山、天目山、雁荡山、黄山、五台山、峨眉山、天山、九华山、崂山、武夷山、钟铃山。其中，北戴河、鸡公山、庐山、莫干山因其凉爽的气候条件与风格多样的别墅群，被合称为中国四大避暑胜地。但这些避暑地只能满足小众避暑消费者，大众认知的避暑旅游更多是因为"旅游"成分，而非"避暑"。

单纯就避暑而言，无论是哪种避暑地，都是以避暑气候为主要吸引物。避暑气候主要可分为两种类型，一是受气候带影响，即受纬度地带性水热分布等影响，南北之间存在温差，形成了相对的凉爽等；二是局部小气候，即受地貌条件、下垫面(山地、森林、河流、草原等)的影响，形成了局地凉爽的地域，例如海拔较高的山地区。无论是宏观大气候，还是局部小气候，山地在形成避暑气候上具有优势。我国的山地资源十分丰富，尤其是中西部地区，山地资源最为丰富。因此山地型避暑度假在避暑消费市场中占有重要份额，我国传统避暑胜地中的山地型避暑胜地的数量即是证明。

2. 不同地区的避暑旅游需求特征

避暑需求是相对的，避暑地也是相对的，它受居民日常生活地的气候特征影响较大。以我国北方为例，其夏季高温阶段，当地居民可能也会有避暑的意愿；但对南方居民而言，那里的"高温"却是比较舒适的。事实上，我国北方地区居民的避暑需求并不强烈，需求规模较小，避暑需求的时段较短暂，因此他们的旅游消费行为更应理解为"避暑旅游"。而广大南方地区(特别是长江流域)则不同，避暑需求几乎成为常态，当地居民已形成季节性旅游消费规律，而且避暑需求的时间更长，其旅游消费行为更应理解为"避暑度假"。关于避暑需求的研究，由于审视视角和科学态度不同，行业社会与专业领域有不同的认知；不同机构、平台多有信息发布，关于避暑需求、避暑旅游、避暑地数据影响到了社会大众的合理判断。

　　以百度指数的人群画像分析为例，通过百度指数工具检索数据，关键词选取"避暑"+"旅游"，时间段限定为 2013 年 7 月至 2020 年 7 月，"避暑"+"旅游"等词频的检索次数和关注度能够一定程度反映人们的避暑愿望强烈程度。检索结果为，从地域看，沿长江流域地区居民的避暑旅游愿望相对较强烈；从省级行政区域看，广东、四川、湖北、浙江、江苏、北京、山东居民对避暑的关注度比较高，而重庆、江西、湖南等地居民对避暑关注不够高。该检索结果有一定的参考性，能部分反映各地居民对避暑的关注情况，但无法解释为什么重庆、北京等地居民的避暑需求特征。显然，其数据可靠性需要进行进一步的科学论证。

　　如果基于综合气候舒适度分析，则会得到更可信的结论。为了科学分析我国各地真实的避暑需求情况，本书将气候舒适度特征和居民对气候指标(持续高温天数、日温差、绝对高温日数等)的感知态度进行了叠加分析，可以得到 2000～2019 年 6～8 月的综合气候舒适度指数分布图(图 2.7)。从全国范围看，气候舒适区的分布范围较广泛(即夏季避暑需求的客源地范围较小)。从气候舒适区的人口分布密度看，气候舒适区的人口分布密度相对较小；而气候不舒适区的人口分布密度却较大，即舒适性气候资源与人口分布密度的不一致，符合我国实情。在气候不舒适区域中，以受东南季风和副热带高气压影响较大的沿海地区和中部地区最不舒适，气候炎热、湿度大，其中又以长江流域(宜宾下游)和两广地区最为显著，这与现实情况吻合。显然，避暑度假真正的客源市场主要在南方地区，长江流域地区的避暑度假需求尤其旺盛。

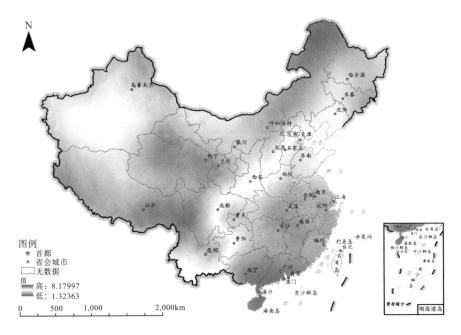

图 2.7　2000～2019 年 6～8 月的综合气候舒适度指数分布图

(三)避暑度假地的形成机理及特征分析

　　随着我国经济不断发展，国民的生活水平和经济收入水平得到大幅提升，旅游消费能力持续增长和拓展。当今，服务性消费占比快速提高，消费层次进一步升级，全民消费特征显著，大众休闲时代已经来临。在生活与旅游层面，人们越来越注重康养性，追求更加享受的旅游消费方式；我国南方夏季炎热气候刺激了居民的避暑需求，避暑度假产业日益旺盛，推动了避暑地产、避暑住宿业的迅猛发展，促进了避暑度假地的形成。

避暑度假地的形成是一个动态的、系统的过程。我国有资格成为避暑旅游地的地方有很多，但能成为避暑度假地的地方却有限，其根本原因就是我国地理特征和居民消费特征独特，形成了社会形态特殊的避暑度假地，而此度假地形态特征基本发生在南方地区；北方的"避暑度假"更像"避暑旅游"，或可理解为北方的避暑度假方式。避暑旅游地与避暑度假地有较大差异，南方的避暑度假地与北方的避暑度假地在业态特征与空间形态方面存在较大差异，本书专注于南方地区的避暑度假。由于南方的避暑度假活动基本发生在山地区，因此本书对象为山地型避暑度假地[1]，以区别于其他。

山地型避暑度假地是多因素共同影响下形成的，需要从旅游学、心理学、社会学、市场学等视角进行审视，根据避暑度假地的大量实地调研发现，其形成机理特殊（图 2.8）。气候特征是避暑的前提条件和资源，炎热气候刺激了避暑动机，产生了避暑度假需求，山地区凉爽的气候促成了避暑度假。我国居民的消费特征和经济能力，决定了避暑度假地的发展方向，刺激了避暑地产[2]发展，由此形成了特殊的避暑度假地空间形态。受避暑生活、旅游要素和社会要素的影响，融合发展为特殊的避暑度假社会形态，如业态特征、社群关系、空间形态、消费特征、度假生活习惯等，且各要素之间相互作用、相互影响。

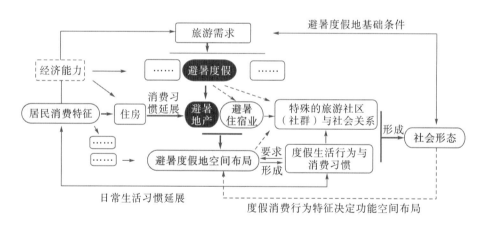

图 2.8　山地型避暑度假地及其社会形态形成机理

1. 从地理视角看，避暑度假是客源地与目的地之间地理特征相呼应的旅游活动

避暑度假是一种休闲生活活动，反映了居民在气候条件下的需求特征。简单地讲，避暑度假就是从天气炎热的生活地方去往一个天气凉爽的地方，享受休闲康乐的生活方式，是一种典型的第二空间生活。

---

① 此后的"避暑度假地"均指"山地型避暑度假地"。
② 影响避暑地产消费的要素较多，例如区位条件、交通方便性、文化特征等。

一般情况下，避暑旅游（度假）的客源地集中在一些纬度较低的炎热地带，以大城市为主（人口多、经济发达、热岛效应强）。如果出现高温天气持续时间长、温差小、天气闷热等情况，则容易产生避暑客源市场。避暑旅游的目的地则与之相反，或是高纬地区，或是山地滨海等地，气候凉爽，加之景观、空气质量佳，与客源地之间形成明显的气候与环境差异，由此形成避暑旅游出行的重要推力，并逐渐发展为避暑度假目的地。由于避暑度假具有较强的生活属性，避暑度假者同时还要考虑避暑期间与家人、工作单位之间的联系，即角色转换的方便性，因此避暑度假者的空间行为特征比较独特，需要考虑客源地与避暑地之间的距离。可以说，避暑度假是客源地与目的地之间地理特征的多方面呼应。

2. 从市场视角看，避暑度假地是避暑旅游者多个消费特征的促成

避暑需求是避暑度假地形成的初始动力，是最先产生的社会要素，随着炎热气候来临，居民的避暑需求随之上涨。首先，避暑旅游是基于一定经济能力之上的旅游消费，由于避暑度假者在度假地停留的时间要显著长于普通避暑旅游，其度假消费成本也普遍高于一般的避暑旅游活动。其次，国民的购房消费习惯促成了避暑地产和避暑住宿业市场异常发达，稍具经济能力的居民，大多选择在避暑地购房避暑，直接促成了避暑度假地特有的避暑业态——避暑地产业，避暑度假才得以持续生存和发展。再次，避暑度假居民的生活习惯影响到避暑度假地的功能空间布局，旅游地功能设施建设需要从整体空间布局考虑，充分挖掘和提高避暑地产的经济附加值，同时起到丰富避暑旅游者度假生活的作用。

根据大量的实地调研发现，避暑度假者与一般避暑旅游者的生活习惯有较大差异，避暑度假者的"度假旅游"更生活化，因此，他们对避暑度假地的生活、休闲等功能空间有更现实的要求，由此形成了独特的避暑度假地生活形态。在避暑度假地，拥有不同消费习惯与生活习惯的"居民"（原住居民、旅游居民），通过长时间的度假生活磨合，形成了一定的避暑度假旅游社区（社群）与关系；避暑旅游地的基础建设与该社群关系相呼应，避暑地居民的消费与生活行为形成了特殊的社会形态。这种社会形态反过来影响和决定了避暑度假地的功能空间布局。如此，避暑度假地形成了一个有时间、因果序列的动态系统。

3. 从社会学视角看，避暑度假地的持续发展必须重视度假地的社会空间关系

优质的避暑度假，从规划发展之初就应该考虑到未来的社会空间关系。从长期看，避暑度假地的持续发展必须在功能空间布局的不断调整与完善中实现。良好的度假地空间布局往往能够充分考虑社会空间关系，综合各项功能设施及度假项目优势，发挥出比单一功能优势更强的作用。否则，会阻碍避暑度假地的发展，而且会造成资源浪费等。事实上，满足了社会空间关系需求的避暑度假地空间布局，更容易得到当地居民和避暑旅游者的认可，旅游者愿意停留的时间也会更长。因此，避暑度假地发展需要相关部门从规划之初，结合各自的地理特征、资源条件、环境条件、基础条件、社会关系等进行合理布局，有效、合理利用社群关系、空间关系特征，优化布局。

第二节　旅游市场的避暑度假地选择

一、影响避暑度假地选择的因素

近年来，我国南方的避暑度假发展迅猛，人们可选择的避暑度假目的地非常丰富。日常生活中经常听到的避暑度假选择言论其实均为只言片语，例如"选择凉快的""选择距离近的""××是最好的"，不具有普遍性和规律性。现实中，人们在选择避暑旅游地、避暑度假地时会受很多因素的影响，不同类型人群有不同的主导需求，不同因素对决策的影响程度也不同。

本书通过近三年的避暑度假地实地调研总结，认为选择避暑度假地的影响因素主要包括气候适宜性、时空距离、交通便捷性、环境质量、地方物资特点、地域文化特色、生活便捷性、度假房价格、景观资源、基础条件十项因素（表 2.2）。根据调研数据分析，各因素的影响程度如图 2.9 所示。

表 2.2　影响避暑度假者选择避暑度假目的地的因素

影响因素	气候适宜性	时空距离	交通便捷性	环境质量	地方物资特点	地域文化特色	生活方便性	度假房价格	景观资源	基础条件
权重	+++++	+++	+++	++++	++	+	+++	++++	+++	+++
因素描述	为综合感觉。与生活地的温差适宜；紫外线不太强；气温是核心要素。但不同人群有不同的认知	一般车程在2～3 小时为佳。过近，缺旅游感（外出感）；过远，出行方便性和难度增加	以自驾出行为主。主要强调通达与交通安全。交通过于发达影响静谧性	森林植被影响下的空气等。比较在意该地的大环境质量	当地的水质、土质等的健康性；土特产等	异域感对市场有一定吸引力。但是一般不关注	当地生活物资价格、供给以及购买的方便性	度假房价格、产权（分歧较大）	不太在意景区性资源；但在意社区游憩环境、卫生环境等	水电气网保障、区域道路情况

（注：因素权重为实地调研的粗略统计，2018～2020 年）

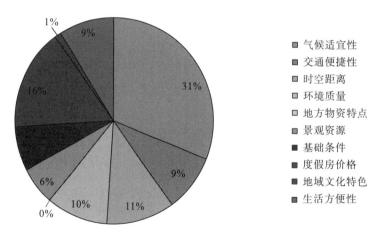

图 2.9　影响游客对避暑旅游地选择的因素重要性占比

(一)气候适宜性

气候条件是一个地区旅游业发展的先决因子,适宜的天气不仅具有特殊的景观功能,还能丰富旅游内容、拓展旅游活动等[73]。对于避暑度假地而言,气候适宜性是其发展的前提条件,没有适宜的避暑气候,避暑度假地的发展就无从谈起。人们选择离开常住地前往目的地进行避暑度假,其核心吸引物就是避暑目的地凉爽的气候,气候适宜性是人们选择避暑旅游地最重要的影响因素。

避暑型气候是指夏季可供避暑的凉爽宜人的气候条件。人体感知温度是避暑型气候的重要指标,它由气温、气压、相对湿度、风速、辐射等多种因子构成。世界避暑旅游地的避暑型气候可分为三种类型:一是高山、高原型,它由海拔高产生了"高处不胜寒"的气候现象,如我国避暑胜地江西庐山的海拔比九江市高1500m,平均气温则低九江市5.6℃左右。二是海滨型,它由海陆热力性质差异,夏季海洋温度低于大陆的特征产生了避暑型气候,如我国沿海一带的青岛、大连、北戴河等。三是高纬度型,它利用天然的纬度地域差异,形成了避暑型气候,如东北地区的哈尔滨等城市。总体来看,我国的避暑型气候主要以高山、高原型避暑气候为主。

不同人群对避暑气温的要求不同,不能一概而论。以长江中下游地区为例,避暑度假者比较认同海拔1200~1400m的气温;但是也有避暑度假者认为海拔1000m的气温就能够达到避暑要求;也有部分避暑度假者喜欢凉快到极致(趋近冷)的气温(海拔1800m左右);但是普遍认为海拔900m以下的地区就不具有避暑功能。

(二)时空距离

常驻地与避暑目的地之间往往具有一定的时空距离,人们在选择避暑度假时,时空距离对避暑地的选择有重要影响。研究发现,时空距离直接关系避暑度假的出行成本、度假体验、生活与避暑度假的转换方便性等。时空距离近,可能导致避暑度假者缺乏旅游感和仪式感,避暑度假时间碎片化;但是对部分度假者而言,日常生活与避暑度假转换更方便;对家庭观强的度假者而言,认为近距离更容易实现家庭式度假。时空距离过远,则会导致旅游成本较高,加大了旅游过程的出行难度等,但是旅游感更强,一般避暑度假时间较长。随着公共交通条件改善、自驾出行的普及等,客源地与度假目的地之间的时空距离正在缩短。

避暑度假地合适的时空距离可以激发更多的避暑度假动机,具体表现为距离多少公里、大概需要几个小时到达等。单就时空距离分析,对大多数避暑度假者而言,2~3小时的车程是比较理想的情况;车程超过4小时,则避暑度假意愿大幅降低,甚至拒绝前往。

但是,不同消费群体能接受的时空距离差异明显。工作族、家庭避暑群体受工作、假期等限制,往往喜欢选择较近距离的避暑旅游地。老年群体可支配收入和闲暇时间更多,时空距离对他们的避暑出现限制相对更小。追求避暑度假旅游感的群体,更愿意选择有一定距离的避暑地。还有一部分人群不太在意时空距离,只要一天能够到达即可。

(三)交通便捷性

旅游目的地的交通通达性和便捷性是旅游发展的前提,避暑度假地的交通便捷性对避暑度假消费者的旅游体验有较大影响。调研发现，避暑度假者对交通便捷性有独特看法，只要能"二次到达"就是便捷，即以高速公路、高速铁路、航空线路等为一级交通干线，再转换一次交通工具(或交通路线)就能到达目的地，就是便捷；过于靠近主交通干线反而会影响到避暑度假的环境感。交通便捷性很大程度上影响到避暑度假者出行的最终决策，对自驾者而言，交通影响相对较小，只要路况理想就行；对于高铁出行者，则主要考虑交通转换的方便性。

避暑度假地的交通便捷性主要体现在方便性和快捷性，方便性是指旅游消费者能顺利地进出目的地，快捷性则是指旅游消费者能快速地从客源地移动到目的地。避暑度假地的交通便捷服务主要包括交通通道、交通节点和交通服务建设等。避暑度假者还强调交通的通达性和出行过程的安全性等。大多数避暑消费者往往希望能在静谧、祥和的环境下享受度假生活，这就要求避暑旅游地的交通要素不能过于发达，否则会破坏度假环境的静谧性。

(四)环境质量

环境质量(environmental quality)反映在特定的社会环境下，其环境要素对人群生活与繁衍、社会经济的发展等方面的适宜程度[75]。适宜程度高，则环境质量高，反之亦然。随着旅游业的蓬勃发展，人们对旅游目的地环境质量的要求也越来越高，主打休闲度假功能的旅游度假地更是如此，环境质量的好坏直接影响到度假地的发展高度、可持续发展程度以及旅游市场规模等。环境质量好的避暑度假地，更能够给人以享受避暑度假美好生活的体验。避暑度假地应该重视环境质量这一"软性"环境的建设。

科学地讲，环境质量包括自然环境质量和社会环境质量，自然环境质量又可分为大气环境质量、水环境质量、土壤环境质量、生物环境质量等；社会环境质量主要包括经济、文化和美学等方面的环境质量。从旅游视角看，吴国清认为自然环境质量和人文环境质量是度假地持续发展的基础，自然环境质量包括空气环境质量、自然风貌环境质量(高山、海滨、草原等环境资源)、地表水质量、自然植被覆盖率、气候舒适度等；人文环境质量指避暑人群生活周围的生活环境质量，具体表现在设施建设、社会环境、公民文明程度、法治意识、地方民风等层面上，其中，避暑度假地的旅游项目规划应当符合人类舒适感的要求，包括尺度、色彩、比例、韵律等[15]。

事实上，避暑度假旅游者等对"环境质量"的认知主要反映在自然绿植率(特别是森林植被)、基础设施规范性、人文环境整洁性、工业体量(最好没有)、当地民风等可视可感知指标上，这些环境条件更能够给度假旅游者更舒适的感受和体验。

(五)地方物资特点

地方物资是指由地方支配的物质资源，既包括自然物资资源，也包括经过人类劳动所得的物资资源。地方物资是一个地方进行社会生产的物质基础，在一定程度上影响着社会生产力的发展。

对于避暑度假者而言，他们强调的地方物资主要包括水、土地、物产等资源。由于避暑度假人群通常选择长时间的旅游方式，目的地的水、土等地方物资特色可能被纳入了选择旅游目的地的考虑范围之内，这主要取决于避暑人群对度假生活质量的敏感程度，对度假生活质量比较敏感的人群，会关心避暑地的水、土资源是否健康、是否具有一定特色(例如富硒)等，他们认为这些细节特征最终都会在人体健康方面体现出来。对度假生活相对不敏感的消费群体，则主要关注水资源是否充足、土质是否安全等，他们的注意力可能更多集中在休闲、娱乐等项目上。消费者选择度假旅游其本身就有康养需求，避暑度假地的地方物资因素当然就会受到重视。

(六)地域文化特色

地域文化就是在空间分布上审视文化，不同地区有不同的文化，不同文化具有不同特色。具体来说，地域文化就是一个地区经过长时间的沉淀而形成的具有地域特色的历史遗存、文化形态、社会风俗、生产生活方式等。地域文化是一个地区的个性名片，它集中展现了该地独特的文化魅力。从全国层面看，我国著名的五大地域文化分别为齐鲁文化、巴蜀文化、荆楚文化、吴越文化和岭南文化。

对于避暑度假人群而言，地域文化特色是避暑旅游地吸引力的指标之一，不同人群对该指标的看法不同。例如，喜欢异域感、新鲜刺激感的避暑度假者，更愿意选择具有鲜明地域文化特色的避暑旅游地；追求安逸舒适的避暑度假者，则容易被具有相近地域文化特色的避暑旅游地所吸引。地域文化不是避暑度假者选择避暑度假地的主要影响因素，而是参考因素。因此，避暑度假地在发展过程中，应当重视地域文化特色的保护和文化建设，提高避暑度假地的整体竞争力。

(七)生活方便性

生活方便性，简单来说，就是指居民在日常生活中无须花大量精力便能感受到生活设施齐全、生活产品自足、生活成本适宜的社会环境状态。如前所述，避暑度假者的"生活"特征明显，对避暑地生活便捷性有一定需求，其主要需求体现在生活设施、生活产品、生活成本上。

齐全的生活设施能及时给予消费群体日常生活所需的各项服务，其中菜市场、休闲场所、文化广场、便利店、超市、医院等是避暑度假消费者具体需要的生活设施和场所。在生活物品方面，避暑消费者有与日常生活类似的物品需求，例如基础需求(水)、农产品需求(蔬菜、水果、肉)、娱乐需求(麻将、纸牌、乐器)等。在生活成本方面，避暑度假者普遍有较强的经济消费能力，基本能够接受高于平常生活的物价水平，但对食品质量有较高要求。

(八)度假房价格

经济因素是消费者进行产品选择的主要限制，避暑度假房价格很大程度上左右着避暑人群选择避暑度假地的最终决策。避暑度假房主要包括两种类型，一是避暑地产销售的避暑房，二是避暑住宿业提供的避暑房，避暑住宿业提供的避暑房是一次性的短期消费，而避暑地产销售的避暑房则是相对永久的长期消费，这主要取决于消费群体的消费特征和习惯。

度假房价与其建筑质量、环境品质、周边环境有直接关系。对避暑地产销售的避暑房而言，其地价成本相对较低，项目开发成本也不高，占地面积十几到几十平方米，因而投资门槛较低，房价普遍较低，如重庆避暑房总价多低于 30 万元，而贵州桐梓、湖北苏马荡等地的个别避暑房总价甚至低于 10 万元（避暑房价格受经济发展水平和人们避暑观念等因素的综合影响，文中所列价格是现阶段通过实地调研得出）。江西庐山因避暑度假地的房屋产权具有特殊性，避暑消费者无法购买避暑房产权，因而只能选择租房避暑，避暑消费者大多关注出租房价格。

对避暑住宿业提供的避暑房来说，其消费群体主要是短期避暑度假人群，他们更关注度假酒店、主题饭店、度假木屋、民宿等的价格。由于避暑消费季节性太强，淡季无人，旺季期间供不应求，导致价格较高。

(九)景观资源

避暑度假是旅游活动的类型之一，旅游活动需要一定的旅游景观资源，故景观资源也是避暑度假地的吸引物之一。研究表明，避暑度假消费者首先考虑的是避暑功能，对景观资源要求不高，甚至不在意，有良好的自然环境即可。但是避暑度假者对度假地的游憩资源、休闲条件比较关注。

我国西部地区多山地型避暑度假地，东部地区则多海滨型避暑度假地。山地型避暑旅游地的景观资源主要是山地、森林、湖泊等，而海滨型避暑度假地的景观资源则一般是海岸、海景等。以山地型避暑度假地为例，均有一定的景观资源，山地资源是其主要依托，庐山避暑旅游地所依托的景观资源有庐山(最高海拔 1474m)，湖北苏马荡的避暑地景观资源有十里杜鹃长廊、齐岳山(平均海拔约 1400m)，重庆仙女山避暑地景观资源则有仙女山草场、天生三桥等。

(十)基础条件

基础条件(基础设施)具体包括交通运输、信息通信、水利设施、水电气供应等，它是一个地区内企业、单位、居民生产生活的共同基础，是地区正常运行和发展的物质保障，是地区发展的重要基石。对避暑旅游地而言，基础设施是旅游发展的必要条件，要求能保证旺季正常地供应水、电、气等，否则对地方形象影响较大，并导致吸引力降低。

问题在于，避暑度假地多位于偏僻的山区，基础保障有限；而度假旅游活动季节性非常强，淡旺季分明，旺季人满为患，各方面需求均达到极值；而淡季相反，大量基础设施闲置，从某种意义讲是浪费资源，如何平衡这种供给关系，是度假地发展应该考虑的问题。以湖北苏马荡避暑度假地为例，其位于利川谋道镇，基础建设滞后，避暑旺季(7~8 月)人口密集，对基础设施需求大，经常出现水资源供应不足、供电不足、交通堵塞等现象；淡季又几乎无人，基础设施闲置严重。

二、避暑度假消费决策

(一)避暑度假消费决策模型

旅游消费决策，指旅游个体根据自身的旅游目的，有选择地收集旅游数据，并对其进行适量加工处理,然后制定合适的旅游方案与计划,并最终付诸实践的整个过程。简单讲,旅游消费决策就是一个旅游动机取舍、旅游目标确立、旅游计划执行的行为过程;同时,旅游消费决策往往不是一次决策,而是一系列的决策。旅游消费决策过程也是旅游消费者面对众多旅游机会选择的过程,在整个消费心理的变化过程中,可能是由理性因素占据主导,也可能是由感性因素占据主导,或者二者交替作用,由此做出一系列不同的旅游消费决策。总之,旅游消费决策关系着旅游消费者对旅游目的地的购后评价(满意度),这对旅游目的地的营销战略制定具有重要意义。

避暑度假决策属于消费决策的一种应用决策类型,它是避暑旅游消费者在个人(家庭)感知的基础上,根据所收集的避暑度假地信息,有目的地制定旅游购买计划并实施的过程。同一般消费决策类似,避暑度假决策也是一个从心理活动到外在行为的连续过程,具体包括动机感知搜集避暑度假地信息,形成信念——拟定备选的度假方案,做出选择——多种度假方案的评估与最终确定,直至最后购买消费行为的形成[71]。由于我国居民特殊的避暑度假消费方式,其决策行为有其自身的特点与规律;因为避暑消费的初始额度巨大(远高于一般的旅游),一旦决定,不易改变,因此避暑度假消费决策远比一般的旅游消费决策谨慎,论证期一般较长。以度假房消费为主的方式下,形成了特有的避暑度假消费决策模型。

旅游决策过程是国外学者的研究重点,特别是旅游决策模型的研究已经十分成熟。旅游决策模型的研究最早追溯到 20 世纪 70 年代,瓦哈(Wahab)、格兰朋(Grampon)、希摩尔(Schmoll)等学者最先对旅游决策过程进行系统性的研究,并从不同角度提出了各自的旅游决策模型,为旅游决策行为的研究提供了宝贵的理论基础。本书在学习 Schmoll 旅游决策模型的基础上,提出的避暑度假决策模型如图 2.10 所示。

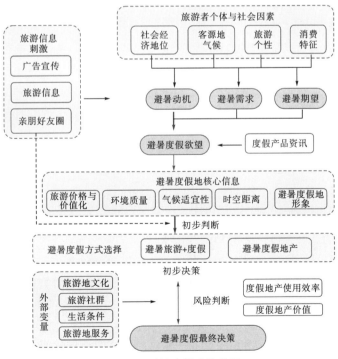

图 2.10　避暑度假决策模型

该模型简单描述了五大变量之间的关系及其影响限制因素,揭示了避暑度假决策的关键环节和决策流程,对避暑度假地、避暑度假市场和避暑度假业都有重要启发。模型也存在缺点,目前尚无法量化研究,难以为避暑度假目的地市场做出准确预测。

(二)决策模型的变量因素

避暑度假决策模型中有五个主要变量,分别是旅游信息刺激、旅游者个体与社会因素、避暑度假地核心信息、避暑度假方式选择和外部变量(图2.10),分别从不同层面对避暑消费者的度假决策行为产生不同程度的影响,并按照一定的逻辑顺序组合,形成最终的避暑度假决策模型。旅游信息刺激是避暑度假行为的原始动力,旅游者个体与社会因素是避暑旅游欲望的现实基础,而避暑度假地的核心信息作为决策信息参考,影响着避暑旅游方式的选择,最后,在各项外部变量的风险权衡下,促成了避暑度假的最终决策。避暑度假决策模型应是可循环的,首次避暑度假的决策体验(满意度)可以影响下一次的避暑度假决策。

1. 旅游信息刺激

旅游信息刺激,指各类激发消费者产生旅游动机的信息,旅游动机是其直接产物。现实生活中,人们每天都在自觉或不自觉地接收着大量信息,在具有一定新鲜感的旅游信息刺激下产生了具体的旅游动机,特别是在社交网络化特征显著的今天,信息传递渠道和速度不言而喻,产生了大量的旅游信息刺激物。

旅游信息刺激物主要包括三种类型,分别是广告宣传、旅游信息和亲朋好友圈等。①广告宣传是最直接的旅游信息,避暑消费者在接收到来自线上或线下的广告宣传信息后,会自觉地、有选择地提取比较感兴趣的信息内容,在该类信息的刺激下产生具体的避暑旅游动机。②旅游信息来源渠道多、信息量大、呈碎片化,具体包括带商业性质的旅游类文献出版物、包含旅游信息的影视文学作品以及分享旅游信息的各种互联网网页、软件、游记等。③亲朋好友圈则是比较有感染力的旅游信息来源,也是容易得到信赖的信息。亲朋好友在网络社交平台(线上)以文本、照片、音频等内容形式,或者直接线下交流的方式分享旅游体验或认知,从而刺激信息接收者旅游动机的产生。

2. 旅游者个体与社会因素

旅游者个体与社会因素,能对避暑度假决策起绝对性作用。一般来说,避暑消费者的经济能力、个性偏好、消费习惯等特征决定了避暑度假具体的消费取向和类型,大致可以确定避暑度假地的选择范围,影响到最终决策。

旅游者个体与社会因素具体包括社会经济地位、客源地气候、旅游个性和消费特征。①社会经济地位是最重要的因素,不同的社会经济地位会形成消费者不同的消费行为,经济消费能力一定程度上决定了避暑度假地的消费层次上限。②客源地气候作为最基础的社会环境因素之一,直接影响避暑度假人群的出行与否,居住地炎热的天气促使人们产生避暑动机与避暑旅游欲望等,不同人群会基于各自对气候的敏感状况选择避暑地。③旅游个性不同会有不同的避暑度假消费选择,传统的避暑消费者往往会选择安逸、标准化的避暑度假地，个性活跃的避暑人群则可能倾向选择项目新鲜、好玩有趣的避暑度假地。④消费特征也是重要的影响因素，在特定的社会经济环境下，避暑消费者会有不同的消费选择，例如注重"康养"的避暑度假者，生态环境条件会是决策的主要参考；强调"生活"的避暑度假者，会重点考虑避暑度假地的日常生活保障情况；注重"旅游"的避暑度假者，则可能关注避暑度假地及其周边的可旅游性情况；注重"家庭"的避暑度假者，则会考虑度假地与家庭成员联系的方便性等。

家庭作为社会关系最紧密的社会单元，会直接作用于避暑决策，随着生活水平的提高，家庭避暑度假市场也会越来越大。研究发现，注重"家庭"的避暑度假者特别关注避暑地与家庭联系的方便性，为此，这类避暑度假者可能会放弃"最优"避暑地，退而求其次。家庭联系大致包括以下几种情况，一是老年避暑者与儿女的联系，有工作的儿女希望利用周末等假期陪伴老人，借此避暑，一般希望出行方便、路途花费的时间比较少；二是三代人的家庭关系，爷孙辈避暑度假，子女(孙之父母)希望较容易看望长辈和下一辈，爷爷辈也希望儿女利用周末等假期陪伴孙子辈。

3. 避暑度假地核心信息

避暑度假地核心信息是指避暑消费者在产生旅游动机和旅游欲望后，开始收集旅游产品的相关资讯与信息，并在主观筛选下，剩下的主导信息和关键信息。避暑度假地的核心信息作为避暑消费者最实际的需求反映，体现了避暑消费者的主观期望，也关系到避暑度假地的最终决策。

避暑度假地核心信息主要由五个部分组成，分别为旅游价格与价值比、环境质量、气候适宜性、时空距离和避暑度假地形象。①旅游价格与价值比是重要的经济类信息，也是避暑度假市场各方最关注的要素，它反映了消费者的心理期望与价值敏感度，是避暑度假决策考虑最多的因素。②环境质量对避暑消费者而言，主要在于有利于生活健康的环境，例如生态环境、森林植被等，一般来说，舒适宜人的避暑环境能给人带来愉悦的心理体验；就山地避暑度假地而言，山体环境、森林覆盖率等环境条件是避暑消费者重点关注的信息。③气候适宜性是最重要的避暑产品信息，如前所述，避暑气候是避暑度假地的核心吸引物，若没有适宜的避暑气候，就谈不上避暑度假地；需要注意的是，避暑的气候适宜性不仅仅反映在"凉快"上，还包括湿度、风效、辐射等。④时空距离作为避暑产品的客观条件，会对避暑度假地的市场消费选择产生重要影响，是避暑消费者进行避暑度假决策重点考虑的内容。⑤避暑度假地形象是避暑消费者对避暑度假地的主观感知和综合判断，它对新的避暑度假者决策影响较大，口碑好的一般会吸引更大规模的市场群体，反之则会萧条衰退。度假消费者在日常消费过程中也会表现出一定的情感消费与形象消费倾向，主观性比较强。旅游地形象会使避暑消费者产生不同的心理情感，当旅游形象所带来的心理情感恰好符合避暑消费者最初的消费期望时，便会促进决策顺利进行。

4. 避暑度假方式选择

经过对避暑度假地核心信息的初步评估后，避暑消费者会根据自身需求与实际情况，选择一个适合自己的避暑度假方式。其中，避暑者的身体状况、经济状况、游伴人群、避暑主导目的、出游心理等都是影响避暑方式选择的重要因素。避暑度假方式决定了避暑度假的后续消费模式,影响到具体避暑消费行为,因此它也是避暑度假决策需要考虑的内容之一。

泛义的避暑旅游包括两种情况,一是带有避暑功能的旅游活动,但主题是旅游,游走性比较强;二是避暑度假,是基于避暑要求下的度假活动。

避暑度假方式具体包括两种,一是避暑旅游+度假,指短时间的避暑旅游和度假,即避暑消费者在某避暑地做一定时间的停留,在享受避暑度假的同时,顺便进行旅游观光与体验活动,具有一定的游走性,经常在不同的避暑地选择;该类人群的闲暇时间有限,停留时间一般不长,或两三天,求新特征明显,他们的住宿以酒店、民宿、租房等为主;消费偏高。二是避暑度假地产式的度假,指避暑消费者选择购买避暑地产作为避暑度假住宿方式,消费者以中老年为主,他们闲暇时间丰富,以家庭为单位购置避暑房,一经确定本度假方式,避暑度假地点基本固定,不易改变;由于初始投入较大,这类避暑度假者的初始决策过程漫长、谨慎,但后续度假消费成本较低。目前,避暑度假地产式度假是我国避暑度假的主流,其消费群体以中老年人为主,这较大地刺激了避暑度假房房价的增长,形成了特有的避暑度假地发展模式;而本应得到大力发展的酒店式住宿,度假人群则比较有限。

5. 外部变量

在避暑旅游方式确定后,消费者需要进行进一步的微观论证,例如具体选择哪里度假、度假地的社会环境如何等。此时,外部因素在一定程度上也能对避暑度假者的出行决策产生影响。避暑度假地的外部因素环境是复杂的、多维度的,避暑消费只能部分参考,而且还要进行风险考虑。避暑消费者在评估外部因素时,往往会根据经验进行判断,并将风险控制在可接受的范围。

外部因素主要包括四个方面,即旅游地文化、旅游社群、生活条件、旅游地服务等。旅游地文化作为避暑地的基底条件,在一定程度上能影响旅游地的竞争力;文化氛围和谐的旅游地一般能得到更多旅游者的关注与认可。旅游社群,指生活在避暑度假地社区(甚至小区)的不同人群,主要包括原住居民与避暑居民两大群体,和谐的旅游社群会营造出友好的社区环境,而容易起冲突与矛盾的社群则必然会破坏社区环境;事实上,避暑度假地产式的消费者比较看重小区居民的构成,这影响到邻里关系。生活条件是避暑消费者必然会考虑的因素,它关系度假生活的方便性,这在避暑楼盘区位选择中起到实际作用。旅游地服务指当地整体服务情况。

三、避暑度假者的空间消费行为特征分析

(一)空间距离与旅游出行

空间距离,从几何上讲,是指三维空间内点、线、面之间的距离;从艺术美学上讲,指的是欣赏者与被欣赏对象之间的实际空间距离;从旅游消费上讲,则指旅游消费者常驻

地与旅游目的地之间的空间跨度。一般来说，游客在客观条件下的出游力和消费力有限，即在特定时间、特定背景下只能到访一定数量、一定范围内的目的地[76]。空间距离是旅游动机的重要限制因素，它在一定程度上能影响旅游消费者旅游出行的最终决策。

宏观上看，旅游到访率与空间距离的关系基本符合德国城市地理学家克里斯塔勒的中心地理论，但也存在一些因实际情况而违反中心地理论的微观现象存在。针对此规律现象，国内外学者相继做了一定的实验论证。

陈建昌和保继刚在阐述旅游者行为特征的研究中，认为游客受正向近邻效应、负向近邻效应的影响，会对不同的资源个体表现出不同的旅游兴趣，正向近邻效应会延长游客的游览时间，而负向近邻效应则会导致资源个体的吸引力相互抑制，并最终选择更高级的旅游点进行旅游[77]。

吴必虎根据抽样问卷进行市场研究，发现中国城市居民在旅游出行时，随着旅游目的地空间距离的逐渐增加，其旅游到访率衰减现象越来越显著，且80%的游客出行距离主要集中在距城市500km以内的范围[78]。

张安等依据问卷调查资料，得出南京城市游憩者的活动空间基本在2000km范围之内，且84%的游憩市场空间集中在500km范围以内的结论[79]。

杨新军等根据旅游出行规律提出城市居民出游的空间流动模式（图2.11），将旅游到访率与空间距离之间的关系具体应用在城市居民的出游上，对我国的城市周边旅游开发具有一定指导意义[80]。

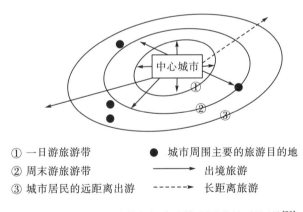

① 一日游旅游带　　　　● 城市周围主要的旅游目的地
② 周末游旅游带　　　　━━━▶ 出境旅游
③ 城市居民的远距离出游　------▶ 长距离旅游

图 2.11　城市居民出游的空间流动模式图（据杨新军等[80]）

丁健和李林芳根据抽样调查资料，分别从广州市、广东省、国内其他省份、境外等多个空间尺度分析其旅游到访率，研究结果一致表明随着区域空间的不断扩大，旅游到访率呈现出逐渐衰减的规律[81]。

斯蒂芬·史密斯在其《旅游决策分析方法》一书中，指出近邻效应是旅游决策分析的基本应用方法之一，近邻效应是指距离主体客源市场（大城市）近、区位良好的旅游目的地开发旅游产品具有较强的竞争力[82]。

（二）空间距离与避暑旅游动机分析

旅游动机是维持和推动游客选择出行的内在动力。旅游动机受空间距离的影响和限制，但不同的是，旅游动机是一项主观条件，不同消费人群的旅游动机有所不同，而不同旅游动机所接受的空间距离也不同。

空间距离与避暑旅游动机之间存在什么关系？本书结合前人研究成果和相关理论基础，对避暑旅游的空间消费行为开展了大量调研，结合避暑消费特征，对避暑度假的空间距离选择进行了分析。调查显示，关于消费人群对避暑度假地与居住地的理想距离问题，被调查者喜欢谈时间距离[①]，有 59% 的人倾向于开车 1～2 小时的时间距离（约 200km 之内），有 22% 的人选择开车 2～4 小时不远不近的距离（200～350km），有 15% 的人认为开车 4～8 小时的距离比较合适，还有 4% 的人觉得只要喜欢，距离多远无所谓。

当然，这是一种理想的避暑度假空间消费行为特征，实际避暑地的选择与避暑资源分布有直接关系，消费者可能不得不去往较远的地方避暑度假。

将空间距离选择与避暑旅游动机结合分析，可以得到基于客源地的避暑行为空间特征图（图 2.12），避暑空间消费行为特征主要从三个方面（旅游动机、避暑度假动机和避暑时长）进行分析。

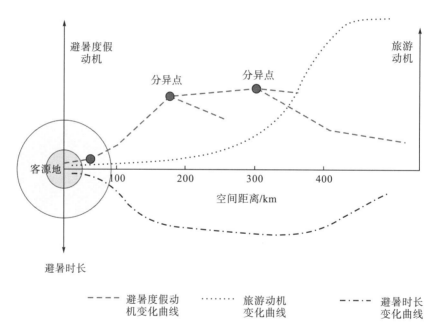

图 2.12　基于客源地的避暑度假空间消费行为特征

（注：空间距离为高速公路里程；根据避暑度假地实地调研统计，2018～2020 年）

---

① 被调查者对时间距离的认知不统一。以自驾为例，有的认为是在高速公路上行驶的时间；有的认为是出发至到达的时间；也有的不确定。

1. 避暑度假动机曲线分析

基于避暑度假动机，消费人群的避暑意愿与距离的关系曲线相对复杂，可分为三段，第一段曲线表现为随距离增加而避暑意愿增强，直到 200km 的分异点；第二段曲线缓慢增长，但避暑意愿仍然随着距离的增加而增加，直到 300km 左右的分异点；第三段曲线表现出了明显的衰减状态，避暑意愿陡然降低。

从旅游心理学角度推测第一段曲线，避暑消费者在进行避暑度假活动的空间选择时，还是期望具有一定的"旅游感"，因此在方便的情况下，希望避暑目的地离居住地远一些。但受制于现实条件，避暑度假的距离不能无限远，它由消费者的自身条件与社会环境条件决定，避暑度假者往往希望在避暑时能比较容易与家人、朋友等取得联系和沟通，不希望在路程上花费太多时间，故近距离的避暑目的地比较符合此类消费者的现实需求，兼具避暑度假、旅游活动、情感联系等。现实中，此类消费群体的家庭观念较强，即使度假时也会尽量保持与家庭的联系。

第二段曲线的避暑动机随距离的增加而缓慢增长，200～300km 是大多数避暑群体喜欢的距离。该距离既能达到避暑目的、方便度假，又具有一定的旅游感，是大多数避暑度假者的选择。从消费群体看，以中老年人群体为主体，他们具有足够的闲暇时间、充足的可支配收入和强烈的避暑旅游需求，时间距离对他们的阻碍比较小。一方面他们愿意花费一定时间在交通上，方便可行；另一方面又有旅游感。

第三段曲线的避暑动机与旅游动机反向关联，避暑动机随距离的增加而减少。究其原因，是由现实因素和心理因素所致。现实因素包括避暑消费者的经济条件和社会条件，随着距离的增加，避暑度假成本会相应上升；另外，远距离避暑度假方便性降低，每次出行的准备工作更多，与生活地的联系会大幅减少。心理因素则主要指避暑度假人群面对远距离的旅游目的地，可能会产生焦虑、害怕的心理情绪，普洛格将这种游客心理总结为自向型的游客心理类型，自向型的游客多思想谨慎、多忧多愁、不爱冒险[83]。该类避暑人群一般身体条件较理想，而且喜欢追求新鲜感，有被调查者明确表达"只要一天之内能到达，就愿意去"，时间距离和消费成本不重要，凉快与好耍才重要。

2. 旅游动机曲线分析

度假是旅游的一个类型，尽管本书讨论避暑度假，但很难单纯将其与旅游动机完全割裂，避暑度假者或多或少都具有旅游动机。避暑者的旅"游"动机曲线随空间距离的增加而呈现出增强的趋势，特别是 300km 以上的避暑度假，旅游成分陡然增加，完全可以表述为避暑度假。需要注意的是，这里只考虑空间距离因素，未考虑成本、时间、交通等因素的影响。

一般情况下，避暑目的地距离常住地愈远，其文化、风俗等方面就愈具有地域特色，对避暑旅游者的吸引力愈大，人们的旅游动机也就愈强。从旅游心理学角度看，人们倾向于选择异域性较强的旅游目的地基本是为了满足自身猎奇、追求新鲜的心理需求，该旅游需求属于马斯洛需求中更高层次的需求。旅游动机在很大程度上与空间距离呈现相关关系。

3. 避暑时长曲线分析

避暑时长曲线可分为三种情况。一是短距离的避暑度假,图 2.12 中表现为短期性,事实上是总体时间比较长,因为距离近,来往方便,度假者经常往返于常住地与度假地之间,避暑度假时间碎片化。短程度假者的家庭观念较强,经常在家庭与度假地之间游走。二是在理想避暑度假空间距离内(即 300～400km),避暑时长随距离增加而增加,主要受交通方便性影响。三是超过理想避暑度假距离后,远距离的避暑度假反而时长减少,调查发现,离家太远,生活物资准备难充分,又不愿意过分购置,度假生活有一定的不方便性;加之思乡情绪,一般不会待较长时间(当然,不排除个例,例如某避暑度假地的河南消费者,在度假地待 6 个月之久);特别是老年人,多不愿意离家太远;再是长距离避暑度假者的旅游动机更大,不会在某一度假地待太长时间。

(三)不同条件下的空间选择差异较大

实践中,不同人群、不同背景条件对避暑度假地的空间距离选择有较大差异,在实际的选择过程中,多有不同的考虑因素,即在不同条件下,避暑旅游者选择避暑度假地的理由存在不同。

如前所述,由于特殊的避暑度假消费特征,避暑度假地成了大量避暑度假者的第二生活空间,除基本的避暑功能外,多考虑出行方便性、家庭综合意愿等因素。但对于喜欢旅游属性的避暑度假者而言,空间意愿更丰富。

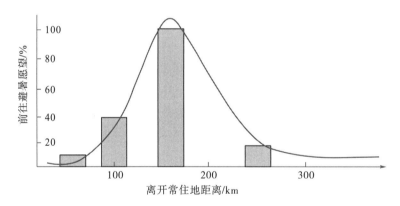

图 2.13　基于亲情或工作原因的避暑度假空间意愿特征
(注:距离为基于百度地图的公路里程,高速优先)

以重庆市主城区避暑旅游者为例,基于亲情或工作原因,在气候基本凉爽前提下,他们选择避暑度假地更倾向于 100～200km 的距离(图 2.13 和图 2.14)。主要出发点是为了与家人聚会方便、路途花费的时间少;工作者则考虑到休假与工作之间的衔接问题,一旦工作上有事情,能够较快到达等。

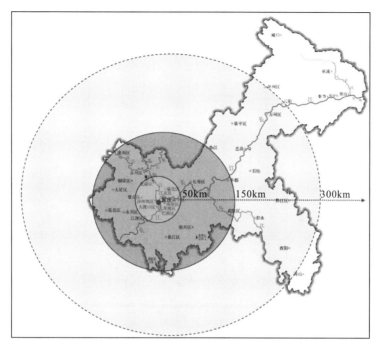

图 2.14　基于亲情或工作原因的重庆主城居民避暑度假地空间选择

(空间距离为高速公路里程：一般公路公进一步影响选择)

四、案例分析——湖北苏马荡旅游度假区

由于特殊的地理条件和市场格局，我国的山地型避暑度假地比较丰富。山地景观具有独特的吸引力，不仅能形成避暑气候，还可以旅游观赏和绿色疗养。山地能够就近解决当地和周边居民夏季避暑问题，容易形成避暑型度假地。

我国山地型避暑度假地的兴起始于近代，在改革开放后得到了一定发展，但 20 世纪 90 年代后出现了短暂衰退，主要原因是空调大量普及、当时居民的旅游消费能力有限、避暑度假产品少等。近年来，随着人们绿色康养生活理念的形成、避暑度假产品供给越来越丰富、产品不断完善与升级等，人们将观光避暑型旅游转向了自然生态、运动康养、休闲娱乐的避暑度假旅游。传统避暑度假地以庐山最具有代表性，但随着避暑旅游市场的火爆增长，我国近几年涌现出了大量新的避暑度假地，但大多以避暑地产式为主导发展模式，开发水平和质量参差不齐。湖北利川苏马荡就是其中最典型的新生代避暑度假地之一，截至 2021 年，难说其发展科学合理，甚至可以评价为低质发展，但它是我国南方地区避暑市场影响最大、避暑客源地最丰富的避暑度假地，其形成很具有代表性，值得探讨。

(一)避暑资源与条件

苏马荡避暑度假区也称苏马荡景区、苏马荡旅游度假区，位于湖北利川市谋道镇，有"中国最美小地方"的美誉，海拔 1400m 左右，年均温 18℃左右。东向为恩施、武汉等地，与武陵山区为邻；北邻重庆万州；西接重庆主城、四川成都等地。拥有磁洞沟峡谷、苍茫林海、齐岳山等景观资源。

苏马荡能够成为颇具影响力的避暑度假地，可以从宏观和微观资源与环境条件来分析，其最具吸引力的就是通透、凉爽的气候资源以及较高的环境质量等。在地理大格局与微地理条件下（图2.15），苏马荡有无法替代的避暑资源优势，其中包括微妙的避暑气候舒适度优势、土壤微量元素（富硒）、山地森林景观等。

第一，它的地理大格局区位形成了无法替代的避暑气候舒适度。我国中西部地区，海拔在1400m左右的山地区不少，均比较凉爽；但苏马荡所在位置受我国东西地理大格局影响，其海拔未对大气流形成阻隔，因此东西向气流通畅，水汽不臃阻，在空气舒适性方面表现为凉爽、通透、湿度适宜、风效理想、辐射一般等特点，正如有避暑者说苏马荡凉得通透一样，这是大多数避暑度假者对苏马荡的共识评价，受到普遍欢迎，这也是苏马荡最大的避暑资源优势。而湖北神农架、四川峨眉山、重庆南天湖、贵州桐梓等避暑度假地均较凉湿；云南等避暑地虽然凉快，但偏干燥、紫外线偏强等。

在地理大格局和微地理条件下，形成了微妙的避暑气候舒适度优势。
■适宜的海拔（气温）；通透的气流（风效）；合理的湿度与辐射。
■特殊的土壤环境（富硒）。

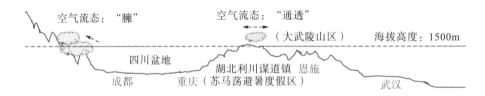

图2.15　大地理格局下的苏马荡避暑度假地的避暑条件分析图
（资料来源：基于我国地形图，大致沿北纬30°东西向剖面图）

第二，优质的土壤质量条件。苏马荡区域为砂岩（与其相邻的齐岳山则为石灰岩），当地土壤富硒，硒作为人体必需的营养元素，能提高人体的免疫机能，还具有防治心脑血管疾病、抗氧化、延缓衰老等功效，是公认的"长寿元素"，鄂西土壤富含硒元素（利川苏马荡属于恩施自治州，恩施有"世界硒都"之称）。避暑度假者本来就追求康养性，但苏马荡这一重要资源条件，却被大多数度假者忽视了。

第三，深处大山腹地，山地次原始森林资源为苏马荡度假地增添了浓郁的生态气息，环境质量得到保证。苏马荡在开发避暑旅游过程中，对局地森林植被有所破坏，开发规模过大；但其大范围的森林植被保护良好，森林密布，种类丰富多样，森林覆盖率达80%左右，对苏马荡整体空气环境质量起到良好的调节作用。盛夏期间，森林都是沁人心脾的天然空调，是避暑者度假康养的天然氧吧。

第四，苏马荡地域文化与川渝文化相亲，也有当地特色的土家文化，对各客源地而言，均具有亲切感和异域感，容易得到避暑旅游者的认同，容易激发避暑消费动机。

（二）市场区位条件

苏马荡避暑客源地丰富，与其良好的区位条件相关。如果从传统产业经济模式分析，利川谋道镇属于偏僻、贫瘠之地；但在现代旅游产业思维下，这里资源富集，现代交通给予了苏马荡很好的发展机会，其区位条件发生了质的变化。

苏马荡的区位优势表现为，辐射的避暑市场广。其周边多是避暑需求旺盛的夏季炎热的城镇，例如长江流域的重庆主城、重庆万州、湖北武汉、湖北荆州、四川达州等，避暑旅游市场规模大，而且稳定。苏马荡的客源市场大致可以分为四大圈层（图2.16），其中以万州、重庆主城、湖北武汉为主体客源市场。这种客源空间分布情况基本符合避暑动机的变化规律（或中心地理论规律）。

一级圈层主要包括万州、利川等地，距离苏马荡较近，时间距离均在1小时之内，来去较方便。重庆万州区人口数量较多，避暑需求旺盛，去往苏马荡的交通方便，自驾游时间在1小时之内，是苏马荡规模最大的客源市场。利川市海拔比较高（约1000m），当地居民的避暑需求相对较小，但他们经常前往齐岳山、苏马荡旅游。

二级圈层则包括重庆主城及其相邻区县、四川达州、湖北恩施等地。其中重庆主城区夏季炎热，是重要的客源地，去往苏马荡的交通较为方便，高铁行程只需1.5小时，自驾游的高速公路行驶时间约2.5小时（重庆主城出城时间较长，例如重庆大学城出城几乎要1小时）。四川达州离苏马荡也较近，火车可以直达利川。湖北恩施人口数量不多，有一部分的避暑客源，交通方便。

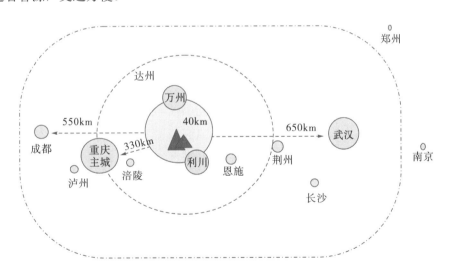

图2.16　湖北苏马荡避暑度假地的主要客源地分布示意图

（注：○的大小反映避暑度假市场的大致份额；根据苏马荡避暑度假区实地调研统计；距离基于百度地图）

三级圈层则以成都、武汉、长沙等地为主。在这些地区具有客源，反映出苏马荡的避暑度假竞争力，四川成都地处西部，周边的避暑度假地选择较多，例如四川峨眉山、青城山、瓦屋山，贵州习水等，但是苏马荡"凉得通透"的气候特点得到避暑度假者的认同，因此他们选择不远前往苏马荡避暑。武汉、长沙等地人口众多，避暑需求强烈，交通条件发达，尽管有江西庐山、湖北神农架等的竞争，但资源优势仍然明显，主要问题在于时空距离。

四级圈层则是更远的城市，客源规模较小，例如河南郑州、江苏南京等地。虽然苏马荡缺乏高品质的旅游景区，但这些地区的避暑度假者主要看重的是苏马荡的空气质量。一般情况下，随着时空距离的增加，避暑目的地的消费成本会随之增加，对避暑消费市场的影响范围也是有边界的，因此这种避暑客源分布是合理的。

(三)避暑产品与服务管理

避暑产品主要由吸引要素、环境要素和服务要素等构成。服务要素作为各项旅游服务的综合要素，本身也是重要的吸引要素，可影响避暑消费者的整体消费体验。因此，服务要素逐渐发展成了各避暑地之间的重要竞争因素，进而影响避暑度假地的发展。苏马荡从2003年开始旅游开发，随着旅游产品开发不断优化，2011年转向避暑旅游开发，避暑度假逐渐成为苏马荡最主要的旅游产品，其服务也在不断完善中。

苏马荡是以避暑为主导功能的旅游目的地，从其发展模式看，走的是避暑地产之路。根据实地调研，由于避暑需求旺盛，刺激了苏马荡避暑地产开发，盲目开发比较严重，大小楼盘达100多个，质量也参差不齐。从规划看，缺乏科学论证，功能布局欠合理；开发过于功利，大多数可用地被划为地产建设(虽然规划为各类型建设用地，但实际建设成了避暑房)，忽视了其他旅游功能的用地安排，例如休闲游憩、基本游览、基础生活服务等项目，进而导致整体避暑度假功能不足，游览服务欠缺。

由于避暑地产规模过大，旅游容量不足，高峰期间的避暑游客近30万人次/日；由于忽视了社会功能和服务建设，基础建设滞后，导致了系列问题，虽然近几年取得了长足进步，弥补了很多不足，但还需继续完善。首先是基础设施建设滞后，过去停电、断水现象频现，目前水、电、气问题基本得到了解决。其次是苏马荡度假区的交通仍然需要优化，在旺季，苏马荡交通干线必堵，除周末外，每日上午11点左右均会出现拥堵，道路设施严重不足。最后是度假生活服务设施(功能空间)不足，游憩娱乐设施、休闲锻炼设施、生活服务市场、医疗保障、文化教育等均表现不足，部分小区几乎没有休闲空间，导致避暑度假生活品质不高。这些也是苏马荡避暑度假区急需解决的问题。

第三章 山地型避暑度假地的适宜性

第一节 适宜性研究与避暑旅游发展

一、关于旅游适宜性的相关概念

气候条件是一个地区旅游业发展的先决因子，适宜的气候不仅具有特殊的景观功能，而且可以增添和争取富有特色的旅游内容，拓展旅游活动的时空分布，拓展国内外旅游市场[73]。由于各研究的视角差异，对旅游气候适宜性的定义并未统一，现有研究主要是引用了气候舒适度的概念。气候舒适度是衡量旅游适宜性的最基本指标，人体对气候环境的综合感知即气候舒适度，通常指人们无须借助任何消寒、避暑装备与设施就能保证生理过程的正常进行、感觉刚好适宜且无须调节的气候条件[84]。本书认为，气候舒适度是判断避暑度假地发展条件的最佳依据，是旅游者在避暑地无须使用任何方法或措施进行避暑纳凉，仅凭温度、湿度、风力、日照等因素共同作用而感觉到舒适的气候条件。关于旅游适宜性概念，除气候适宜性外，还有自然环境适宜性、生态适宜性、旅游资源开发与规划适宜性等。

(一)气候适宜性

气候适宜性是从旅游者人体感知视角评价气候条件，几乎已被气候舒适度替代。气候舒适度的研究前期以定性描述或采用经验公式进行定量讨论为主。1935 年，Gold 最早提出了户外热环境下人体舒适度研究，研究了人体在约 36.7℃条件下，风速、温度、湿度和日照对人体热量损失的影响[85]。1945 年，Siple 和 Passel 做了进一步研究，提出了风寒指数[86]。1993 年，Smith 依气候数据将全球划分为不同的旅游适宜区，为国际游客旅游目的地的选择提供了依据[87]。1966 年，Terjung 在对美国大陆生理气候评估中，提出舒适指数和风效指数[88]。之后，舒适度指数的研究逐渐转向与计算机技术相结合的一些统计归纳模型的量化探讨。

自 20 世纪以来，基于气温、风速、湿度等因子的复杂组合所建立的舒适度模型不下几十种。针对目前中国蓬勃发展的旅游业，国内学者从不同角度做了研究，例如陆林等通过对中国海滨型和山岳型旅游地气候舒适性做分析对比，指出自然气候因素是季节性旅游客流变化的主导因素[89]。曹伟宏等基于温湿指数、风寒指数以及衣着指数对丽江的气候舒适度与客流量之间的关系做了分析[90]。吴普等基于引力模型，通过经济、日照数、温度、降水等因子构建模型研究了滨海旅游目的地需求影响因素[91]。马丽君等对中国北京、海口、西安等城市进行了气候舒适度分析，并分别构建了与其客流量及游客网络关注度时空相关模型[92-94]。

之后，风湿指数与风效指数被广泛用于旅游气候适宜性研究中。李明等借鉴同样的方法，分析了湖北省的气候适宜度时空分布特征[95]；王金亮和王平对香格里拉的旅游气候适宜性进行了评价研究[96]；梁平和舒明伦对黔东南的旅游气候适宜性进行了评价研究[97]；张欢和杨尚英对陕南的旅游气候适宜性进行了评价[98]；刘伟研究了辽宁长山群岛的旅游气候适宜性[99]；赵仕慧等对花溪国家城市湿地公园的旅游气候资源适宜性进行了评价[100]。目前，对于旅游气候适宜性的评价思路和方法较为成熟，可通过风湿指数、风效指数等研究方法对旅游地气候适宜性、时空分布情况等做出评价。

问题在于：①气候舒适性与旅游气候适宜性有本质区别，对某一旅游产品而言，气候舒适不一定适宜；②不同旅游活动对气候适宜性有不同的要求，不能泛泛而谈。以上研究并未对具体旅游产品的气候适宜性展开研究，例如避暑度假与冰雪旅游、避寒度假等对气候的要求完全不同，很难用同一气候指标来判断。

(二)自然环境适宜性

自然环境适宜性是从自然环境条件来研究旅游产品类型的适宜性，避暑度假也需要一定的自然环境条件；目前研究大多还是以气候条件为主导，并未考虑旅游市场要素，也未区分避暑度假、观光旅游等。

陈慧等认为中国避暑型旅游地气候类型主要包括东北山地平原型、环渤海低山丘陵型、中东部高山型、西北山地高原型和西南高原型五种类型[101]。这五种类型又有其各自的自然环境特点：①东北山地平原型，避暑气候凉爽，风速不高、辐射不强、温度适中，综合条件相对优越。代表避暑度假地有大连金石滩、吉林长白山、黑龙江镜泊湖、大兴安岭等地。②环渤海低山丘陵型，避暑条件较为优越，海拔低、湿度较高，夏季受海风影响较明显，气候相对舒适。代表避暑度假地有青岛崂山、泰安泰山、承德避暑山庄、秦皇岛北戴河等地。③中东部高山型，避暑条件表现为地势高、风速高、夏季气候相对偏冷，较为舒适。代表避暑度假地有河南信阳鸡公山、浙江湖州莫干山、温岭雁荡山、江西九江庐山、湖北苏马荡等地。④西北山地高原型，避暑条件表现为纬度偏高、温度适宜、天气晴朗但较为干燥。代表避暑度假地有祁连山脉风景区、青海湖、兰州兴隆山、平凉崆峒山、天水麦积山等地。⑤西南高原型，海拔高、紫外线强。代表避暑旅游地为云南香格里拉、昆明、贵州桐梓、重庆黄水、重庆仙女山、四川青城山等地。

(三)生态适宜性

生态适宜性是指由区域生态系统具有的气象水文、地质结构、地形地貌、土地资源、矿产资源和动植物等自然属性，以及景观、文化等人文特征所决定的，对某种持续性用途的适宜或限定性程度[102]。

由于国内外对生态系统的分析与评价研究比较重视，生态系统对旅游地的可持续发展也十分重要，因此国内对旅游生态适宜性的研究也较多。钟林生等根据生态旅游的理念，提出生态旅游适宜度评价的概念和原则，并以乌苏里江国家森林公园为例，在确定公园生态旅游适宜度评价因子的基础上，利用层次分析法对各因子的权重进行赋值，并对公园的生态旅游适宜度进行了计算[103]。粟维斌和钟泓通过专家头脑风暴法、层次分析法等研究方法，选取资源特性、资源敏感性、资源脆弱性和资源生态系统稳定性 4 个方面共 29 个指标，构建漓江流域生态旅游资源开发适宜性评估指标体系，对漓江流域生态旅游资源开发适宜性做出评估[104]。

　　另外，利用 GIS 等技术对旅游地生态适宜性评价研究的实例也较多。梁红玲等选取了区域生态环境、旅游资源价值、社会经济因子 3 个方面作为评价因子，建立了旅游生态适宜性评价体系；并基于 GIS 技术，从空间上对长沙市的旅游开发生态适宜性进行了综合评价[105]。邬彬基于 GIS 技术对旅游地的生态敏感性与生态适宜性进行了研究[106]。闫凤英等以海南省保亭县为研究对象，以旅游资源系统、生态系统和支持系统构建了区域生态旅游适宜性评价指标体系，用层次分析法（analytic hierarchy process，AHP）确定各评价因子权重，并通过研究得出保亭县的生态旅游适宜性分布图[107]。张爱平等以黄河首曲地区为研究对象，选取距水域湿地距离、草地覆盖情况、森林覆盖情况、海拔高度、坡度和偏远程度六个表征地区自然性的标准，采用 GIS 技术与层次分析法相结合的方法对黄河首曲地区的生态旅游适宜性进行了分析[108]。

　　目前，专门对避暑地生态适宜性的研究还较少。避暑游客对气候的感知是旅游体验的重要组成部分，并且将适宜的气候条件作为首选，对避暑度假地的基础设施、旅游产品、距离考虑较少，数据也较难获取。陆林是国内最早关注气候与旅游需求的学者之一，他指出气候是影响旅游需求的重要因素，认为旅游客流季节变化的主导因素是自然季节性因素，社会季节性因素只是在自然季节性因素形成的旅游季节变化的基础上产生叠加作用[109]。

（四）旅游资源开发与规划适宜性

　　目前，关于旅游资源开发与规划适宜性的研究比较多，有代表性的研究包括，王灵恩等基于自驾车旅游开发的视角，综合考虑旅游资源吸引力、资源环境条件、配套设施状况、客源市场与发展潜力四个方面，尝试建立了新的旅游资源评价指标体系，并以伊春市为例，进行了实证性评价与研究[110]。卢晓旭等用层次分析法从资源禀赋、城镇依托、交通可达性、人口经济基础四方面构建湿地资源旅游开发适宜性评价指标体系，定量评价江苏湿地资源的旅游开发适宜性[111]。刘莎对秭归屈原故里端午节进行昂普（resource-market-product，RMP）分析，并运用吃、住、行、游、购、娱六要素构建了非物质文化遗产设计的旅游产品适宜性评价体系[112]。粟维斌运用头脑风暴法、层次分析法、模糊综合评价法等方法，构建漓江流域生态旅游资源开发适宜性评估指标体系，并对其生态旅游资源开发的适宜性进行了评价[104]。

　　综合以上研究发现，已有研究评价指标十分重视气候条件、资源条件、交通条件、用地条件等与旅游落地发展息息相关的因素，而在构建旅游适宜性评价体系的方法中，以层次分析法、头脑风暴法、GIS 技术等方法为主，但缺乏比较全面和综合的旅游地适宜性研究。

二、关于旅游气候舒适度的研究

(一)国外研究概况

国外对于气候舒适度的评价研究大致可划分为三个时期,即仪器测定时期舒适度评价研究时期、经验模型时期、机理模型时期[113]。

早期的舒适度评价研究常以仪器观测的结果为主,如以湿球温度来反映气温和湿度的共同作用,以黑球温度来反映气温、辐射和气流速度的共同作用[97]。1916 年,Hill 等提出的综合温度、湿度和风速三大要素,曾被应用于矿井作业、室内舒适度研究等领域。此时期的指标几乎没有考虑到人体反应,目前经常作为综合指标的一部分[114]。

经验模型时期构建的人体舒适度模型,以统计学方法为基础。评价依据主要为人体主观感受和生理反应,部分则普遍适宜冷、热环境。1932 年,Vernon 和 Warner 制定了修正有效温度(corrected effective temperature,CET)[115]。[我国学者 Li 和 Chan 根据香港实情考虑了风速,修正了经典 ET 公式,并提出了净有效温度(net effective temperature,NET)[116]]。1947 年,McArdle 等综合了空气温度、湿度、流速、平均辐射温度、新陈代谢率及服装热阻 6 个因素,提出了预计 4 小时排汗率(predicted four hour sweat rate,P4SR),但该指标无准确解析式,故未得到推广[117]。考虑到在寒冷且有风的环境中,皮肤表面的热量迅速散失,Siple 和 Passel 于 1945 年提出了风寒指数(wind chill index,WCI),应用广泛,但同时也因为对未被衣物遮挡部位的皮肤温度考虑欠妥等遭到了批评,后被改进和修正[118]。1979 年美国学者 Steadman 提出了实感温度(apparent temperature,AT)模型,主要研究湿度对体感的影响,后期进行了延伸和扩展[119]。

机理模型时期,2011 年,Jendrizky 等认为人体舒适度模型是非常复杂的,需考虑到人体热交换机制、环境因素、人体代谢、呼吸散热及服装热阻等因素[120]。1971 年,Gagge 等引入了皮肤湿润度,提出了新有效温度(ET*),又综合考虑了人体活动水平和衣服热阻,提出了标准有效温度(standard effective temperature,SET)[121]。21 世纪以后,在世界气象组织(World Meteorological Organization,WMO)的支持下,各国科学家将生理学、医学、数学、气象学及计算机科学等多门学科高度交叉、相互融合,综合空气温度、湿度、平均辐射温度和服装热阻、代谢率等,建立了通用热气候指数(universal thermal climate index,UTCI),计算人体承担的热度。

(二)国内研究概况

我国研究气候舒适度与旅游业发展息息相关,随着国民对环境的日益重视,与气候舒适度相关的研究逐渐增多。我国开展气候舒适度相关研究始于 20 世纪 80 年代中期,综合气温、风速、湿度等要素建立起来的模型种类非常多,与国外研究基本同步,国内也有较多学者开展了基于统计结果和人体热量平衡的模型等相关研究。

(1)引用国外人体舒适度模型进行研究。钱妙芬和叶梅[122]综合了气压、日照、降水、雾日、风速、气温、相对湿度和大气污染物浓度因素,将其转换成反映气候舒适度、大气清洁程度的指数，提出气候宜人度评价模型，分别对四川省各旅游区进行了评价和分级。马丽君[123]以温度、湿度、风速、太阳辐射等要素计算温湿指数、风寒指数、衣着指数三大指标，构建了综合气候舒适指数模型，并以西安市为例，分析了年内气候变化和居民的气候感知。

（2）利用气候舒适度，探究气候对旅游活动的影响，或某种旅游气候的时空分布特征。陈慧[101]等采集了 1993～2012 年 756 个国家基本站和 122 个辐射站的逐日气象数据，基于各气象站点的人体感知温度，以聚类分析方法对避暑气候的地域类型进行了研究，并对其时空特征进行了分析。范业正[124]以温湿指数、风效指数为主，光照、寒潮等因素为辅，对我国海滨旅游地气候适宜性进行了评价。

（3）将气候舒适度与旅游地的客流量相联系。陆林等[89]利用气候数据和三亚、北海、普陀山、黄山、华山等地的游客数据，分析了海滨型和山岳型旅游地的客流季节性特征。

近年来，地理信息科学与技术为气候舒适度的研究提供了新思路、新方法。唐瑜[125]以生理学等价温度（physiological equivalent temperature，PET）作为指标进行人体舒适度评价，探究了气候舒适度空间化方法，利用网络地理信息系统（web geographical information system，WEBGIS）技术提供全国舒适度空间的查询功能。

三、避暑旅游发展分析

（一）避暑旅游发展现状

避暑作为夏季旅游活动，由来已久。早在古罗马时期，当时的当权者和富有者常在夏季时离开居住城市前往沿海地区避暑。在我国古代，避暑也是权贵夏季重要的活动内容，是我国历史上发展时间较长的旅游活动，并由此产生了知名避暑旅游景区，承德避暑山庄就是最典型的传统避暑地。

20 世纪 80 年代以来，全球气候以变暖为特征，夏季高温天数明显增加，高温热浪随之增加。根据联合国政府间气候变化专门委员会（Intergovernmental Panel on Climate Change，IPCC）第四次评估报告，北半球高纬度地区气温在 21 世纪会迎来大幅度增长，极端高温天气和极端热浪天气都会明显增多[126]。世界气象组织认为，全球变暖趋势会持续，夏季的酷热和高温天气将成常态；最近十年全球频发的夏季极端高温天气正在证实这一判断。

随着国民经济不断发展，我国居民可支配收入增加，刺激了夏季避暑旅游动机和需求。特别是近几年来，避暑旅游火爆，避暑旅游目的地人气飙升，西部山地、东部海滨、北部草原成为三大避暑旅游目的地。在我国南方，山地型避暑度假地逐渐形成，涌现了大量的山地型避暑度假地。中国旅游研究院发布的《2015 年中国城市避暑旅游发展报告》指出，全国避暑旅游关注度在不断提升，避暑旅游经济持续升温。暑期旅游市场地位凸显，各项指标占全年比重逐渐增加；各地避暑旅游受到居民的认可等。

如今，避暑旅游已经上升为国家战略。2018 年 3 月，国务院办公厅印发《关于促进全域旅游发展的指导意见》（国办发〔2018〕15 号），其中明确提出"大力开发避暑避寒旅游产品,推动建设一批避暑避寒度假目的地"。2019 年 1 月 25 日,中国旅游研究院(文化和旅游部数据中心)发布《2018 旅游经济运行盘点系列报告(七):避暑旅游发展》。报告显示,2018 年我国避暑旅游快速发展,成为旅游经济发展新亮点。2019 年需结合避暑旅游的产业发展和需求特征,做好避暑旅游顶层设计,构建避暑旅游发展生态圈,创新构建"候鸟"人才的柔性机制,丰富避暑旅游文化内涵。避暑旅游目的地吸引较多外来游客,带动当地旅游、餐饮、娱乐、地产、交通、农业、住宿等综合发展,进而推动了当地经济的发展。例如湖北省利川市夏季长住 3 个月以上的避暑客高达 40 万人,谋道镇从一个常住人口只有几万人的小镇发展成为一个高峰期可以达到 28 万人口,以苏马荡避暑度假区为核心的现代避暑度假地;在避暑经济带动下,农业、商业和相关服务业蓬勃发展,提供了大量的工作岗位,带动周边 3 万村民脱贫致富。

在国家战略和行业政策推动下,避暑旅游市场不断增长,各地对避暑旅游的认识不断加深。吉林省委省政府出台《关于推进避暑休闲产业创新发展的实施意见》,贵州、黑龙江、山西、宁夏等省份积极部署避暑旅游发展,出台政策,加大宣传推介。安徽、江西、河南等省份气象部门推出寻找当地避暑旅游目的地等活动。旅游投资者也高度关注避暑旅游这片蓝海,避暑旅游地得到迅猛发展,呈现出了大量避暑度假地。

(二)避暑旅游市场需求特征

每到夏季,哪凉快就去哪里,已经成为老百姓的生活常态,"上山""下海""进草原",逐渐成为人们避暑出游的基本选择。随着我国居民收入以及对生活品质要求的不断提升,越来越多的居民选择了避暑旅游模式,中国避暑旅游市场需求热度高涨。

根据中国旅游研究院统计,2018 年暑期旅游的 10 亿人次中,避暑游占一半左右,约 5 亿人次,按人均消费 1000 元计算,我国避暑旅游消费已达到 5000 亿元规模。中国旅游研究院、携程旅游大数据联合实验室发布的《2018 年中国避暑旅游大数据报告》显示,从客源地角度看,长三角、京津冀及珠三角地区经济发达,人口稠密且气温高,避暑旅游需求旺盛。重庆、武汉、长沙、南昌以及西安等中西部"火炉"城市,也是避暑旅游主要客源地。

毗邻重庆、四川泸州等传统"火炉"城市的贵阳,7 月均温 24℃,成为重要的避暑旅游目的地。自从贵阳推出"爽爽的贵阳"宣传口号,主打避暑旅游牌以来,夏季游客接待量占全年总接待人数的 60%,夏季经常出现一房难求的局面,特别是贵州桐梓、习水、贵阳、六盘水等已经成为较知名的避暑度假地。2018 年贵州省继续实施避暑专项优惠政策,市场持续井喷,暑期(7~8 月)全省共接待游客 2.14 亿人次,同比增长 30.4%,实现旅游总收入 2436.85 亿元,同比增长 33.5%。2018 年江西省举办"首届寻找避暑旅游目的地"活动,获"江西避暑旅游目的地"称号的各景区,活动后一周接待游客总量较活动前一周增长 24.1%,消费总额增长 63.6%。2018 年盛夏期间(7~8 月)各避暑旅游目的地接待游客总量比上年同期增长 40.1%,消费总额增长 46.9%。

(三)避暑度假地开发规范——以重庆为例

正是火爆而巨大的避暑旅游市场,导致避暑旅游的盲目开发。有的地方政府为了占据避暑市场，采取了比较激进的开发方式，很多并不具有避暑舒适气候的地方也被开发为了"避暑"旅游地，导致资源浪费，"避暑度假地"遭到质疑，"避暑旅游"形象下滑。为此，各地各界积极探索科学、有效的避暑旅游发展路径，其中重庆市制定的《重庆气候清凉避暑地评价标准》（T/CQMA 001—2019），为避暑旅游发展提供了一定的科学依据。

《重庆气候清凉避暑地评价标准》于 2019 年 1 月按照《标准化工作导则第 1 部分：标准的结构和编写》（GB/T 1.1－2009）的要求进行编写。该标准不仅仅提出了气候标准，还提出了避暑旅游地的基础服务标准。

1. 基本要求

(1) 交通可进入性良好，有三级及以上公路通达；配有专门的停车场，规模能满足游客需求。

(2) 住宿接待设施宜有多种类型，能提供酒店或具有地方特色的住宿点，数量能够满足需求。

(3) 能提供地域特色或民族特色风味的菜肴，餐饮服务设施规模与游客数量相适应。

(4) 实现移动通信信号的全域覆盖。

2. 评价指标

(1) 以 6 月 1 日至 8 月 31 日期间闷热日数与最长连续高温日数的多年平均值为评价指标。

重庆避暑活动一般发生在气温较高的夏季，因此统计时段选择 6 月 1 日至 8 月 31 日。

闷热日数的计算先按《人居环境气候舒适度评价》（GB/T 27963—2011）规定计算逐日温湿指数，再统计历年温湿指数大于 27.5 的天数，若没有温湿指数大于 27.5 的天气出现，则该年计为 0 天。

温湿指数 I 计算公式：

$$I = T - 0.55 \times (1 - RH) \times (T - 14.4)$$

式中：I 为温湿指数，保留 1 位小数；T 为某一评价时段平均温度，℃；RH 为某一评价时段平均空气湿度，%。

最长连续高温日数的统计，先计算某年逐次出现连续高温的持续天数，再取持续天数最长的一次作为该年的最长连续高温日数，若没有高温出现时最长连续高温日数计为 0 天。

闷热日数与最长连续高温日数计算前，应先按照《地面气象观测资料质量控制》（QX/T 118—2020）的规定对气候资料进行质量控制。

多年平均值一般采用近 30 年气候值，当资料年限不足 30 年时，采用近 10 年气候值，平均值计算方法按《地面标准气候值统计方法》（GB/T 34412—2017）规定执行。

(2) 闷热日数多年平均值少于 5 天且最长连续高温日数多年平均值少于 5 天，可评定为重庆气候清凉避暑地。根据《养生气候类型划分》（T/CMSA 0008－2018）中有关夏令避暑的划分标准，当夏令气候舒适度体感"闷热"天数少于 5 天时适宜开展夏季避暑。

世界气象组织（WMO）建议，日最高气温高于 32℃，且持续 3 天以上的天气过程为高温热浪。高温热浪使人体感到不适，对人们日常生活和健康有一定的影响。我国一般将日最高气温达到或超过 35℃ 时称为高温，连续数天（3 天以上）的高温天气过程称之为高温热浪。当发生高温热浪时，不适宜户外活动。中国气象部门针对高温天气的防御，特别制定了高温预警信号,在连续 3 天最高气温将在 35℃ 以上时,将发布高温预警信号。参考现有文献的各项指标,并结合重庆气候的实际情况,从促进重庆旅游发展的角度出发,将重庆气候清凉避暑地标准规定为:闷热日数多年平均值少于 5 天且最长连续高温日数多年平均值少于 5 天。

重庆作为我国具有代表性的夏季高温城市,所颁布的清凉避暑地标准很值得借鉴。但其评价指标只是提出了最长连续高温日数(多年平均,天)和闷热日数(多年平均,天);提及的概念包括湿度指数、闷热日数、高温、连续高温日数、最长高温日数,未考虑风效、辐射、气候舒适度等气象因素。

四、气候条件与避暑度假需求

(一)气候条件与旅游需求的界定

从自然资源的角度来界定气候条件,大多数学者认为气候条件是重要的自然资源。20 世纪 40 年代,美国著名气候学家兰兹伯格(Landsberg)以《气候是一种自然资源》为题发表文章,阐明气候应该是一种重要的自然资源。1979 年,在日内瓦召开的世界气候大会上,会议主席罗伯特·怀特(Robert White)提出"我们应当开始将气候作为一种资源去思考"。李萍指出气候资源是一项重要的自然资源,且其对旅游产业发展的影响日渐受到重视。由于人们的旅游活动总在一定的气候条件下进行,故气候资源同时承担着特殊景观功能和特色旅游功能[127]。陆林和丁雨莲则根据《旅游资源分类、调查与评价》(GB/T 18972—2003),认为气候条件等属于重要的旅游自然资源。气候在旅游发展中的重要作用已得到广泛认可,由此,气候调查和分析应视为旅游规划的重要前提[128]。马丽君提出气候资源是旅游活动的重要客观基础条件,能对游客的出行决策、旅游行为等产生直接或间接的影响,进而对旅游流在特定时间段内的时空变化产生作用。一般情况下,宜人的气候条件有利于旅游活动的开展,极端气候则会对旅游活动带来不利影响[123]。

关于旅游需求的内涵界定,不同学者有不同的界定。Mathieson 和 Wall 指出旅游需求是指从工作场所、居住地到远处,在那里使用旅游设施或服务的旅游者,或希望旅游的人之总称[129]。袁世全则将旅游需求定义为,人们为满足旅游需要产生的对一定量的旅游商品的需求,取决于旅游者的消费意愿、经济支付能力、拥有的闲暇时间[130]。谢彦君表示旅游需求是指一定时期内核心旅游产品的各种可能价格和在这些价格水平上,潜在旅游者愿意并能购买的数量关系。而旅游需求量是指人们在一定时间内愿意按照一定价格而购买某种核心旅游产品的数量[131]。朱俊杰等将旅游需求理解为游客旅游的可能性,旅游行为则是旅游需求的实现形式与行为体现[132]。刘润等在多个学科对旅游需求定义的基础上,认为旅游需求是人们对自然的依恋和对情感所需的补偿,是一种对压力释放和心灵回归的渴望。而如今,旅游需求的概念正在走向融合,它是各种社会力量作用于社会心理而产生的[133]。

基于避暑旅游,从资源角度看,气候条件不仅是一种重要的自然资源,更是不可或缺的旅游吸引物;从市场角度看,气候条件是产生避暑旅游需求的核心要素,不仅影响游客旅游决策与整体旅游体验，还对避暑旅游活动开展、旅游消费决策、旅游产品等产生重要作用。

(二)气候条件对旅游需求的影响

关于气候条件对旅游需求的影响，国内外学者展开了初步探索与研究。Lohmann 和 Kaim 通过对德国公民进行关于各种旅游目的地特征对游客吸引力影响程度的调查，发现旅游目的地的自然景观是最重要的影响因素，其中，天气和生态环境等因子分别排在第三位和第八位[134]。Gallarza 等通过对旅游目的地形象研究的文献进行整理和分析，发现 25 个相关文献中，有 12 个提及了气候因素的影响，且在对旅游目的地形象产生重要影响的 20 个因素中，气候因素的贡献率排名第七[135]。Kozak 在对马略卡岛和土耳其的德国和英国游客的一项调查中发现，享受"好天气"是旅游的主要因素[136]。Goh 在对英国居民的一项调查中发现，有73%的居民认为"好天气"是其选择出国旅游的主要原因[137]。包战雄等认为天气、气候是旅游动机形成的重要推力因素和拉力因素，对旅游业的发展及旅游需求具有十分重要的影响[138]。李志龙以北京为旅游目的地案例，构建了旅游需求误差修正模型，并将气候因子纳入旅游需求模型中，结果表明，气候因素对旅游需求具有显著影响[139]。

目前，气候条件对旅游需求的影响研究涉及了很多气象因子，不同的研究所涉及的气象因子不同，气温、降水、相对湿度、风速、日照时长、辐射等是最主要的几个气象因子，其中，考虑最多的气象因子是气温和降水。

(三)气温变化对旅游需求的影响

气温因子是最重要的气候表征指标之一，它对旅游流空间分布、旅游需求的强度等方面具有重要影响。即旅游目的地宜人舒适的气温条件在一定程度上可以刺激游客的旅游需求，而目的地不适的气温条件，游客的出游意愿或旅游活动兴趣则会显著下降。避暑度假地的气温对避暑旅游需求影响最为典型。

如何界定"宜人的气温"呢？Rossello 和 Santana-Gallego 通过研究表明，夏季平均温度每高出 1℃，加拿大国内旅游支出将增加 4%，且旅游目的地的实际气温与游客量之间通常呈倒"U"形的非线性关系，即在某一阈值气温下，气温越高则其对旅游目的地的影响越大，反之越小。但是这一规律并非绝对，其在不同的时间尺度与空间尺度条件下，可能会存在不同的关系现象[140]。Moreno 和 Amelung 表示在荷兰海滩的游客并未因为气温升高而减少，反而气温越高游客越多，也并未观测到有让趋势逆转的气温"上限"[141]。吴普等在分析气候因素对旅游需求的影响时，以海南岛为研究对象，发现夏季温度对赴琼游客的旅游需求具有正向作用，且其作用仅次于人均可支配收入[91]。

气温变化与旅游目的地的旅游需求之间存在一定的相关性，具体关系应该根据实际旅游产品而定。然而，区域气温变化对旅游需求的影响却十分微妙且复杂，特别是在极端气候条件下，更是加大了我们对变化规律认识与掌握的难度。另外，客源地与目的地之间的气温差异也会影响到旅游需求和旅游消费，避暑旅游、避寒旅游的表现尤甚。

(四)降水变化对旅游需求的影响

对一般的旅游目的地而言，降水量及降水的持续天数会对游客量产生一定的抑制作用。现实生活中，常有因为降水、降雪等特殊天气而使计划延迟或者取消的情况。旅游者似乎更偏爱晴朗、干燥的旅游地。陆林等通过分析国内旅游流的月份数据，表示降水量的季节性或是导致旅游流季节性的主要原因[89]。Dubois 等根据调查结果表示，在同时增加降水量的条件下，全球变暖导致的春季气温升高并不会使地中海的游客增多。可见，降水对旅游需求的影响是不容忽视的[142]。

是否降水变化对旅游需求的影响一定是正向作用呢？实际不然，降水变化对旅游需求的影响比较复杂，当前仍然存在争议，需进一步研究。降水变化对旅游需求的影响也有可能具有反向作用，如 Taylor 和 Ortiz 指出，由于游客对当地多变的天气有所预期，故降水量的大小对旅游需求的影响并不明显[143]。张丽雪等表示适当的降水量反而会刺激游客选择旅游出行等。在不同的时空条件和不同的研究尺度下，得到的结论存在差别[144]。个性化旅游背景下，不排除追求极致的旅游需求，例如台风本来是极其不利的天气，但却是"追风"旅游者的挚爱。

事实上，影响旅游需求的气候条件不应该是单方面的，以上仅分析了气温、降水因子对旅游需求的影响，而辐射、风速、温差、湿度等也会影响旅游需求，在此不再赘述。

(五)我国高温天气指标的空间分布

通过避暑度假地的调研发现，就气候指标而言，约有 91%的避暑旅游者认为气温是最重要的气候要素，其次为湿度、降水、气压、风速等指标。高温是指客源地的气温，与避暑地之间形成温差，这样才能激发避暑旅游需求。

如何判定气温的"炎热"程度呢？即怎样判断高温导致人体不舒适，进而产生避暑旅游动机呢？根据市场感知调研，高温绝对值不是唯一标准，高温天气下，衡量一个地区不舒适的高温指标应该包括日最高气温、连续高温(大于 35℃)天数、日温差等。偶然的高温、日温差大(即中午热、晚上凉)一般不会产生避暑需求；当日气温越高、连续高温天气天数越长、日温差越小，则会表现出不舒适的"热"，人们的避暑动机便越强烈。因此，为了更加真实反映当地的实际气候状况，准确判断避暑旅游需求强度，需进一步细化研究气温指标。

为了分析我国高温天气的时空分布特征，进而了解避暑旅游需求的强度空间分布，研究采用近数年 6～8 月全国地面逐日气象数据[①]，包括平均气温、日最高气温、日最低气温、相对湿度、平均风速、日照时长等。通过对日值数据集(6～8 月)中的日最高气温数据进行整理，然后运用 Excel 公式筛选出高于 35℃的连续高温天数。运用 ArcGIS 软件对气象数据进行克里金空间插值、图层叠加等可视化处理，可得近数年全国气温、风速、湿度、日照时长等气象要素时空分布图。再根据综合气象指标模型，可得近数年内 6～8 月的温湿指数、风效指数、综合气候舒适度指数的时空分布图等。

温湿指数计算公式为

$$THI = (1.8t + 32) - 0.55(1 - f)(1.8t - 26)$$

式中，THI 为温湿指数；t 为温度，℃；f 为相对湿度，%。

---

① 数据来自国家气象科学数据中心，http://data.cma.cn。

风效指数计算公式为

$$K = -\left(10\sqrt{V} + 10.45 - V\right)(33 - t) + 8.55S$$

式中，K 为风效指数；t 为温度，℃；V 为风速，m/s；S 为日照时数，h/d。

综合气候舒适度计算公式为

$$S = 0.6\left(|T - 24|\right) + 0.07\left(|RH - 70|\right) + 0.5\left(|V - 2|\right)$$

式中，S 为综合气候舒适度；T 为大气温度，℃；RH 为空气相对湿度，%；V 为风速，m/s。

但实地调研发现，以上气候指数与实际避暑需求有一定出入，需要进一步细化思考。为此，本书对居民在气候感知条件下的避暑需求特征进行了测度，为尽量减小大尺度、长时间跨度下平均气候变化(削高补低)的影响，突出近年时间段的气候变化特征，使研究数据更具代表性和时效性，研究进一步截取了 2010～2019 年气候要素数据，并进行加工分析，根据连续高温天气天数和平均温差数据，可得高温天气下的舒适度时空分布图。

1. 6 月连续高温天气天数

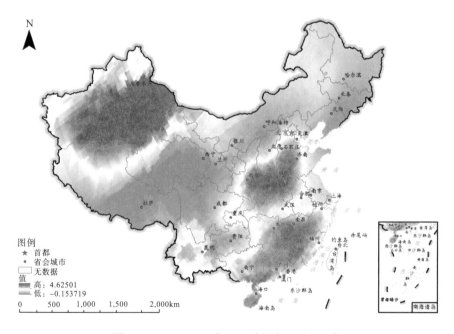

图 3.1　2010～2019 年 6 月连续高温天气天数

通过数据整理分析，可知我国 2010～2019 年 6 月连续高温天气天数为 0～19 天。其中，连续高温天气天数最高值分布在新疆吐鲁番，最低值分布在四川甘孜藏族自治州、色达等地。

我国 2010～2019 年 6 月连续高温天气天数较长的地区主要分布于新疆地区，其次是南方的江西、广东、广西以及中部的河南等地区(图 3.1)。连续高温天气天数较短的地区则多分布于我国东北地区、陕甘宁地区和青藏高原地区，如黑龙江、吉林、辽宁、青海、西藏、贵州、四川西部等。

2. 7月连续高温天气天数

我国 2010~2019 年 7 月连续高温天气天数为 0~29 天，其中，连续高温天气天数最高值分布在新疆吐鲁番，最低值分布在通河、鸡西等多地(图 3.2)。其中，连续高温天气天数较长的地区主要分布于新疆，以及南方地区，如重庆、湖南、江西、湖北、安徽等地。

相比 6 月，7 月的连续高温天气天数变多、变长，连续高温的范围有所扩大，连续高温天气发生的地理分布位置出现了变化(除新疆外)。

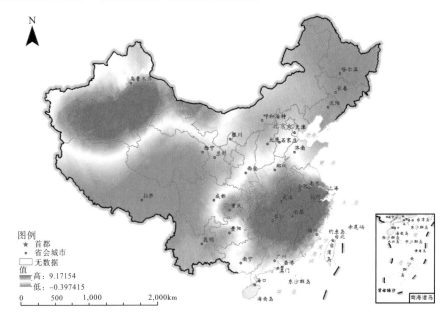

图 3.2　2010~2019 年 7 月连续高温天气天数

3. 8月连续高温天气天数

我国 2010~2019 年 8 月连续高温天气天数为 0~25 天，其中，连续高温天气天数最高值分布在新疆吐鲁番，最低值分布在哈尔滨、伊春等地。

我国 2010~2019 年 8 月连续高温天气天数较长的地区、连续高温天气天数较短的地区大致与 7 月相同(图 3.3)。相比 7 月，8 月的连续高温天气天数有所缩短、连续高温的范围有所缩小，但连续高温的强度有所增强。整体看，无论是新疆，还是长江流域地区，连续高温地区的强度基本都有所增强，其中重庆连续高温天气天数显著增加。

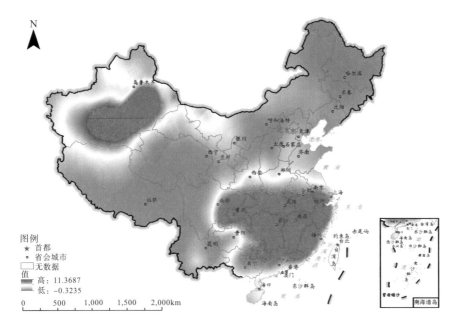

图 3.3　2010～2019 年 8 月连续高温天气天数

(六) 我国平均日温差时空分布

在同等高温天气下，温差越小的地区，炎热的时间越长，人们的避暑旅游需求就会越强。通过对 2010～2019 年中国地面气象日值数据 6～8 月的日最高气温和日最低气温进行整理，然后运用 Excel 公式计算平均日温差数据。运用 ArcGIS 地理统计分析的普通克里金空间插值，可得 6～8 月全国平均日温差的空间分布图。总体上，我国东北、西北、青藏高原等地区日温差较大，广大南部地区的日温差偏小，南方更容易产生"热"感；由此可以解析为什么尽管新疆(吐鲁番盆地)高温天气多，但其避暑需求并不强烈，主要就是因为温差大。

1. 6 月全国平均日温差

通过整理数据，可知我国 2010～2019 年 6 月的平均日温差为 7.01～18.07℃，其中，平均日温差最大值分布在黑龙江漠河，平均日温差最小值分布在广东惠阳。

我国 2010～2019 年 6 月的平均日温差分布图如图 3.4 所示，总体来说，平均日温差较大的地区要多于平均日温差较小的地区，以图中的黄色区与蓝色区分界线为参照，以南地区的平均日温差较小，界限以北地区的平均日温差相对较大。从局部看，存在平均日温差差异不连续的情况，主要是由地形等自然原因和人类活动等原因共同造成的。

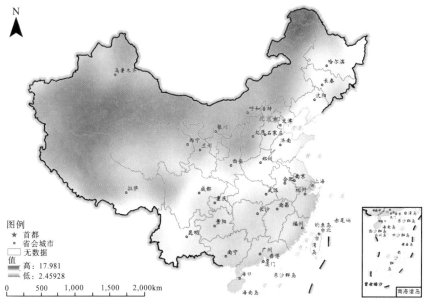

图 3.4　2010～2019 年 6 月全国平均日温差

2. 7 月全国平均日温差

2010～2019 年我国 7 月平均日温差有所增强，为 7.25～17.30℃，其中，平均日温差最大值分布在新疆塔中，平均日温差最小值分布在广西柳州和江苏南京等地。

我国 2010～2019 年 7 月平均日温差较大的地区与平均日温差较小的地区范围大致相当(图 3.5)，相较于 6 月，平均日温差小的范围进一步扩大并北移，全国大部分地区进入高温高热的状态。

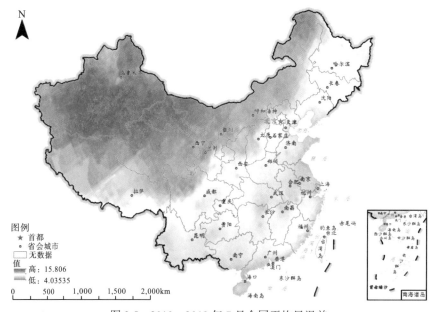

图 3.5　2010～2019 年 7 月全国平均日温差

3. 8月全国平均日温差

2010～2019 年我国 8 月平均日温差为 7.25～17.30℃，其中，平均日温差最大值分布在新疆塔中，平均日温差最小值分布在海南琼海。这 10 年我国 8 月平均日温差较大的地区与平均日温差较小的地区范围差异增大(图 3.6)，平均日温差小的地区范围开始缩小，而平均日温差大的地区范围则呈增大的变化趋势。

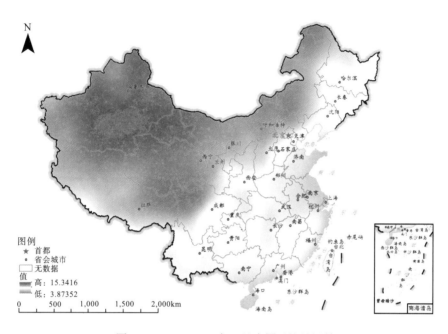

图 3.6　2010～2019 年 8 月全国平均日温差

(七)舒适度与避暑度假旅游需求分布

将 2010～2019 年全国连续高温天气天数和全国平均日温差状况综合在一起考虑，然后进行分类赋值和图层叠加，最后获得唯一值，即这 10 年全国高温天气下的舒适度状况。运用 ArcGIS 地理统计分析进行可视化处理，由此得到 2010～2019 年 6～8 月高温天气下的舒适度指数空间分布图。数值越大(红色区域)舒适度越低，数值越小(蓝色区域)舒适度越高。

基于气候条件是最主要的避暑旅游动机这一事实，可将高温天气下的舒适度与避暑旅游需求结合在一起，高温天气下的舒适度分析可以反映出高温天气下的避暑旅游需求状况，可转化为高温天气下的避暑旅游需求分析。

1. 6月的舒适度分析

2010～2019 年我国 6 月高温天气下的舒适度较高地区明显多于舒适度较低地区(图 3.7)，舒适度较高地区的区域面积约占全国面积的 2/3；主要不舒适区域偏南。

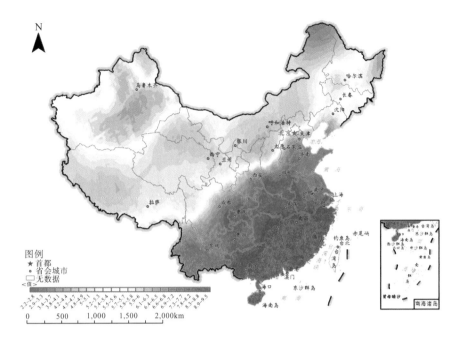

图 3.7 2010～2019 年 6 月高温天气下的舒适度

以河北中部和云南北部连接线为界，以北地区气候条件比较舒适，且范围比较广，因而其避暑旅游需求不强。其中，以黑龙江北部地区的舒适度最高，避暑旅游需求最弱。以南地区气温环境多为不适，天气较为炎热难耐，当地居民开始有了避暑旅游需求。其中，以北纬 20°～30° 的长江流域地区，如江西中部、湖南东部、重庆中部、浙江西部等，其高温天气下的舒适度最低，避暑旅游需求相对比较强。

2. 7 月的舒适度分析

我国 7 月高温天气下舒适度的对比强度明显增加(图 3.8)，舒适度较高的地区仍然多于舒适度较低的地区。相较于 6 月，分界线在四川盆地和云贵高原地区向东南方向偏移，即四川盆地和云贵高原地区的气候条件由原来的不适转变为适宜，这与气候规律有关，特别是 5～6 月的云贵高原，降雨比较少，日照较强，整体上比较燥热，是云南舒适度最低的季节。7 月气温升高，但又进入雨季，气候反而比较凉爽，促成了贵州避暑旅游业的发展。

另外，不舒适的高值中心区域向北偏移，即由江西中部等高值地区偏移到了长江流域附近，其中包括重庆中部、湖南东北部、江西北部、湖北南部、浙江北部、江苏南部等地区，而这些地区也正是"火炉"城市的主要分布地区，受副热带高压影响，长江中下游地域进入伏旱天气，高温难耐的天气开始。新疆吐鲁番盆地区的舒适度也不理想，主要是由于这里极端高温值大，昼夜温差也难以抵消连续高温天气影响，导致其舒适度降低；也可能源于克里金空间插值的技术问题。

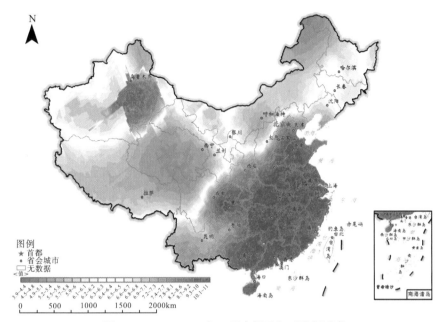

图 3.8　2010～2019 年 7 月高温天气下的舒适度

3. 8 月的舒适度分析

2010～2019 年我国 8 月高温天气下的舒适度分布没有大的变化(图 3.9)，大多数地区表现为偏舒适，不舒适区域仍然是长江流域的广大地区，如四川盆地、长三角地区和中部三省(湖南、江西、湖北)等地区，炎热持续，当地居民的避暑旅游需求仍然很强。

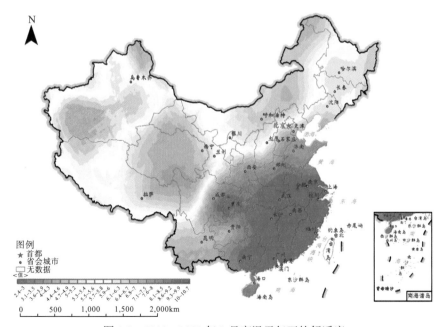

图 3.9　2010～2019 年 8 月高温天气下的舒适度

在上述地区中，有的地区的舒适度还有所降低，居民避暑旅游需求强度仍然高，如重庆、武汉等城市；有的地区的舒适度则呈上升趋势，居民避暑旅游需求开始衰减。

4. 6～8 月的综合舒适度

将我国 2010～2019 年高温天气下的舒适度进行叠加，得到 6～8 月综合舒适度，可以看出我国夏季避暑需求的整体情况。总体上，综合舒适度区域较高的范围大于综合舒适度较低的范围(图 2.7)，这说明我国夏季避暑旅游需求基本在南方，很多地方根本就没有避暑的需求。其中，云贵川大部分地区(除四川盆地中东部外)比较舒适，是南方地区难得的气候偏舒适区，而这意味着在一定条件下，云贵川很多地方具有发展避暑旅游的潜力。综合舒适度最低的地区(居民避暑需求最强的区域)依然是重庆、武汉、南京等"火炉"城市所在的沿长江流域地区(宜宾以下)，可以说，这些地区在高温天气下的舒适度很低，多由气温高、湿度大、温差小、风效低所致，居民的避暑旅游需求十分强烈，是我国规模最大的避暑度假市场。京津唐等区域有较大的人口基数，但避暑需求规模和需求强度不大，有避暑度假需求的时间段也较短，旅游消费更像是避暑"旅游"。

事实上，北方也有高温天气，例如 6 月的河南等地区，高温甚至超过该时间的南方大部分地区，但时长一般，而且有一定的温差，因此避暑度假需求不强。以吐鲁番盆地为主的新疆 8 月持续高温天气数也较多，但这些地方居民的避暑需求并不强烈，主要原因是高温持续天数不多、昼夜温差较大、空气湿度偏小等，夜晚容易退凉。所以避暑度假需求主要发生在我国南方地区。

第二节　山地避暑度假地开发的适宜性评价

鉴于以上分析，虽然南方避暑度假需求旺盛，但避暑度假活动大多就近发生，因此本书仅对避暑度假地开发的适宜性进行评价。南方避暑度假地基本产生于山地区，其资源与条件复杂，任何避暑度假地的形成都不是气候单因素所致。对于南方山地区而言，有气候条件的地方较多，但从开发的适宜性看，还需要有生态条件、用地条件、可建设条件等，是多要素的合理集成。本书认为山地避暑度假地开发不能盲目，在实践中应该多方面科学论证，理性发展避暑度假。

一、评价目的和评价对象

我国幅员辽阔、地理资源丰富，并不缺乏各类优质气候资源。对避暑旅游而言，不仅拥有大量可开发避暑度假地的优质资源地，也有类似重庆、武汉、长沙、南京、南昌等"火炉"城市庞大的避暑市场。但任何地方开发避暑度假产品，应该有科学合理的论证，否则可能导致资源与环境的浪费和破坏。本书参考《旅游规划通则》(GB/T 18971—2003)、《避暑旅游城市评价指标》(T/CMSA 0007—2018)等对旅游地的发展条件和要求，以及学者们对旅游相关适宜性评价体系的研究成果，尝试对避暑度假地开发的适宜性进行评价。

2018 年发布的《避暑旅游城市评价指标》中将避暑旅游城市评价指标分为 4 个主类，13 个亚类，48 个评价指标以及综合评价条件，对避暑环境、政策环境、资源条件等方面进行全方位评价；但《避暑城市评价指标》更强调基础设施、当地政策、公共服务和品牌建设等人为条件，对旅游气候适宜性等考虑很少，其标准强调建成后的评价。

本书的评价对象为南方山地避暑度假地，拟从综合视角展开评价。同时强调气候条件、自然环境条件、生态条件等对避暑度假地的影响；同时为了合理分析避暑度假地的可开发性，充分考虑建设条件、区位条件、接待能力、市场满意度等要素。

二、基本思路与评价方法

(一)基本思路

拟从可开发视角进行适宜性综合评价，注重避暑度假地的旅游适宜性与开发适宜性，重点在于评价指标的选择。一是参考《旅游规划通则》《避暑旅游城市评价指标》等指标研究成果，确定基于目标客源市场的避暑旅游地适宜性影响指标和因子。二是将指标和因子结果按照居民的避暑旅游偏好分为很适宜、适宜、较适宜、不适宜四级，并设定分值。三是通过专家法打分，构建各影响指标和因子的判断矩阵；使用层次分析法计算各级指标和因子的权重，构建避暑旅游地适宜性评价体系。四是根据具体评价的地方相关数据资料，参照分值表对因子打分。五是通过加权求和计算出具体旅游地的适宜性分值。

(二)评价方法

关于旅游适宜性评价的方法较多，本书选择的评价方法为比较传统的数学模型等方法，它更有利于综合适宜性和具体指标适宜性的分析。

1. 德尔菲法

通过多次专家意见的整理、归纳、统计、反馈等获得评价指标和评价因子得分。本书选择旅游专家和行业精英(选择了重庆、贵州、四川的 19 位专家打分)，对筛选的避暑度假地适宜性影响因子进行重要性打分。每一项指标总分为 100 分，专家组根据经验判断影响指标分值，大致按照非常重要、重要、比较重要、不重要四个等级，重要性越大，分值越高。

2. 层次分析法

美国运筹学家 Saaty 于 20 世纪 70 年代提出的层次分析法(analytical hierarchy process，AHP)，是一种定性与定量相结合的决策分析方法。它是一种将决策者对复杂系统的决策思维过程模型化、数量化的过程。

1)建立层次结构模型

运用 AHP 方法把待解决问题进行层次化，按照目标层(Z)、准则层(W)、指标层(C)和因子层(P)等将问题分解成多个层级，构成一个多层次的分析结构模型(图 3.10)。将评价指标体系中的无法用定量方式进行描述的问题转化为可以量化的问题进行分析。

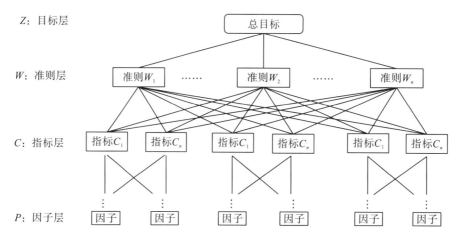

图 3.10 AHP 方法层次结构示意图

2) 建立判断矩阵

判断矩阵是指针对上一层次某单元(元素),本层次与它有关单元之间相对重要性的情况比较,其形式见表3.1。

表 3.1 判断矩阵(B)示意表

Cn	P_1	P_2	···	···	P_n
P_1	b_{11}	b_{12}	···	···	b_{1n}
P_2	b_{21}	b_{22}	···	···	b_{2n}
⋮	⋮	⋮	⋮	⋮	⋮
⋮	⋮	⋮	⋮	⋮	⋮
P_n	b_{n1}	b_{n2}	···	···	b_{nn}

其中, b_{n1} 表示相对于 Cn 而言,元素 b_n 对 b_1 的相对重要性的判断值。一般对单一准则来说,两个元素进行比较总能判断出优劣,本书采用 1~9 标度方法,对于判断矩阵的标度是根据数据资料、专家意见和笔者的认识经过反复研究后确定的(表 3.2)。

表 3.2 判断矩阵标度及其含义说明

标度	定义和说明
1	两个元素对某个属性具有同样重要性
3	两个元素比较,一元素比另一元素稍微重要
5	两个元素比较,一元素比另一元素明显重要
7	两个元素比较,一元素比另一元素重要得多
9	两个元素比较,一元素比另一元素极端重要
2、4、6、8	表示需要在上述两个标准之间折中时的标度
$1/b_{ij}$	两个元素的反比较

3）层次单排序

层次单排序就是把本层所有各元素对上一层来说，排出评比顺序，这就要计算判断矩阵的最大特征向量，本书采用和积法和方根法，即将判断矩阵的每一列元素做归一化处理，其元素的一般项为

$$b_{ij} = b_{ij} / \sum \ln b_{ij} \quad (i, j = 1, 2, \cdots, n)$$

然后，将每一列经归一化处理后的判断矩阵按行相加为

$$W_i = \sum \ln b_{ij} \quad (i, j = 1, 2, \cdots, n)$$

最后，对向量 $\boldsymbol{W} = (W_1, W_2, \cdots, W_n)^{\mathrm{T}}$ 归一化处理：

$$W_i = W_i / \sum \ln W_j \quad (i, j = 1, 2, \cdots, n)$$

4）层次总排序

利用层次单排序的计算结果，进一步综合出对更上一层次的优劣顺序。

5）判断一致性

判断矩阵 (B) 中 b_{ij} 存在如下关系：$b_{ii} = 1$，$b_{ji} = 1 / b_{ij}$，$b_{ij} = b_{ik} / b_{jk}$（其中 $i, j, k = 1, 2, \cdots, n$），就说明判断矩阵具有完全的一致性。判断矩阵一致性指标（consistency index，CI）为

$$CI = (\lambda_{\max} - n) / (n - 1)$$
$$\lambda_{\max} = \sum \ln \left[(\boldsymbol{B}W)_i / nW_i \right]$$

一致性指标 CI 的值越大，表明判断矩阵偏离完全一致性的程度越大；CI 的值越小，表明判断矩阵越接近于完全一致性。

对于多阶判断矩阵，为了检验判断矩阵是否具有一致性，需要引入平均随机一致性指标（random index，RI），运用随机一致性比率（consistency ratio，CR）进行检验。

$$CR = CI/RI$$

当 CR＜0.10 时，便认为判断矩阵具有可以接受的一致性。当 CR≥0.10 时，就需要调整和修正判断矩阵，使其满足 CR＜0.10，从而具有满意的一致性，如表 3.3。

表 3.3　1～10 阶平均随机一致性指标

n	1	2	3	4	5	6	7	8	9	10
RI	0	0	0.58	0.90	1.12	1.24	1.32	1.41	1.46	1.49

3. 加权法

利用获取的因子权重值和指标分值，分级、分层计算避暑旅游适宜性分值（加权求和过程如图 3.11 所示）。

其中，$C_1 = P_1 a + P_2 b + P_n c$，以此类推，最后通过逐级加权求和，得出目标 Z 的避暑度假适宜性情况。

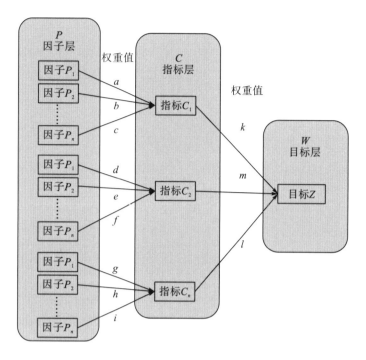

图 3.11 逐级加权求和示意图

4. GIS 空间分析法

GIS 空间分析法是对分析空间数据有关技术的统称。通过 GIS 对评价的地形条件进行分析，从而初步筛选出符合避暑度假基本条件的区域单元，以避免评价的烦琐性和无效性。

三、评价指标与因子选择

(一)影响因子筛选与分级

吴普等将避暑旅游评价指标体系概括为避暑气候舒适度、旅游休闲度、游客满意度、综合风险度 4 个方面[40]。本书的避暑度假地适宜性评价指标因子选择基于相关理论，遵循科学性、系统性和应用性的原则，参考相关研究成果，结合避暑度假者的旅游偏好、旅游决策影响因素、避暑度假地管理等情况，归纳为避暑气候舒适度、旅游区位、景观资源、生态环境、用地条件、设施条件、旅游安全和客源市场 8 个适宜性指标，具体包括 25 个因子。

1. 避暑气候舒适度指标因子

凉爽舒适的气候是避暑度假地最重要的吸引物，直接关系避暑度假地能否开发成功、相关活动能否顺利进行。避暑气候舒适度的影响因素有很多，包括气温、相对湿度、风效、降水情况、日照情况等。国内外对气候舒适度的评价通常采用温湿度指数、风效指数和综合舒适度指数三个指标。为了便于评价指标的数据可获取性，本书选择气温、降水量、风速 3 个因子评价避暑气候舒适度。

1) 气温

根据调查，当相对湿度达到 70%～80%、气温在 24～28℃时，人体总体感觉凉爽舒适。本书根据人体对气温的舒适感受，将气温划分为非常舒适、比较舒适、偏热或偏冷、热或冷 4 个层级，分别赋值 5 分、3 分、1 分、0 分（表 3.4）。

表 3.4　基于气温因子的避暑度假地适宜性等级划分

适宜类型	气温划分/℃	分值/分	说明
非常适宜	25～27	5	非常舒适
适宜	27～29 或 23～25	3	比较舒适
一般适宜	29～31 或 20～23	1	偏热或偏冷
不适宜	>31 或 <20	0	热或冷

我国南方山地区，一般缺乏当地气温数据，而海拔更容易获取。调查发现，避暑度假者对气温的认知多用海拔替代（南方居民比较普遍的认知特点），基于海拔形成了相应避暑认知（表 3.5、图 3.12）。海拔 1200～1400m 最受避暑度假者欢迎，该海拔范围的避暑地气温比附近城市气温低 8℃左右，白天不热，夜晚不会太凉；海拔大于 1800m 或小于 800m 的避暑地，由于海拔过高或过低会导致气温太低（非凉快感觉）或太高，影响到避暑舒适感。

表 3.5　基于海拔（气温）的避暑者对避暑适宜性的认知特征

类别	<800	800～1000	1000～1200	1200～1400	1400～1800	>1800
适宜程度	一般不适宜	一般	适宜	很适宜	较适宜	一般不适宜
体验感知	偏热	早晚较舒适，中午偏热	较舒适	非常舒服	偏凉、温差大（早晚偏冷）、紫外线较强	偏冷、温差大、紫外线较强
主要认同群体	当地居民（地方认同）	体弱者	凉性体质者、体质偏弱者	普遍喜欢	偏年轻群体	少数认同（年轻群体）
认同程度	+	++	+++	+++++	+++	+
代表性避暑地	重庆南川金佛山	重庆綦江横山	重庆万盛黑山谷	湖北利川苏马荡	重庆丰都南天湖	重庆红池坝、贵州六盘水

（注：此处为 9 个避暑度假地的实地调研统计；避暑者对"海拔"较敏感；+代表认同程度）。

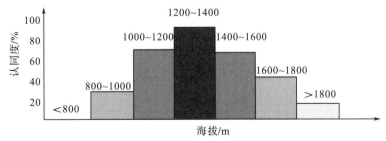

图 3.12　基于避暑功能的避暑度假者对海拔的认同度特征

（数据来源：认同度是基于避暑度假的调研统计，大致归纳）

基于此，本书用更易获得、更准确的海拔来替代山地避暑度假地的气温因子(表 3.6)，即用海拔来反映气温舒适度，也具有市场可识别性。

表 3.6   基于海拔的避暑度假地适宜性等级划分

适宜类型	海拔划分/m	分值/分	说明
非常适宜	1200～1400	5	非常舒适
适宜	1000～1200 或 1400～1600	3	比较舒适
一般适宜	800～1000 或 1600～1800	1	偏热或偏冷
不适宜	<800 或>1800	0	热或冷

2) 降水量

空气湿度能较大地影响到人的体感，而不是降水量。但大区域范围的湿度指标较难获得，有时用降水量来替代湿度，特别是山地区，更难有湿度监测，因此本书选择降水量作为湿度参考(表 3.7)。

表 3.7   基于降水量的避暑度假地适宜性等级划分

适宜类型	分级划分/mm	分值/分	说明
非常适宜	50～80 或 80～120	5	非常舒适
适宜	120～150	3	比较舒适
一般适宜	150～170	1	比较干或比较湿
不适宜	>170	0	很干或很湿

3) 风速

陆鼎煌等通过实证研究，发现当气温为 24℃ 左右、相对湿度为 70%、风速为 2m/s 时，是夏季人体感觉最舒适的气候条件[145]。因此本书将避暑地最适宜的风速设定为 2m/s，结合风级的风速划分，对风速的适宜性进行划分(表 3.8)。

表 3.8   基于风速的避暑度假地适宜性等级划分

适宜类型	风速划分/m/s	分值/分	说明
非常适宜	2.0	5	舒适风速
适宜	1.5～2.0 或 2.0～3.3	3	轻风
一般适宜	0.3～1.5 或 3.3～5.4	1	软风或微风
不适宜	0～0.3 或>5.4	0	无风或风太大

2. 旅游区位指标因子

结合避暑度假地的发展规律和现状,选取资源区位、交通区位、市场区位三项因子作为旅游区位指标的影响因子。

1)资源区位

避暑度假地的旅游资源比较模糊,其最大资源为气候资源(在气温因子有反映),其次是景观资源、环境条件等,在空间分布上表达为集中或者分散。其中,资源质量高且分布集中的避暑地更适宜开发,甚至成为拉动当地发展的引擎或增长极,即资源区位较好的地方发展相对较快,发展潜力较大(表 3.9)。对于避暑度假地而言,资源过度集中未必是好事,较难衡量,本书暂不考虑。

表 3.9 基于资源区位的避暑度假地适宜性等级划分

适宜类型	资源区位划分	分值/分	说明
非常适宜	资源区位好	5	资源分布十分集中
适宜	资源区位较好	3	资源分布集中
一般适宜	资源区位一般	1	资源分布相对集中
不适宜	资源区位差	0	资源分布分散

2)交通区位

交通因素反映了在空间距离约束下与其他因素发生作用的机会和程度。调查表明,交通区位因子是避暑出游的重点考虑因素之一,主要考虑交通距离和可进入性。大多数避暑度假者倾向于前往距离为200km 左右的避暑地(表 3.10)。过近,缺乏"旅游感";过远,度假不方便,意愿比较小。

表 3.10 基于交通区位的避暑度假地适宜性等级划分

适宜类型	交通距离划分/km	分值/分	说明
适宜	100~300	5	距离刚好,出游意愿强烈
较适宜	300~400 或 0~100	3	距离稍远或稍近,愿意出游
一般适宜	400~600	1	距离偏远,出游意愿较小
不适宜	>600	0	距离太远,不愿出游

3)市场区位

本指标主要反映避暑产品的市场竞争问题。周边(本书考虑 50km 范围内)同类避暑地越多,发展避暑旅游的压力越大,竞争性越大(表 3.11)。当然,该情况可能出现另一种情况,即相对集中可能形成规模优势;其次也应该考虑避暑市场规模。

表 3.11　基于市场区位的避暑度假地适宜性等级划分

适宜类型	竞争对手/个	分值/分	说明
非常适宜	0	5	避暑度假产品同质化小，竞争小
适宜	1 或 2	3	避暑度假产品同质化较小，差异化发展
一般适宜	3 或 4	1	同质化较大，存在竞争
不适宜	≥5	0	同质化十分严重，竞争激烈

3. 景观资源指标因子

1) 资源组合度

在避暑气候资源相同的背景下，当地景观资源组合度与避暑旅游的吸引力成正比。较好资源组合的避暑地更具优势，发展的适宜性更强、前景更广。对避暑度假地而言，水体和植被(特别是森林)等景观非常重要，以及山体、湿地、田园、村落等资源，资源组合度越好，开放价值越大(表 3.12)。

表 3.12　基于资源组合度的避暑度假地适宜性等级划分

适宜类型	资源组合类型数/类	分值/分	说明
非常适宜	>5	5	资源组合度好
适宜	3~5	3	资源组合度较高
一般适宜	2	1	资源组合度一般
不适宜	<2	0	资源单一，吸引力不足

2) 资源美誉度

该因子反映了避暑旅游地的市场认知、旅游形象。避暑度假产品说法比较专业，旅游市场一般较难理解，多通过资源认知来表达。旅游资源在市场上的知名度和声誉可以反映避暑度假地的吸引力状况，同时对避暑地的推广具有积极作用(表 3.13)。反之，从资源的市场态度视角可以参考避暑度假的可开发性。

表 3.13　基于资源美誉度的避暑度假地适宜性等级划分

适宜类型	资源美誉度划分	分值/分	说明
非常适宜	非常好评	5	美誉度很高
适宜	好评	3	美誉度较高
一般适宜	中评	1	美誉度一般
不适宜	差评	0	美誉度低

3) 资源品质度

本书对避暑地资源品质度的划分主要依据《旅游区(点)质量等级的划分与评定》(GB/T 17775—2003)(表 3.14)。避暑度假地范围所有资源纳入其中考虑。毫无疑问，旅游资源的品质度越高，越适宜开发。

表 3.14　基于资源品质度的避暑度假地适宜性等级划分

适宜类型	资源品质度划分	分值/分	说明
非常适宜	四级及以上	5	知名度很高
适宜	三级	3	知名度较高
一般适宜	二级	1	知名度一般
不适宜	一级及以下	0	知名度低

4. 生态环境指标因子

1) 生活环境质量

对避暑生活环境质量的划分主要参照《环境空气质量标准》(GB 3095—2012)、《地表水环境质量标准》(GB 3838—2002)、《声环境质量标准》(GB 3096—2008)等标准,通过空气质量、水体质量、声环境、环境卫生等因素来衡量度假地的生活环境质量(表 3.15)。

表 3.15　基于生活环境质量的避暑度假地适宜性等级划分

适宜类型	生活环境质量划分	分值/分	说明
非常适宜	优越	5	空气质量达到一级标准及以上; 水质达到 II 类及以上; 声环境为 0 类
适宜	良好	3	空气质量达到二级标准及以上; 水质为 III~IV 类; 声环境为 1 类
一般适宜	一般	1	空气质量接近二级标准; 水质为 IV~V 类; 声环境为 2~3 类
不适宜	差	0	空气质量低于二级标准且相差很远; 水质低于 V 类; 声环境大于 3 类

2) 植被覆盖率

植被覆盖率是指植被面积与避暑度假地面积之比。在其他条件不变的情况下,植被覆盖率与避暑适宜性成正比,其中森林面积是避暑度假者主要考虑的植被要素(表 3.16)。

表 3.16　基于植被覆盖率的避暑度假地适宜性等级划分

适宜类型	植被覆盖率划分/%	分值/分	说明
非常适宜	80 以上	5	—
适宜	60~80	3	—
一般适宜	50~60	1	—
不适宜	低于 50	0	—

3）舒适环境容量

舒适环境容量以旅游者心理容量为主，采用个人单位面积的方式进行计算。由于避暑休闲类旅游强调闲适性，将个人舒适单位面积设定为宽松型，即旅游者感觉舒适的个人单位度假活动面积为 $100m^2$ 左右（表 3.17）。一般情况下，度假者对该指标缺乏直接感觉，较难感知；心理容量也因人而异，大量避暑度假者更喜欢热闹场景（即大容量）。

表 3.17　基于舒适环境容量的避暑度假地适宜性等级划分

适宜类型	个人单位面积/m²	分值/分	说明
非常适宜	120 以上	5	感觉宽松自然
适宜	80~120	3	感觉比较宽松
一般适宜	60~80	1	感觉一般
不适宜	低于 60	0	感觉较拥挤

4）环境视觉质量

该指标强调避暑度假地的视觉美感。根据调查，在避暑度假地其他环境相同的情况下，度假者更愿意选择环境视觉更好的避暑地。具有美感的环境不仅使避暑者感到身心愉悦，而且符合避暑地休闲价值要求。由于对环境视觉质量评价较为复杂，因此本书选择避暑者的视觉感受作为划分标准（表 3.18）。

表 3.18　基于环境视觉质量的避暑度假地适宜性等级划分

适宜类型	视觉感受	分值/分	说明
非常适宜	非常优美	5	景观结构清晰，景色优美
适宜	优美	3	景观丰富，视觉感较好
一般适宜	比较优美	1	景观一般，有一定的视觉美感
不适宜	很一般	0	景观普通，景色没什么特别

5. 用地条件指标因子

1）地形起伏度

地形起伏度是指特定区域（可建设区域）内最高点与最低点的海拔差值，也称为地势起伏度。地形起伏度越小，区域内地势越平整，更具建设适宜性，反之越大，则越不适宜建设（表 3.19）。地形起伏度对避暑地的建设成本和设施布局有较大影响，因此地形起伏度越小越有利于避暑地的发展。

表 3.19　基于地形起伏度的避暑度假地适宜性等级划分

适宜类型	地形起伏度/m	分值/分	说明
非常适宜	0~20	5	地形起伏度非常小
适宜	20~50	3	地形起伏度小
一般适宜	50~100	1	地形起伏度比较小
不适宜	>100	0	地形起伏度比较大

2) 坡度

坡度大小直接影响旅游地的建设成本、施工难易程度和用地布局，是建设适宜性的重要影响因子。在其他条件不变情况下，坡度越小，避暑地发生地质灾害的概率越低。《城乡建设用地竖向规划规范》(CJJ 83—2016)明确规定，城市各类建设用地最大坡度不超过25%，因此，本书将适宜的坡度条件设置为低于25%(表3.20)。

表 3.20　基于坡度的避暑度假地适宜性等级划分

适宜类型	坡度分级/%	分值/分	坡角度数说明
非常适宜	低于10	5	5.7°以下，平坡及缓坡
适宜	10~25	3	5.7°~14°，中坡
一般适宜	25~50	1	14°~27°，陡坡
不适宜	50以上	0	27°以上，急坡以上

3) 坡向

坡向是指山地坡面的方位，对日照时数和太阳辐射强度有较大影响。不同的坡度条件对避暑地的生物生长状况及气候状况有不同的影响，两者的关系成正比(表3.21)。

表 3.21　基于坡向的避暑度假地适宜性等级划分[①]

适宜类型	坡向条件	分值/分	说明
非常适宜	南坡	5	—
适宜	东南坡、西南坡	3	—
一般适宜	东坡、西坡	1	—
不适宜	东北坡、西北坡、北坡	0	—

4) 政策支持度

关于用地条件的适宜性，事实证明，仅有自然适宜性是不够的，避暑地想要取得好的发展，还需要政府相关部门的支撑，特别是当地的发展定位、土地政策、用地建设指标等，涉及避暑地的土地利用规划，因此政策支持度对避暑地用地建设十分重要(表3.22)。

表 3.22　基于政策支持度的避暑度假地适宜性等级划分

适宜类型	支持态度	分值/分	说明
非常适宜	非常积极	5	政府非常支持，具有明确的相关优惠政策，并积极主动配合
适宜	积极	3	政府支持，具有相关的优惠政策
一般适宜	比较积极	1	政府比较支持，但意识还有待提高，行为比较被动
不适宜	不积极或消极	0	政府不支持或采取不闻不问的态度

① 资料来源：林森,田永中,刘心怡,等.基于GIS技术的旅游项目选址评价研究——以涪陵区蔺市镇梨香溪为例[J].西南农业大学学报(社会科学版),2013(1):1-5.

6. 设施条件指标因子

1）交通条件

交通是任何旅游地发展的前提。交通发达与否将直接影响避暑旅游地的推广和运营。本书对交通条件的衡量主要包括外部及内部交通的道路舒适度、通畅性、便捷性（表3.23）。

当然，该评价因子存在一定的模糊性，交通条件是建成现状的表现，不代表未来，适宜性是基于未来还是基于现状值得进一步讨论。类似评价因子还包括接待能力、市政设施等。

表3.23　基于交通条件的避暑度假地适宜性等级划分

适宜类型	交通条件	分值/分	说明
非常适宜	非常好	5	路面平整舒适、道路通畅，内部交通工具选择多样且方便、快捷、舒适
适宜	好	3	程度较第一层级弱
一般适宜	良好	1	程度较第一层级更弱
不适宜	不好	0	道路弯曲颠簸不舒适，内部交通工具欠缺

2）接待能力

旅游地的接待能力与旅游服务质量和游客满意度直接相关。避暑地的发展必须考虑度假者的消费特征。避暑地应建设高标准的服务接待设施。根据调查，避暑地接待能力主要包括住宿设施、餐饮设施、文化娱乐设施、休闲设施等（表3.24）。

表3.24　基于接待能力的避暑度假地适宜性等级划分

适宜类型	接待能力	分值/分	说明
非常适宜	非常好	5	设施完善，能够很好地满足游客的需求，且接待服务质量较高
适宜	好	3	设施较完善，基本能够满足游客的需求
一般适宜	良好	1	设施一般，在旅游高峰期，接待设施存在数量不足情况
不适宜	不好	0	接待设施有待完善，无法满足游客需求

3）市政设施

市政设施涉及面较广，本处的市政设施主要指基础设施，包括给排水、电力、燃气、网络通信，以及照明、广场、垃圾处理、贸易市场等设施（表3.25）。市政设施建设状况反映了政府发展旅游的态度和支持力度。

表3.25　基于市政设施的避暑度假地适宜性等级划分

适宜类型	市政设施	分值/分	说明
非常适宜	非常好	5	按照国家5A级景区标准，主要设施及附属设施一应俱全，能够很好地满足游客需求
适宜	好	3	主要设施及重要附属设施，能够满足游客需求
一般适宜	良好	1	主要设施及重要附属设施，基本能够满足游客需求
不适宜	不好	0	市政设施欠缺，无法满足游客需求

7. 旅游安全指标因子

安全是一个旅游地必须关注的重要因素。随着社会经济的不断发展，旅游者的安全意识越来越强，对旅游地的安全状况也越来越关注。本书主要通过安全保障能力、自然灾害发生率及公共安全事件发生率对旅游安全指标进行评价。

1）安全保障能力

目前旅游安全管理依据的文件主要为《中华人民共和国旅游法》《旅游安全管理暂行办法》等。避暑地的安全保障能力主要反映在应急能力、安全管理制度、安全保障设施以及传染病的防治能力等方面（表 3.26）。

表 3.26　基于安全保障能力的避暑度假地适宜性等级划分

适宜类型	安全保障能力	分值/分	说明
非常适宜	非常好	5	制度完善、安全设施完善、应急处置能力强
适宜	好	3	制度较完善、安全设施较好、应急处置能力较强
一般适宜	良好	1	各方面比较一般
不适宜	不好	0	安全保障措施和设施缺乏，存在安全隐患

2）自然灾害发生率

本书所研究的避暑度假地大多在山地区，涉及洪水、崩塌、滑坡、泥石流、冰雪等自然灾害，发生率直接影响到该避暑地的发展可行性，衡量方式为过去几十年（或年均）的发生情况（表 3.27）。

表 3.27　基于自然灾害发生率的避暑度假地适宜性等级划分

适宜类型	自然灾害发生率	分值/分	说明
非常适宜	非常低	5	自然灾害少，且发生频率低，50 年一遇
适宜	低	3	自然灾害较少，发生频率为 30～50 年一遇
一般适宜	比较低	1	自然灾害发生频率为 10～30 年一遇
不适宜	高	0	自然灾害较多，发生频率在 10 年以下，存在安全隐患

3）公共安全事件发生率

公共安全事件发生率反映了当地的社会治理能力，主要从旅游交通事故、食物中毒、游客意外伤害、社会冲突等公共安全事件进行评价。避暑度假者的主要目的是追求祥和、康养的度假环境，公共事件发生率越高，对避暑客源市场的吸引力越小（表 3.28）。

表 3.28　基于公共安全事件发生率的避暑度假地适宜性等级划分

适宜类型	自然灾害发生率	分值/分	说明
非常适宜	非常低	5	公共安全事件发生非常少，且事件处理及时
适宜	低	3	公共安全事件发生较少，事件处理较得当
一般适宜	比较低	1	公共安全事件时有发生，但事件处理比较让游客满意
不适宜	高	0	经常发生公共安全事件，且事件处理不及时，游客投诉较多

8. 客源市场指标因子

1）市场需求强度

南方避暑度假地的开发都需要考虑避暑度假市场的需求强度；不同客源地的避暑地选择有差异，需要对避暑度假规模进行预估。一般越靠近类似重庆、武汉等大城市的避暑度假地，其市场适宜性越强(表 3.29)。

表 3.29　基于市场需求强度的避暑度假地适宜性等级划分

适宜类型	市场需求强烈程度	分值/分	说明
非常适宜	非常强	5	客源地夏季炎热，避暑需求非常强烈
适宜	强	3	客源地较热，避暑意愿较强烈
一般适宜	比较强	1	有一定的避暑意愿；视情况而定
不适宜	不强	0	避暑意愿很弱，市场规模小

2）市场满意度

市场满意度是指已在某避暑地有所体验的度假者对其的看法，市场满意度反映了度假者对该避暑地的认同状况。一般情况下，认同度越高，说明该避暑地的适宜性越强，口碑效应越佳，越有利于其持续发展。根据度假者对旅游地的满意程度、重游意愿强烈程度做出综合评价(表 3.30)。

表 3.30　基于市场满意度的避暑度假地适宜性等级划分

适宜类型	满意度	分值/分	说明
非常适宜	非常满意	5	满意度高，愿意再次前往和宣传
适宜	满意	3	满意度较高，多愿意再次前往和宣传
一般适宜	一般满意	1	再次前往的意愿不强烈
不适宜	不满意	0	不愿意再次前往，对旅游地评价低

(二)指标因子权重计算

1. 构建层次评价模型

根据对避暑度假地影响因子的筛选，对"避暑度假地适宜性评价"的目标进行条理化、层次化处理，构建层次分析结构模型(图 3.13)。按照目标层、指标层、因子层的形式对筛选的影响因子进行排列。

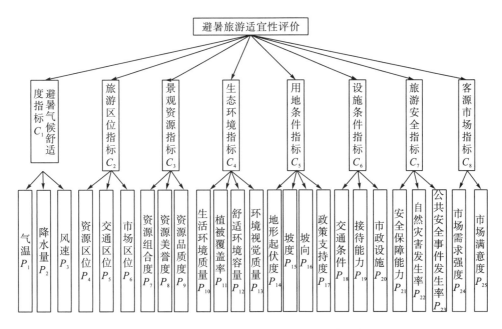

图 3.13　避暑度假地适宜性评价层次分析结构

2. 创建判断矩阵

根据相关专家对避暑度假地适宜性的影响指标和因子的重要性打分,同时参考避暑度假者对各因素的重视程度,两两因素进行比较,确定矩阵元素重要性标度,进一步计算各指标和因子的权重值。各层次的判断矩阵见表 3.31～表 3.39。

表 3.31　Z-C 判断矩阵

Z 避暑度假地适宜性评价	C_1	C_2	C_3	C_4	C_5	C_6	C_7	C_8
C_1 避暑气候舒适度	1	5	4	3	6	5	8	7
C_2 旅游区位	1/5	1	1/3	1/5	3	2	3	2
C_3 景观资源	1/4	3	1	1/3	4	3	5	6
C_4 生态环境	1/3	5	3	1	5	4	6	5
C_5 用地条件	1/6	1/3	1/4	1/5	1	1/2	2	3
C_6 设施条件	1/5	1/2	1/3	1/4	2	1	3	2
C_7 旅游安全	1/8	1/3	1/5	1/6	1/2	1/3	1	1/2
C_8 客源市场	1/7	1/2	1/6	1/5	1/3	1/2	2	1

表 3.32　C_1-P 判断矩阵

C_1 避暑气候舒适度	P_1	P_2	P_3
P_1 气温	1	4	5
P_2 降水量	1/4	1	3
P_3 风速	1/5	1/3	1

表 3.33　C_2-P 判断矩阵

C_2 旅游区位	P_4	P_5	P_6
P_4 资源区位	1	1	1
P_5 交通区位	1	1	1
P_6 市场区位	1	1	1

表 3.34　C_3-P 判断矩阵

C_3 景观资源	P_7	P_8	P_9
P_7 资源组合度	1	1/3	1/5
P_8 资源美誉度	3	1	1/3
P_9 资源品质度	5	3	1

表 3.35　C_4-P 判断矩阵

C_4 生态环境	P_{10}	P_{11}	P_{12}	P_{13}
P_{10} 生活环境质量	1	2	2	3
P_{11} 植被覆盖率	1/2	1	2	2
P_{12} 舒适环境容量	1/3	1/2	1/2	1
P_{13} 环境视觉质量	1/2	1/2	1	2

表 3.36　C_5-P 判断矩阵

C_5 用地条件	P_{14}	P_{15}	P_{16}	P_{17}
P_{14} 地形起伏度	1	1	1	3
P_{15} 坡度	1	1	1	3
P_{16} 坡向	1	1	1	3
P_{17} 政策支持度	1/3	1/3	1/3	1

表 3.37　C_6-P 判断矩阵

C_6 设施条件	P_{18}	P_{19}	P_{20}
P_{18} 交通条件	1	3	4
P_{19} 接待能力	1/3	1	1/2
P_{20} 市政设施	1/4	2	1

表 3.38　C_7-P 判断矩阵

C_7 旅游安全	P_{21}	P_{22}	P_{23}
P_{21} 安全保障能力	1	2	1
P_{22} 自然灾害发生率	1/2	1	1/2
P_{23} 公共安全事件发生率	1	2	1

表 3.39 C_8-P 判断矩阵

C_8 客源市场	P_{24}	P_{25}
P_{24} 市场需求强度	1	3
P_{25} 市场满意度	1/3	1

3. 权重确定及一次性检验

通过 AHP 的分析计算，得到各阶层影响因子的权重值，其中权重越大的因子，表示其在同一层级与其他因子相比其重要性越大（表 3.40～表 3.48）。

显然，避暑气候舒适度是最重要指标，其次是生态环境和景观资源情况。这与避暑度假市场的要求基本一致，是避暑市场最看重的几个条件。在气候舒适度条件中，气温（本评价的海拔）是尤其重要的指标，"凉快"是大前提。

表 3.40 Z-C 判断矩阵

Z 避暑旅游地适宜性评价	C_1	C_2	C_3	C_4	C_5	C_6	C_7	C_8	权重
C_1 避暑气候舒适度	1	5	4	3	6	5	8	7	0.35
C_2 旅游区位	1/5	1	1/3	1/5	3	2	3	2	0.08
C_3 景观资源	1/4	3	1	1/3	4	3	5	6	0.18
C_4 生态环境	1/3	5	3	1	5	4	6	5	0.21
C_5 用地条件	1/6	1/3	1/4	1/5	1	1/2	2	3	0.05
C_6 设施条件	1/5	1/2	1/3	1/4	2	1	3	2	0.07
C_7 旅游安全	1/8	1/3	1/5	1/6	1/2	1/3	1	1/2	0.03
C_8 客源市场	1/7	1/2	1/6	1/5	1/3	1/2	2	1	0.04

说明：λ_{max}=8.60，CR=0.061<1，对总目标权重为 1。

表 3.41 C_1-P 判断矩阵

C_1 避暑气候舒适度	P_1	P_2	P_3	权重
P_1 气温	1	4	5	0.67
P_2 降水量	1/4	1	3	0.23
P_3 风速	1/5	1/3	1	0.10

说明：λ_{max}=3.09，CR=0.076<1，对总目标权重为 0.35。

表 3.42 C_2-P 判断矩阵

C_2 旅游区位	P_4	P_5	P_6	权重
P_4 资源区位	1	1	1	0.33
P_5 交通区位	1	1	1	0.33
P_6 市场区位	1	1	1	0.33

说明：λ_{max}=3，CR=0<1，对总目标权重为 0.08。

表 3.43 C_3-P 判断矩阵

C_3 景观资源	P_7	P_8	P_9	权重
P_7 资源组合度	1	1/3	1/5	0.11
P_8 资源美誉度	3	1	1/3	0.26
P_9 资源品质度	5	3	1	0.63

说明：λ_{max}=3.03，CR=0.028<1，对总目标权重为 0.18。

表 3.44 C_4-P 判断矩阵

C_4 生态环境	P_{10}	P_{11}	P_{12}	P_{13}	权重
P_{10} 生活环境质量	1	2	2	3	0.42
P_{11} 绿化覆盖率	1/2	1	2	2	0.27
P_{12} 舒适环境容量	1/3	1/2	1/2	1	0.12
P_{13} 环境视觉质量	1/2	1/2	1	2	0.19

说明：λ_{max}=4.08，CR=0.29<1，对总目标权重为 0.21。

表 3.45 C_5-P 判断矩阵

C_5 用地条件	P_{14}	P_{15}	P_{16}	P_{17}	权重
P_{14} 地形起伏度	1	1	1	3	0.30
P_{15} 坡度	1	1	1	3	0.30
P_{16} 坡向	1	1	1	3	0.30
P_{17} 政策支持度	1/3	1/3	1/3	1	0.10

说明：λ_{max}=4，CR=0<0.1，对总目标权重为 0.05。

表 3.46 C_6-P 判断矩阵

C_6 设施条件	P_{18}	P_{19}	P_{20}	权重
P_{18} 交通条件	1	3	4	0.62
P_{19} 接待能力	1/3	1	1/2	0.16
P_{20} 市政设施	1/4	2	1	0.22

说明：λ_{max}=3.10，CR=0.09<0.1，对总目标权重为 0.07。

表 3.47 C_7-P 判断矩阵

C_7 旅游安全	P_{21}	P_{22}	P_{23}	权重
P_{21} 安全保障能力	1	2	1	0.40
P_{22} 自然灾害发生率	1/2	1	1/2	0.20
P_{23} 公共安全事件发生率	1	2	1	0.40

说明：λ_{max}=3，CR=0<0.1，对总目标权重为 0.03。

表 3.48　C_8-P 判断矩阵

C_8 客源市场	P_{24}	P_{25}	权重
P_{24} 市场需求强度	1	3	0.75
P_{25} 市场满意度	1/3	1	0.25

说明：$\lambda_{max}=2$，CR=0<0.1，对总目标权重为 0.04。

4. 研究结果

将上述计算汇总，形成避暑旅游地适宜性评价体系及权重表（表 3.49）。

计算结果表明，影响避暑旅游适宜性最重要的指标是避暑气候舒适度，其权重值为 0.35；重要性排名第二、第三的影响指标分别为生态环境和景观资源，所占权重分别为 0.21、0.18；其他指标按重要性排列依次为旅游区位、设施条件、用地条件、客源市场和旅游安全，所占权重分别为 0.08、0.07、0.05、0.04、0.03。横向比较各指标的影响因子重要程度，气温、景观资源度、生活环境质量、交通条件及避暑需求强度等因子相对巨大。

表 3.49　基于重庆主城市场的避暑旅游地评价体系及权重表

目标	指标	权重值	影响因子	权重值	分值	说明
避暑度假地适宜性	避暑气候舒适度 C_1	0.35	气温 P_1	0.67	5	25～27℃
					3	27～29℃或23～25℃
					1	29～31℃或20～23℃
					0	>31℃或<20℃
			降水量 P_2	0.23	5	50～80mm或80～120mm
					3	120～150mm
					1	150～170mm
					0	>170mm
			风速 P_3	0.10	5	2.0m/s
					3	1.5～2.0m/s或2.0～3.3m/s
					1	0.3～1.5m/s或3.3～5.4m/s
					0	0～0.2m/s或>5.4m/s
	旅游区位 C_2	0.08	资源区位 P_4	0.33	5	资源分布十分集中
					3	资源分布集中
					1	资源分布相对集中
					0	资源分布分散
			交通区位 P_5	0.33	5	100～300km
					3	300～400km或0～100km
					1	400～600km
					0	>600km
			市场区位 P_6	0.33	5	竞争对手0个

目标	指标	权重值	影响因子	权重值	分值	说明
					3	竞争对手 1～2 个
					1	竞争对手 3～4 个
					0	竞争对手 5 个及以上
			资源组合度 P_7	0.11	5	资源组合类型超过 5 类
					3	资源组合类型 3～5 类
					1	资源组合类型 2 类
					0	资源组合类型少于 2 类
	景观资源 C_3	0.18	资源美誉度 P_8	0.26	5	非常好评
					3	好评
					1	中评
					0	差评
			资源品质度 P_9	0.63	5	四级及以上
					3	三级
					1	二级
					0	一级及以下
避暑度假地适宜性			生活环境质量 P_{10}	0.42	5	空气质量达到一级标准及以上；水质达到 II 类及以上；声环境为 0 类
					3	空气质量达到二级标准及以上；水质为 III～IV 类；声环境为 1 类
					1	空气质量接近二级标准；水质为 IV～V 类；声环境为 2～3 类
					0	空气质量低于二级标准且相差很远；水质低于 V 类；声环境大于 3 类
	生态环境 C_4	0.21	植被覆盖率 P_{11}	0.27	5	80% 以上
					3	60%～80%
					1	50%～60%
					0	低于 50%
			舒适环境容量 P_{12}	0.12	5	个人单位面积 120m² 以上
					3	个人单位面积 80～120m²
					1	个人单位面积 60～80m²
					0	个人单位面积低于 60m²
			环境视觉质量 P_{13}	0.19	5	景观结构清晰，景色优美
					3	景观丰富，视觉感较好
					1	景观一般，有一定的视觉美感
					0	景观普通，景色没什么特别

续表

目标	指标	权重值	影响因子	权重值	分值	说明
			地形起伏度 P_{14}	0.30	5	0～20m
					3	20～50m
					1	50～100m
					0	>100m
			坡度 P_{15}	0.30	5	低于10%
					3	10%～25%
					1	25%～50%
					0	50%以上
	用地条件 C_5	0.05	坡向 P_{16}	0.30	5	南坡
					3	东南坡、西南坡
					1	东坡、西坡
					0	东北坡、西北坡、北坡
			政策支持度 P_{17}	0.10	5	政府非常支持，具有明确的相关优惠政策，并积极主动配合
					3	政府支持，具有相关的优惠政策
					1	政府比较支持，但意识还有待提高，行为比较被动
					0	政府不支持或采取不闻不问的态度
避暑度假地适宜性	设施条件 C_6	0.07	交通条件 P_{18}	0.62	5	路面平整舒适、道路通畅，内部交通工具选择多样且方便、快捷、舒适
					3	程度较第一层级弱
					1	程度较第一层级更弱
					0	道路弯曲颠簸不舒适，内部交通工具欠缺
			接待能力 P_{19}	0.16	5	设施完善能够很好地满足游客的需求，且接待服务质量较高
					3	设施较较完善能够满足游客的需求，包括旅游高峰期
					1	设施一般，基本能够满足游客需求，但在旅游高峰期，接待设施存在数量不足情况
					0	接待设施有待完善，无法满足游客需求
			市政设施 P_{20}	0.22	5	按照国家5A级景区标准，主要设施及附属设施一应俱全，能够很好地满足游客需求
					3	主要设施及重要附属设施，能够满足游客需求
					1	主要设施及重要附属设施，基本能够满足游客需求
					0	市政设施欠缺，无法满足游客需求
	旅游安全性 C_7	0.03	安全保障能力 P_{21}	0.40	5	制度完善、安全设施完善、应急处置能力强
					3	较第一层级的保障能力稍弱
					1	较第一层级的保障能力更弱

目标	指标	权重值	影响因子	权重值	分值	说明
					0	安全保障措施和设施缺乏，存在旅游安全隐患
			自然灾害发生率 P_{22}	0.20	5	自然灾害少，且发生频率低，50 年一遇
					3	自然灾害较少，发生频率为 30～50 年一遇
					1	自然灾害发生频率为 10～30 年一遇
					0	自然灾害较多，发生频率为 10 年以下，存在安全隐患
			公共安全事件发生率 P_{23}	0.40	5	公共安全事件发生非常少，且事件处理及时
					3	公共安全事件发生较少，事件处理较得当
					1	公共安全事件时有发生，但事件处理比较让游客满意
					0	经常发生公共安全事件，且事件处理不及时，游客投诉较多
客源市场性 C_8		0.04	市场需求强度 P_{24}	0.75	5	游客出游意愿非常强烈
					3	游客出游意愿比较强烈
					1	游客出游意愿一般
					0	游客不愿意出游
			市场满意度 P_{25}	0.25	5	非常愿意再次出游，对目标旅游地评价很高
					3	愿意再次出游，对目标旅游地评价比较高
					1	再次出游意愿不强烈，对目标旅游地评价一般
					0	不愿意再出游，对目标旅游地评价很低

四、避暑度假地开发的适宜性实证评价——以重庆石柱县为例

实证评价以重庆市石柱县为例(实践中也可选择具体的避暑旅游地)进行评价,石柱县属于大武陵山区,地理条件复杂,从避暑旅游视角看,地理资源较丰富,面向的避暑客源市场巨大,代表性强。2018 年石柱县接待游客总量突破 1500 万人次,旅游综合收入达到84.11 亿元①。

(一)石柱县的基本条件

石柱县位于长江上游南岸、重庆市东部、三峡库区腹地,地处东经 107°59′～108°34′、北纬 29°39′～30°33′,东临湖北利川市,南接重庆彭水县,西南靠近重庆丰都县,西北靠近重庆忠县,北部与重庆万州区接壤,是集民族地区、三峡库区、革命老区、武陵山区于一体的特殊县份。

县境内海拔相对高度悬殊,境内海拔最高点为大风堡,海拔为 1934.1m,最低点为西沱镇陶家坝,海拔 119.1m(就整个县域地形起伏而言,不适宜发展避暑度假,但其中的具

---

① 石柱县 2018 年统计公报。

体地块则情况不同），境内垂直气候特征明显。属于中亚热带湿润季风区，气候温和，雨水充沛，四季分明，具有春早、夏长、秋短等特点，年平均温度16.5℃，极端高温40.2℃，极端低温-4.7℃，夏季平均气温21℃。

石柱县以山区为主，海拔1000m以上的中山区占64.4%。属巫山大娄山中山区，七曜山、方斗山两大山脉平行排列斜贯全境，形成两道天然屏障，横亘南北，形成"两山夹一槽"的特殊地貌。石柱地表形态中以中山、低山为主。石柱旅游资源丰富，自然类资源占比超60%，拥有发展避暑度假旅游的良好条件，发展空间和潜力都较大；目前旅游发展定位在以避暑度假为主导的绿色康养方面，但是各具体区域发展避暑度假的适宜性存在差异。

（二）石柱旅游发展现状

近年来，石柱以打造"全国著名康养休闲生态旅游目的地"为发展目标，聚焦"风情土家、康养石柱"的旅游形象；坚持走生态优先、绿色发展之路，集中力量发展避暑度假旅游产品。避暑、康养已经成为石柱旅游的品牌形象和重点支撑，在重庆及周边市场享有一定市场知名度。目前石柱避暑度假旅游以太阳湖、大风堡、千野草场、黄水镇为核心，已形成"天上黄水"的避暑旅游品牌。

根据百度指数"石柱旅游"关键词搜索（2011~2019年）。2011年时，石柱旅游峰值出现在国庆节期间；在避暑旅游不断发展过程中，石柱旅游在每年7~8月，指数有大幅增长，达到一个峰值，然后下降；9月初到10月初会出现第二次增长，国庆假日期间石柱旅游会出现又一峰值（图3.14）。随着避暑度假的进一步发展，如今7~8月已经成为石柱旅游最旺阶段，高峰期明显；高峰时，黄水镇的避暑度假者达30多万人次/天。

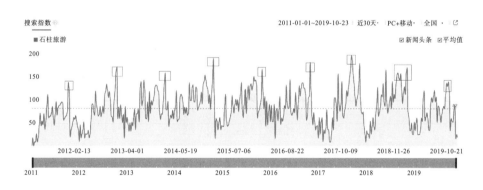

图3.14 2011~2019年关键词"石柱旅游"百度指数调查结果

事实上，石柱避暑旅游资源相当丰富，除了黄水避暑度假区外，还有东南部的七曜山、东北部山区、方斗山区域等，气候适宜性也强，但整体条件不及黄水镇。

（三）石柱避暑度假地适宜性评价

1. 评价单元筛选

根据石柱县各地理区域的旅游资源空间分布、区位关系和空间范围、行政区划等，首先初步筛选适宜避暑度假的地理单元,然后确定最后的评价单元。

气候适宜性是发展避暑度假的前提和评价的绝对指标,其中气温是重要因子。因此通过海拔筛选出符合避暑度假最低要求的区域,结合石柱县地形的具体情况,通过等高线大致剔除海拔低于 500m 的区域[①],得到参与评价的地理单元。

经筛选,剔除西沱镇、南宾街道及西北角滨江片区等气候资源不适宜区域,最终评价单元包括黄水旅游度假片区(包括太阳湖、大风堡、油草河、黄水镇等)、北部山乡片区(以姚家院子为核心)、七曜山地质公园片区、枫木镇片区、冷水片区、鱼池镇片区、悦崃镇片区,以及藤子沟湿地公园、银杏堂、千野草场、灵山佛、龙骨寨、万寿山 6 个独立的旅游点。

2. 主要研究单元的避暑度假适宜性评价

针对初选的研究单元,进行避暑度假适宜性评价。限于篇幅,这里选择有代表性的单元进行评价;评价原理和流程一致,其他不再赘述。

1)千野草场

千野草场各指标评价表见表 3.50~表 3.57。

表 3.50 千野草场避暑气候舒适度评价表

C_1 避暑气候舒适度	权重	分值	说明	C_1 得分	C_1 权重	C_1 总分
P_1 气温	0.67	3	平均海拔 1300m	3.26	0.35	1.141
P_2 降水量	0.23	5	夏季平均降水量为 52mm			
P_3 风速	0.10	1	夏季为微风			

资料来源:降水量、风速数据来源于中国天气网:http://www.weather.com.cn/。

表 3.51 千野草场旅游区位性评价表

C_2 旅游区位	权重	分值	说明	C_2 得分	C_2 权重	C_2 总分
P_4 资源区位	0.33	3	旅游资源点呈带状分布,较集中	4.29	0.08	0.343
P_5 交通区位	0.33	5	距离主城 230km;但距主要市场近			
P_6 市场区位	0.33	3	核心资源为草场和林地,有竞争优势			

注:以主要客源地(即重庆主城)参照,交通区位的起点统一选择解放碑。

表 3.52 千野草场景观资源评价表

C_3 景观资源	权重	分值	说明	C_3 得分	C_3 权重	C_3 总分
P_7 资源组合度	0.11	5	资源有石林、草地、森林、火棘、菊花等	4.48	0.18	0.806
P_8 资源美誉度	0.26	3	好评			
P_9 资源品质度	0.63	5	四级			

注:资源组合度、资源美誉度来源于实地踏勘和调研;资源品质度来源于《石柱县旅游发展总体规划(2016—2025)》。

[①] 本应剔除海拔 800m 以下区域,但等高线数据不足。

表 3.53　千野草场生态环境评价表

C_4 生态环境	权重	分值	说明	C_4 得分	C_4 权重	C_4 总分
P_{10} 生活环境质量	0.42	5	空气、水质、卫生等达到相关标准			
P_{11} 植被覆盖率	0.27	3	绿地覆盖率高，但林地覆盖率不足	4.76	0.21	1.000
P_{12} 舒适环境容量	0.12	3	个人单位面积 80～120m²			
P_{13} 环境视觉质量	0.19	5	景观结构清晰、景色优美			

注：生活环境质量相关资料源于石柱县旅游局；土地利用源于《石柱县旅游业发展规划（2016—2025）》；环境视觉质量及环境容量源于实地调研判断。

表 3.54　千野草场用地条件评价表

C_5 用地条件	权重	分值	说明	C_5 得分	C_5 权重	C_5 总分
P_{14} 地形起伏度	0.30	3	起伏不大，但可用条件有限			
P_{15} 坡度	0.30	3	坡度为 10%～25%			
P_{16} 坡向	0.30	3	坡向主要为东南坡和西南坡	3.2	0.05	0.16
P_{17} 政策支持度	0.10	5	政府非常支持，具有明确的相关优惠政策，并主动积极配合			

注：地形起伏度、坡度、坡向基于石柱县地形图分析；政策支持度源于石柱县旅游局。

表 3.55　千野草场设施条件评价表

C_6 设施条件	权重	分值	说明	C_6 得分	C_6 权重	C_6 总分
P_{18} 交通条件	0.62	3	道路硬化平整、有内部公共交通，但公路较窄			
P_{19} 接待能力	0.16	1	基本能够满足游客需求	2.24	0.07	0.157
P_{20} 市政设施	0.22	1	主要设施及重要附属设施，基本能够满足游客需求			

注：设施条件根据实地踏勘调研。

表 3.56　千野草场旅游安全评价表

C_7 旅游安全	权重	分值	说明	C_7 得分	C_7 权重	C_7 总分
P_{21} 安全保障能力	0.4	1	制度及安全保障设施都不够完善			
P_{22} 自然灾害发生率	0.2	3	发生率较低，符合游客的基本安全需求	2.2	0.03	0.066
P_{23} 公共安全事件发生率	0.4	3	公共安全事件发生较少，事件处理较得当			

注：根据安全事件统计和调研。

表 3.57　千野草场客源市场评价表

C_8 客源市场	权重	分值	说明	C_8 得分	C_8 权重	C_8 总分
P_{24} 市场需求强度	0.75	3	游客出游意愿比较强烈	3	0.04	0.12
P_{25} 市场满意度	0.25	3	愿意再次出游，对目标旅游地评价较高			

注：根据客源市场调研。

通过加权计算，千野草场的避暑度假适宜性为 3.793 分，综合地看，属适宜发展地（表 3.58）。但从各指标得分分析看，其旅游区位、景观资源、生态环境具有优势；其设施条件、旅游安全方面得分较低，需要不断完善和提高。而客源市场、用地条件等劣势明显。根据实地调查，千野草场的用地条件非常有限，为喀斯特地貌，只能通过破坏草场来获取建设用地，因此其接待条件也非常有限。

表 3.58　千野草场避暑度假适宜性综合评价表

评价指标	权重	得分	所占比例/%	总分
C_1 避暑气候舒适度	0.35	1.141(1.75)	65.2	
C_2 旅游区位	0.08	0.343(0.40)	85.8	
C_3 景观资源	0.18	0.806(0.90)	89.6	
C_4 生态环境	0.21	1.000(1.05)	95.2	3.793
C_5 用地条件	0.05	0.160(0.25)	64.0	
C_6 设施条件	0.07	0.157(0.35)	44.9	
C_7 旅游安全	0.03	0.066(0.15)	44.0	
C_8 客源市场	0.04	0.120(0.20)	60.0	

2）藤子沟湿地

藤子沟湿地的避暑度假适宜性总分为 3.309 分，属于一般适宜发展避暑旅游的地方。通过具体评价指标分析，该地的旅游区位具有一定优势；但其避暑气候舒适度、生态环境、景观资源、用地条件等得分偏低，劣势明显。根据实地调研，该地海拔一般为 1000m 左右，主要是农业景观资源等，森林植被覆盖率偏低；在旅游扶贫方面表现不错；但若发展避暑度假旅游，则还需要慎重考虑。

藤子沟湿地的避暑度假适宜性评价结果如表 3.59。

表 3.59　藤子沟湿地的避暑度假适宜性评价表

评价指标	因子	权重	得分	因子得分	指标权重	指标得分	所占比例/%	总分
C_1 避暑气候舒适度	P_1 气温	0.67	3					
	P_2 降水量	0.23	5	3.46	0.35	1.211(1.75)	69.2	
	P_3 风速	0.10	3					
C_2 旅游区位	P_4 资源区位	0.33	5					
	P_5 交通区位	0.33	5	4.29	0.08	0.343(0.4)	85.8	3.309
	P_6 市场区位	0.33	3					
C_3 景观资源	P_7 资源组合度	0.11	3					
	P_8 资源美誉度	0.26	3	3	0.18	0.540(0.9)	60.0	
	P_9 资源品质度	0.63	3					

评价指标	因子	权重	得分	因子得分	指标权重	指标得分	所占比例/%	总分
C_4生态环境	P_{10}生活环境质量	0.42	5					
	P_{11}植被覆盖率	0.27	0	3.27	0.21	0.687 (1.05)	65.4	
	P_{12}舒适环境容量	0.19	5					
	P_{13}环境视觉质量	0.12	3					
C_5用地条件	P_{14}地形起伏度	0.30	3					
	P_{15}坡度	0.30	3	3.2	0.05	0.16 (0.25)	64.0	
	P_{16}坡向	0.30	3					
	P_{17}政策支持度	0.10	5					
C_6设施条件	P_{18}交通条件	0.62	3					
	P_{19}接待能力	0.16	1	2.77	0.07	0.194 (0.35)	55.4	
	P_{20}市政设施	0.22	3					
C_7旅游安全	P_{21}安全保障能力	0.40	1					
	P_{22}自然灾害发生率	0.20	1	1.8	0.03	0.054 (0.15)	36.0	
	P_{23}公共安全事件发生率	0.40	3					
C_8客源市场	P_{24}市场需求强度	0.75	3	3	0.04	0.12 (0.2)	60.0	
	P_{25}市场满意度	0.25	3					

3)银杏堂

通过评价,银杏堂的避暑度假适宜性为3.268分,属于一般适宜(表3.60)。由具体评价指标可见,景观资源和生态环境较好;但其海拔高度偏低、区位偏远,所以其避暑气候舒适度、旅游区位、用地条件等指标得分较低。从竞争角度看,不建议大规模发展避暑度假旅游。

表 3.60　银杏堂基于重庆主城市场的避暑旅游适宜性评价表

评价指标	因子	权重	得分	因子得分	指标权重	指标得分	所占比例/%	总分
C_1避暑气候舒适度	P_1气温	0.67	1					
	P_2降水量	0.23	5	2.12	0.35	0.742 (1.75)	42.4	
	P_3风速	0.10	3					
C_2旅游区位	P_4交通区位	0.33	3					
	P_5资源区位	0.33	3	2.97	0.08	0.238 (0.4)	59.4	3.268
	P_6市场区位	0.33	3					
C_3景观资源	P_7资源组合度	0.11	3					
	P_8资源美誉度	0.26	3	4.26	0.18	0.767 (0.9)	85.2	
	P_9资源品质度	0.63	5					

评价指标	因子	权重	得分	因子得分	指标权重	指标得分	所占比例/%	总分
C_4 生态环境	P_{10} 生活环境质量	0.42	5	4.76	0.21	1.000 (1.05)	95.2	
	P_{11} 植被覆盖率	0.27	5					
	P_{12} 舒适环境容量	0.12	3					
	P_{13} 环境视觉质量	0.19	5					
C_5 用地条件	P_{14} 地形起伏度	0.30	5	3.80	0.05	0.19 (0.25)	47.5	
	P_{15} 坡度	0.30	5					
	P_{16} 坡向	0.30	1					
	P_{17} 政策支持度	0.10	5					
C_6 设施条件	P_{18} 交通条件	0.62	3	2.56	0.07	0.179 (0.35)	51.2	
	P_{19} 接待能力	0.16	3					
	P_{20} 市政设施	0.22	1					
C_7 旅游安全	P_{21} 安全保障能力	0.40	3	3.00	0.03	0.09 (0.15)	60.0	
	P_{22} 自然灾害发生率	0.20	3					
	P_{23} 公共安全事件发生率	0.40	3					
C_8 客源市场	P_{24} 市场需求强度	0.75	1	1.50	0.04	0.06 (0.2)	30.0	
	P_{25} 市场满意度	0.25	3					

4）龙骨寨

龙骨寨的避暑适宜性为 4.029 分（表 3.61），总体上适宜发展避暑度假旅游。通过对龙骨寨各评价指标分析，该地的避暑气候舒适度和生态环境具有优势；但是旅游区位、景观资源、设施条件、客源市场、旅游安全得分偏低，需要完善。根据实地踏勘，该地用地条件非常有限，微地貌崎岖，无法建设满足需求的避暑度假设施，否则只能破坏森林植被。建议走避暑+观光的发展之路。

表 3.61　龙骨寨基于重庆主城市场的避暑旅游适宜性评价表

评价指标	因子	权重	得分	因子得分	指标权重	指标得分	所占比例/%	总分
C_1 避暑气候舒适度	P_1 气温	0.67	5	4.80	0.35	1.680 (1.75)	96.0	
	P_2 降水量	0.23	5					
	P_3 风速	0.10	3					
C_2 旅游区位	P_4 资源区位	0.33	5	3.63	0.08	0.290 (0.4)	72.6	4.029
	P_5 交通区位	0.33	5					
	P_6 市场区位	0.33	1					
C_3 景观资源	P_7 资源组合度	0.11	5	3.22	0.18	0.580 (0.9)	64.4	
	P_8 资源美誉度	0.26	3					
	P_9 资源品质度	0.63	3					

续表

评价指标	因子	权重	得分	因子得分	指标权重	指标得分	所占比例/%	总分
C_4 生态环境	P_{10} 生活环境质量	0.42	5	5.00	0.21	1.05 (1.05)	100	
	P_{11} 植被覆盖率	0.27	5					
	P_{12} 舒适环境容量	0.12	5					
	P_{13} 环境视觉质量	0.19	5					
C_5 用地条件	P_{14} 地形起伏度	0.30	1	0.80	0.05	0.04 (0.25)	16.0	
	P_{15} 坡度	0.30	0					
	P_{16} 坡向	0.30	0					
	P_{17} 政策支持度	0.10	5					
C_6 设施条件	P_{18} 交通条件	0.62	3	2.56	0.07	0.179 (0.35)	51.2	
	P_{19} 接待能力	0.16	3					
	P_{20} 市政设施	0.22	1					
C_7 旅游安全	P_{21} 安全保障能力	0.40	3	3.00	0.03	0.09 (0.15)	60.0	
	P_{22} 自然灾害发生率	0.20	3					
	P_{23} 公共安全事件发生率	0.40	3					
C_8 客源市场	P_{24} 市场需求强度	0.75	3	3.00	0.04	0.12 (0.2)	60.0	
	P_{25} 市场满意度	0.25	3					

5）万寿山

通过评价，万寿山的避暑度假适宜性为4.266分（表3.62），属适合发展避暑度假的地方。其旅游地的避暑气候舒适度、景观资源和生态环境均较好；设施条件、旅游安全、客源市场等指标得分偏低，有待进一步完善；此外，由于山体陡峭崎岖，万寿山用地条件非常有限，不适宜大规模发展。根据实地调研，该地风景较好，距离石柱县城较近，目前已经开发为具有历史文化感的旅游地；曾尝试将避暑度假作为旅游产品之一，但基础条件受限，市场满意度一般。加之周边竞争较大，应该调整发展定位。

表 3.62　万寿山基于重庆主城市场的避暑旅游适宜性评价表

评价指标	因子	权重	得分	因子得分	指标权重	指标得分	所占比例/%	总分
C_1 避暑气候舒适度	P_1 气温	0.67	5	4.80	0.35	1.68 (1.75)	96.0	
	P_2 降水量	0.23	5					
	P_3 风速	0.10	3					
C_2 旅游区位	P_4 资源区位	0.33	5	3.63	0.08	0.290 (0.4)	72.6	4.266
	P_5 交通区位	0.33	5					
	P_6 市场区位	0.33	1					
C_3 景观资源	P_7 资源组合度	0.11	5	4.48	0.18	0.806 (0.9)	89.6	
	P_8 资源美誉度	0.26	3					

评价指标	因子	权重	得分	因子得分	指标权重	指标得分	所占比例/%	总分
C_4 生态环境	P_9 资源品质度	0.63	5	4.62	0.21	0.970 (1.05)	92.4	
	P_{10} 生活环境质量	0.42	5					
	P_{11} 植被覆盖率	0.27	5					
	P_{12} 舒适环境容量	0.12	5					
	P_{13} 环境视觉质量	0.19	3					
C_5 客源市场	P_{14} 地形起伏度	0.30	1	2.00	0.05	0.1 (0.25)	40.0	
	P_{15} 坡度	0.30	3					
	P_{16} 坡向	0.30	1					
	P_{17} 政策支持度	0.10	5					
C_6 设施条件	P_{18} 交通条件	0.62	3	3.00	0.07	0.21 (0.35)	60.0	
	P_{19} 接待能力	0.16	3					
	P_{20} 市政设施	0.22	3					
	P_{21} 安全保障能力	0.40	3					
C_7 旅游安全	P_{22} 自然灾害发生率	0.20	3	3.00	0.03	0.09 (0.15)	60.0	
	P_{23} 公共安全事件发生率	0.40	3					
C_8 客源市场	P_{24} 市场需求强度	0.75	3	3.00	0.04	0.12 (0.2)	60.0	
	P_{25} 市场满意度	0.25	3					

6) 黄水森林公园片区

该片区面积较大,主要由大风堡原始森林、太阳湖、黄水镇、油草河、月亮湖等资源点组成。通过计算,其避暑度假适宜性为 4.744 分,属非常适宜发展避暑度假的地方(表 3.63)。通过各评价指标的比较分析,该片区在避暑气候舒适度、景观资源和生态环境等方面优势明显,得分高;经过多年的重点发展,以黄水镇为核心的避暑度假区域的设施条件已达到相关标准,市场满意度高。相对而言,用地条件和旅游区位得分偏低,目前建设用地已趋饱和,不宜再过度开发;此外,旅游安全管理需要加强,特别要注意森林防火、地质灾害等。

表 3.63　黄水森林公园片区基于重庆主城市场的避暑旅游适宜性评价表

评价指标	因子	权重	得分	因子得分	指标权重	指标得分	所占比例/%	总分
C_1 避暑气候舒适度	P_1 气温	0.67	5	4.80	0.35	1.68 (1.75)	96	
	P_2 降水量	0.23	5					
	P_3 风速	0.10	3					4.744
C_2 旅游区位	P_4 资源区位	0.33	3	3.63	0.08	0.290 (0.4)	72.6	
	P_5 交通区位	0.33	5					

续表

评价指标	因子	权重	得分	因子得分	指标权重	指标得分	所占比例/%	总分
C_3 景观资源	P_6 市场区位	0.33	3	5.00	0.18	0.9 (0.9)	100	
	P_7 资源组合度	0.11	5					
	P_8 资源美誉度	0.26	5					
	P_9 资源品质度	0.63	5					
C_4 生态环境	P_{10} 生活环境质量	0.42	5	5.00	0.21	1.05 (1.05)	100	
	P_{11} 植被覆盖率	0.27	5					
	P_{12} 舒适环境容量	0.12	5					
	P_{13} 环境视觉质量	0.19	5					
C_5 用地条件	P_{14} 地形起伏度	0.30	3	3.20	0.05	0.16 (0.25)	64.0	
	P_{15} 坡度	0.30	3					
	P_{16} 坡向	0.30	3					
	P_{17} 政策支持度	0.10	5					
C_6 设施条件	P_{18} 交通条件	0.62	5	5.00	0.07	0.35 (0.35)	100	
	P_{19} 接待能力	0.16	5					
	P_{20} 市政设施	0.22	5					
C_7 旅游安全	P_{21} 安全保障能力	0.40	5	3.80	0.03	0.114 (0.15)	76.0	
	P_{22} 自然灾害发生率	0.20	3					
	P_{23} 公共安全事件发生率	0.40	3					
C_8 客源市场	P_{24} 市场需求强度	0.75	5	5.00	0.04	0.2 (0.2)	100	
	P_{25} 市场满意度	0.25	5					

7）七曜山地质公园片区

七曜山地质公园片区的避暑度假适宜性为 3.766 分，总体上属一般适宜发展避暑度假的地方（表 3.64）。通过各评价指标分析，它的景观资源、生态环境具有优势；但其避暑气候舒适度、区位条件、用地条件等劣势明显。不宜走避暑度假的旅游发展道路，应该结合其地质资源、风景资源，发展观光旅游、研学旅游、科考旅游等，这样还可以避免对生态环境的破坏。

表 3.64 七曜山地质公园片区基于重庆主城市场的避暑旅游适宜性评价表

评价指标	因子	权重	得分	因子得分	指标权重	指标得分	所占比例/%	总分
C_1 避暑气候舒适度	P_1 气温	0.67	3	3.46	0.35	1.211 (1.75)	69.2	3.766
	P_2 降水量	0.23	5					
	P_3 风速	0.10	3					

评价指标	因子	权重	得分	因子得分	指标权重	指标得分	所占比例/%	总分
C_2 旅游区位	P_4 资源区位	0.33	3					
	P_5 交通区位	0.33	3	3.00	0.08	0.24 (0.4)	60.0	
	P_6 市场区位	0.33	3					
C_3 景观资源	P_7 资源组合度	0.11	5					
	P_8 资源美誉度	0.26	3	4.48	0.18	0.806 (0.9)	89.6	
	P_9 资源品质度	0.63	5					
C_4 生态环境	P_{10} 生活环境质量	0.42	5					
	P_{11} 植被覆盖率	0.27	5	5.00	0.21	1.05 (1.05)	100	
	P_{12} 舒适环境容量	0.19	5					
	P_{13} 环境视觉质量	0.12	5					
C_5 用地条件	P_{14} 地形起伏度	0.30	1					
	P_{15} 坡度	0.30	3	2.60	0.05	0.13 (0.25)	52.0	
	P_{16} 坡向	0.30	3					
	P_{17} 政策支持度	0.10	5					
C_6 设施条件	P_{18} 交通条件	0.62	3					
	P_{19} 接待能力	0.16	3	2.56	0.07	0.179 (0.35)	51.2	
	P_{20} 市政设施	0.22	1					
C_7 旅游安全	P_{21} 安全保障能力	0.40	3					
	P_{22} 自然灾害发生率	0.20	3	3.00	0.03	0.09 (0.15)	60.0	
	P_{23} 公共安全事件发生率	0.40	3					
C_8 客源市场	P_{24} 市场需求强度	0.75	1	1.50	0.04	0.06 (0.2)	30.0	
	P_{25} 市场满意度	0.25	3					

　　当然，以上是石柱县代表性地理单元的避暑度假适宜性评价，就石柱县旅游整体发展而言，还应该结合县域旅游资源结构、分布特征，有选择地发展避暑度假旅游，不能处处都进行避暑度假开发，需要进行科学的宏观决策，否则会出现内部恶性竞争，还会导致资源的浪费。

第三节　典型山地型避暑度假地的游客体验性评价

　　避暑度假地的适宜性评价是基于旅游性、开发性的综合评价。而作为避暑度假地，还要关注避暑度假者对避暑地的评价，他们的评价可能直接影响到避暑度假地的发展。由于避暑度假者主要通过度假生活体验，从气温、湿度、环境感知、风效、生活条件等各方面进行感知判断，对避暑度假地的发展同样具有借鉴性，也可作为研究者对避暑度假适宜性研究的参考。通过对避暑度假地的调研，发现旅游者对典型避暑旅游地评价的一些特征见表3.65。

表 3.65　典型山地型避暑度假地的游客体验性评价

避暑旅游地	温度	湿度	旅游产品	度假业态	空间距离	环境质量感知	主要客源城市	规范性	生活条件	其他特点
湖北神龙架	++++ 适宜	+++ 较潮湿	++++ 丰富	+++ 一般	一般	+++++ 好	武汉	+++	+++	蚊虫多
重庆黄水镇	+++++ 非常适宜	++++ 适宜	++++ 丰富	++++ 好	较好	++++ 好	重庆、万州	+++	+++++	各类居民高度融合
贵州六盘水	+++ 凉(偏低)	++++ 适宜	+++ 一般	+++ 一般	较远	+++ 一般	重庆、四川	++	+++	地理区位
重庆仙女山	+++ 一般(略热)	+++ 较合适	++++ 丰富	++++ 好	较近	+++ 较好	重庆	+++	+++	较近
湖北苏马荡	+++++ 非常适宜	+++++ 合适	++ 普通	++ 一般	一般	++++ 较好	万州、重庆、武汉、荆州等	++	+++	富硒
四川青城山	+++ 适宜	+++ 偏湿	+++ 丰富	+++ 一般	适宜	+++++ 好	成都、重庆	++++	++	文化
云南抚仙湖	+++ 适宜,辐射强	+++ 偏干	+++ 丰富	++++ 较好	略远	+++ 较好	重庆、成都等全国城市	++++	+++	异域性
重庆横山	++ 很一般	+++ 较适宜	++ 较少	++ 一般	近	+++ 一般	重庆	++	+++	适宜期较长
备注	为避暑度假的关键因素。对温度的感知存在个体差异,各取所好。温度影响体表舒适感		长住度假者不太关注;门票型景区非他们消费之地;更关心日常生活休闲空间	包括住宿业态+避暑地产、各配套服务经济等	相对的;游客观点差异较大,取向不同(有的喜欢异地感)	关注重点在生活区域的植被覆盖率、水质等	与区位有关	多地规划、管理不到位	该条件为动态发展成熟度假区较好	个别成为亮点

(注：本表是基于避暑度假者的调查统计，2018～2020 年夏季)。

一、避暑度假者对温度的敏感性参差不齐，但有大致的趋同性

避暑主体对温度的感知参差不齐，对温度的适宜性也有差别。总体上，海拔 1400m 左右的温度是大多数避暑者喜欢的，过高海拔(例如贵州威宁草海海拔约 1900m)偏凉(冷，与常住地的温差过大)，但有部分群体能接受这个温度。由表 3.65 可以看出，游客反映重庆黄水镇、湖北苏马荡属于温度条件非常适宜；湖北神农架、四川青城山和云南抚仙湖属于适宜(具体又有差异)；贵州六盘水、重庆仙女山、重庆横山属于温度条件一般。根据实地调研，重庆横山的海拔只有 900m 左右，部分避暑者能接受当地的温度，认为"太凉没有意思""比重庆主城好多了""晚上凉快"。

调查还发现，避暑者在考量海拔(气温)的同时，还对辐射有所考虑，海拔过高的地方(例如云南抚仙湖等)，辐射比较强，也不利于"养生"。所以，表面上是温度因素，但避

暑者还有更细节的考虑。

二、湿度是影响避暑度假者体感最重要的因素之一

湿度是影响避暑度假者体感的另一因素。在调研的避暑度假地中，能够让度假者真正满意的不多，湖北苏马荡算其中之一，有多地避暑度假经历的人普遍认为是"凉得通透"，即苏马荡除凉快之外，空气湿度也适宜，昼夜均无湿润的体感[①]。而相似海拔高度的重庆南天湖度假区等则早晚偏湿润，体感欠爽；四川青城山、湖北神农架等地避暑度假者均反映偏湿润。相反，度假地湿度也不宜过低，否则有干燥之感（云南抚仙湖）。

三、避暑度假者的空间消费行为基本遵从空间决策规律

避暑度假消费行为符合基本的空间决策规律，即相对而言，150～300km 是比较理想的距离，在其他条件相同的情况下，避暑度假者一般选择距离适度的避暑地，并非越近越好。根据避暑度假者对各避暑地的距离评价与原因分析，他们大多希望避暑度假中有一定的旅游感。

另外，本书将黑龙江漠河纳入对比，可以看出避暑度假者并没有多少兴趣，"过远"是短板，但却是比较好的避暑旅游地。这也说明避暑度假与避暑旅游是有差异的。北方居民的避暑度假需求不大，需要避暑的时间不长，因此北方较难发展避暑度假地。

四、避暑度假地应该发展与康养融合，丰富度假产品

从度假者对各避暑地的环境感知评价可以看出，他们很关注具有康养价值的环境条件，对湖北神农架、四川青城山的环境认同度很高，具有较好的养生性；对重庆黄水镇、湖北苏马荡等地环境感知较好，相对而言，对人文环境的细节感知稍差，例如度假者密度偏大、设施环境不佳等；对云南抚仙湖、重庆横山环境质量感知较为一般，主要认为植被环境一般，而抚仙湖的海拔偏高、辐射偏强。

从避暑度假者的综合评价可以看出，他们对避暑度假地的关注点比较多，并非只有避暑。度假者更希望度假是一次多维的生活体验，其中最重要的就是避暑下的"康养"度假。避暑地结合自身条件和亮点资源，开发和丰富康养性度假产品，以弥补度假产品的不足。以重庆横山为例，其海拔不足，但它有更长的度假适宜期，从每年 5～11 月均可，而不仅仅考虑避暑产品；其环境质量一般，但有富硒的土壤环境，可以从食物养生方面开发度假产品，丰富康养产品。青城山可以与道家养生结合，开发文化养生产品。

① 旅游者定性结论。

五、建设满足需要的基础与服务设施，建设高品质避暑度假地

根据各避暑度假地的走访调研，大量地方都是低质量发展，普遍比较功利，重心多在避暑地产建设上，而对基础设施、服务设施、文化设施、休闲游憩设施等建设不足，业态普遍不足。目前看来，重庆黄水镇、重庆仙女山等避暑地度假业态条件相对一般；而湖北神农架、贵州六盘水、湖北苏马荡、重庆横山避暑地的业态条件均一般或较差。另外，避暑度假地的配套服务普遍不足，例如医疗保健、儿童教育等尚未发展起来。究其原因，与避暑度假的季节性太强有关，多集中在 7～8 月；如果大量建设，会导致资源闲置或浪费（一种观点）。

此外，有些避暑度假地发展过急，只注重物质化建设，忽视了文化美学的包装，导致避暑度假地普遍缺乏美感，凌乱无序。如湖北苏马荡、重庆黄水镇、贵州桐梓等。

为此，我国避暑度假地应该关注居民的高品质生活需求，建设高质量的避暑度假地，否则还会低端开发、低值发展，导致避暑资源浪费。

第四章 避暑度假地的基本构成要素及其关系

第一节 避暑度假地的基本构成要素

避暑度假地是一类特殊的旅游地，构成要素有其独特之处。目前尚无相关文件或公认标准对其基本构成要素进行阐述。本书基于既有研究成果对旅游目的地构成要素的阐述、相关文件的表述，结合对避暑度假地展开的长期实地调查，提出对避暑度假地基本构成要素的主张。以期本书关于避暑度假地基本构成要素的观点能够给予现实发展提供参考，打造真正具有避暑度假形态的旅游地。

一、基本构成要素的提取

(一)基于理论参考

关于旅游目的地的基本构成要素，由于不同专家学者的经历和视角不同，因此有不同的观点和理解。

坎恩认为旅游目的地的构成要素主要包括五个方面，分别是拥有一定距离范围的客源市场、具有发展的潜力和条件、对潜在市场具有合理的可进入性、社会经济基础具备支持旅游业务的最低限度水平、有一定规模并包含多个社区等[146]。

Cooper 等提出了"4A"观点，即吸引物(attraction)、康乐设施(amenities)、进入设施(access facility)、附属产品(accessories)[147]。

布哈利斯则将其主张总结为旅游目的地"6A"模型理论，即旅游目的地的构成要素主要为旅游吸引物(attractions)、进入设施(accessibility)、便利设施(amenities)、预定的服务组合(available packages)、活动(activities)以及其他辅助性服务设施(ancillary services)[148]。

魏小安提出了三要素理论，即旅游目的地一般包括三个层次，分别为吸引要素(旅游吸引物)、服务要素(各类旅游服务的综合)和环境要素[149]。

张立明和赵黎明认为旅游目的地系统共具备三个部分，分别是旅游吸引物(核心)、旅游设施(驱动因子)、旅游业管理[150]。

张东亮则根据功能关系，将旅游目的地的构成要素划分为四个部分，即旅游吸引物、旅游服务与设施、旅游基础设施、旅游管理机构[151]。

关于旅游度假地的基本构成要素，目前尚无明确文件和理论研究对其进行具体划分，但依据《旅游度假区等级划分》(GB/T 26358—2010)，可了解到旅游度假区等级划分的一般条件，即资源、区位、市场、空间环境、设施与服务、管理等。依据《旅游度假区等级划分细则》（2015 年版），可进一步提取出如下评价指标，即区域基础与区位、自然与人文环境、度假产品与设施、配套设施与条件、市场结构与形象、服务品质与管理等。

综上，基于相关研究成果和相关文件对旅游目的地基本构成要素的不同归纳，通过主题词的简单提取，则有如表 4.1 的旅游目的地构成要素主题词。其中"资源"是出现频率最高的主题词，即任何旅游目的地必须具有一定的旅游资源，否则不可能发展旅游；其次"设施""服务"是旅游地应该有的要素，否则旅游者无法完成旅游活动；相对而言，提及"市场""环境""区位""康乐"等主题词的比较少。

表 4.1 基于相关研究的旅游地构成要素主题词频次分析表

主要来源	资源	产品	设施	环境	区位	交通	服务	市场	管理	康乐
坎恩[146]	★	★	★			★				★
Cooper 等[147]	★	★	★			★		★		★
布哈利斯[148]	★	★	★			★	★			★
魏小安[149]	★			★			★			
张东亮[151]	★		★				★		★	
张立明和赵黎明[150]	★		★						★	
《旅游度假区等级划分》（GB/T 26358—2010）	★		★	★	★		★	★		
《旅游度假区等级划分细则》（2015 年版）	★	★	★	★	★		★	★	★	
频次分析/%	100.0	50.0	87.5	37.5	25.0	37.5	62.5	37.5	50.0	37.5

显然，由于研究者的社会背景、旅游体验、研究出发点不同，出现了较大分歧。坎恩、布哈利斯、Cooper 等国外学者均提到了旅游目的地的外围因素，即交通或可进入性，而国内学者基本未提及，显然这是二者思考对象差异的原因。其次，国外学者认为娱乐（活动等）是旅游目的地的重要因素，但国内学者少有提及，这应该是因为研究对象不同造成的，国内研究者主要是针对观光型旅游目的地（国内旅游地其实同样存在娱乐活动项目），而国外学者的研究对象应该是度假型旅游地。

（二）基于市场认知

为了从旅游市场角度获取度假者对度假旅游地（以避暑度假为例）的认知，本书采取问卷调查与访谈结合方式开展了实地调研，通过"你认为避暑度假地应该有哪些东西？"问题（问卷初步罗列了基本要素，供选择），获得如表 4.2 的结果。

书结合实际情况，初步归纳了是否凉快、空气质量、生活方便性、娱乐设施、康乐休闲、度假人群、风景、基础设施、医疗、文化活动、管理水平、安全性、卫生状况、进出交通、家人原因、当地居民、距离、地方物产 18 个主题词。避暑度假者对度假地的关注点较多，但也有相对集中的情况，例如"是否凉快"是避暑度假者均关注的要素，而"风景""娱乐设施""医疗""文化活动""安全性""当地居民""地方物产""进出交通""家人原因"则关注度比较低。关注的重点与之前学者提出的基本要素有相近之处。

表 4.2　市场对避暑度假地的关注点分析与要素提取

主题词	是否凉快	空气质量	生活方便性	娱乐设施	康乐休闲	度假人群	风景	基础设施	医疗
关注度	+++++	++++	+++	++	+++	+++	++	+++	++

要素提取：资源、环境、管理、人群、服务、康乐

主题词	文化活动	管理水平	安全性	卫生状况	进出交通	家人原因	当地居民	距离	地方物产
关注度	+	+++	+	+++	++	++	+	+++	+

部分主题词的调查反馈：

风景：指具有一定观赏性的景物(自然景观、人文景观，不一定是景区)；有一些为好。

当地居民：部分避暑者希望与原住居民为邻，认为更有地方气息，人气。

文化活动：指当地组织的文化演出之类的活动。

度假人群：度假者较在意与哪些人为邻；高知、公务员等人群更有吸引性；群居性。

安全性：多认为现在不存在治安方面的问题(非不重视)；主要担心自然灾害。

医疗：主要是年龄偏大的和小孩避暑者在意。

(注：关注度是基于调查数据的统计分析，2018～2020年)

进一步对调查的主题词进行归纳，可以看出避暑度假市场关注的核心在于资源、环境、管理、人群、服务、康乐等方面。"是否凉快""风景"其实是避暑度假地的核心资源；"娱乐设施""文化活动""康乐休闲"可以归纳为度假地的康乐活动要素，是一种通识表述；"生活方便性""基础设施""医疗"等可以归纳为服务要素；"空气质量""卫生状况"则为环境要素。

(三)小结

将旅游目的地基本要素的共性与避暑度假地基本要素的个性进行融合考虑，基于理论借鉴和实践调研，从社会学、旅游学角度出发，本书认为避暑度假地应该是一个非常特殊的社会区域，具有明显的暂时性和季节性，其基本构成要素应该包括六个方面，即避暑旅游资源、避暑地人群、度假产品、康乐设施、服务与管理、基础环境。

关于避暑度假地的基本构成要素，不能简单地从旅游系统来考虑，它同时也是一个具有明显社会形态特征的社会区域，如果没有形成一定的、比较稳定的社会状态，临时的、偶然的避暑活动地，不应该称为避暑度假地。在避暑度假地，居民(度假者和原住居民)是重要的构成要素，也是该区域的利益主体，因此本书认为"人群"也应该是避暑度假地的基本构成要素。

二、基本构成要素解析

避暑度假地是典型的旅游性社会区域，社会性、季节性特征显著。其每个构成要素都

是这个旅游区域的必需条件，每个要素都有其各自的角色，否则这个旅游系统就无法正常运转。

(一)避暑旅游资源

如前所述，旅游资源是任何类型旅游目的地的基本构成要素，避暑旅游资源是避暑度假地的核心构成要素，否则避暑度假地就无从谈起。避暑旅游资源与其他旅游资源有很大差别，即它的无形性，只能体验感知，不能直接或间接可视；它对其他旅游地而言，可能只是基本环境条件。总体上，避暑旅游资源可分为三个部分，分别是避暑气候、良好的空气质量、旅游风景；当然，核心资源为适宜避暑的气候资源，在实践中，避暑地应该具有一定的风景资源。有时候，空气质量被划归为环境条件。

首先，避暑气候是避暑度假地的首要资源，在各类避暑旅游资源、基本构成要素中起着决定性作用。避暑气候是相对的，夏日里，对避暑旅游者而言，凉爽的气候无疑是最具吸引力的要素。一般情况下，避暑气候资源主要通过气温呈现，由避暑地的绝对适宜温度与客源地之间的相对温差表现出来。避暑地一般分布于高纬度、高海拔、海滨等地带，例如一定海拔高度的山地区(山地、森林植被)、海陆热力性质差异明显的海滨资源(3S 资源)，或我国北方较高纬度的地区等。其次是空气质量，避暑度假者对空气质量的评价主要基于负氧离子指标、森林植被等，而负氧离子的含量主要取决于森林植被；一般森林植被较多的地方，其空气质量较好。最后是风景资源，风景资源越丰富，对避暑度假地发展越有利；根据调查，避暑度假者对风景资源不太看重，在避暑旅游资源中不起决定性作用。近几年，我国避暑度假地发展非常火爆，避暑度假几乎成为夏季旅游的主旋律，这主要源于我国南方夏季高温酷暑天气，为大量山地区发展避暑旅游创造了市场条件，但是地方管理部门，应该科学评价气候的避暑适宜性，不能盲目开发。

(二)避暑地人群

避暑地人群是避暑度假地的利益主体，也是避暑地真正的主人，没有避暑人群就不是避暑度假地。我们不能简单地称避暑地人群为"避暑人群""避暑地居民"，均存在歧义。狭义地讲，避暑地人群是指以避暑度假为目的的人群；广义上讲，避暑地人群除了旅游人群，还包括避暑度假地的原住居民、旅游从业者和相关管理者等。根据调查，避暑地的旅游者人数均远超原住居民人数，已然成为当地的主体；以重庆黄水镇为例，夏季避暑度假者规模几乎是当地居民的 30 倍。

避暑旅游人群，既是避暑地的居民，又是当地旅游消费的主力，是整个避暑度假地旅游经济系统的主体；根据目前避暑度假者的消费行为模式，避暑度假者确实是避暑地的实际居民，也是避暑地的拥有者，但他们具有季节性、临时性。一般情况下，避暑者具有"群"聚性，一是消费具有家庭型，多以家庭为单位购买避暑房度假；二是表现为亲友关系、同事关系等，避暑人群以既有社会关系为纽带，"组团"前往消费。而在避暑度假过程中可能会形成一系列"群"的社区关系等。一般情况下，知识分子、公务员等相对有较大的社会影响力和感召力，对避暑居民的聚集影响较大。

原住居民是避暑度假地天然的主人，他们常年生活在避暑地，对当地资源、环境和社会状况十分熟悉。基于利益考虑，原住居民对避暑旅游者多持欢迎态度，而原住居民对避暑旅游发展的态度也直接影响避暑地的开发程度、社会整体效益等。实际上，从旅游角度讲，原住居民也是重要的旅游资源，是重要的地方文化载体。

避暑旅游从业者是指从事旅游经营服务，为避暑旅游人群提供服务的相关人员。避暑旅游从业者多来自本地或周围地区，也有来自外地的商业经营者，这主要取决于避暑地的发展水平。避暑旅游从业者是避暑地的第一线工作者，代表着避暑地的整体形象，这就要求他们具备良好的职业道德、业务能力和社会素质等。

相关管理者主要是政府管理者，避暑地旺季是人流、物流、车流、资金流等高度集中、密集流动的时期，需要有效的管理，例如物资资源的调配、社会治安、关系协调、基础服务等，它们的运转反映了当地的管理能力和发展水平。

(三)度假产品

度假产品是避暑度假地的重要吸引要素，也是避暑度假地的重要市场竞争因素。吴必虎和黄潇婷表示度假产品的吸引力决定着度假目的地的选择[83]。度假产品是旅游消费者利用闲暇时间进行休闲、度假而购买的消费产品总和，本质上属于服务产品，由实物与服务两种产品表现形式构成，具有综合性、无形性、生产与消费同时性、不可贮存性、所有权不可转移性等特点。

避暑度假地应该有明确的、完整的度假产品，否则难以形成市场优势。一般情况下，主体鲜明且具有地方特色的度假产品能够给予旅游消费者美好的度假体验，从而提高旅游消费者的重游率。避暑度假产品的核心在于避暑，但具体避暑度假地之间应该有不同的特质和度假内容，能够满足不同旅游市场的需求。随着我国旅游的休闲化、康养化、大众化和家庭化发展，我国避暑度假地应该结合各自的资源与条件特征，面向不同需求的避暑度假市场，开发具有针对性的、不同类型的、不同档次结构的度假产品，合理配置服务设施。

度假产品具有综合性，可能是多重功能的叠加，具体包括观光、休闲、康乐、运动、康养、度假等多个方面。避暑度假产品的主导功能明确，但应该附有休闲、养生、康乐、观光等功能。相比观光旅游者，避暑度假者更加追求气候凉爽、环境优美、服务优质、生活便利、社区友好的整体体验。富有生活气息的度假产品会对度假者产生更大的旅游吸引力。

(四)康乐设施

正如度假产品的描述，度假旅游强调康养性，康乐设施是避暑度假地的必要内容，否则难以称为"度假地"。避暑度假地的康乐设施具体可分为休闲游憩设施、康体设施和娱乐设施三类。

游憩设施是度假者必要的生活休闲设施，能够进行基本的休闲、聊天、邻里活动等，包括休闲步道、休闲文化广场、休息亭台和座椅等，避暑度假地应该有充足的纳凉休闲设施，这些是度假生活环境的必要组成部分。避暑度假地应该结合具体人群特征合理布局建设，例如儿童的、老年的、室内的、室外的、交往的、文化的、行走的等。

康体设施则主要出于身体康健的需要，主要分为健身设施、运动设施、康体疗养设施等，其服务针对性较强，并多与游憩设施结合建设。

娱乐设施是度假生活的必要设施之一。根据国家级旅游度假区评价标准，优质的旅游度假区至少需要 3 项以上品质很高的休闲娱乐代表性产品，从而能满足不同年龄、不同喜好的游客需求。娱乐有动静之分，例如棋牌、歌舞、阅读等，避暑度假地应该分隔建设，通过室内室外等方式加以区别，否则相互干扰，导致矛盾。

（五）服务与管理

旅游地的服务状况是当地管理水平的具体体现，二者应该是一体的。服务辅助于旅游者完成旅游活动，是当地可持续发展的重要指标，服务品质直接影响避暑度假地的整体形象。旅游者可能不经常需要相关服务，但旅游地必须有服务。避暑度假者对服务需求相对较多，例如相关的咨询服务、生活保障服务、医疗服务、安全服务、秩序维护、市场管理、基础设施服务等。避暑度假地的服务能够产生丰富的度假经济业态，促进地方经济的发展。

科学合理的管理是避暑度假地正常运转的保障，体现在避暑度假活动、度假生活、娱乐等多方面。首先，避暑度假地需要统一的管理，具体包括质量管理、价格管理、计量管理、位置管理、售后服务管理等。其次，避暑度假地充满了经济活动，需要进行诚信经营等方面的管理，否则会影响到服务品质与旅游形象。再次，秩序与安全是避暑度假管理的基本内容。最后，避暑度假地应该长期坚持生态旅游理念，加强对绿色、生态、环保的管理。

（六）基础环境

基础环境是避暑度假存在的大背景，甚至可以理解为基础资源条件，是市场竞争力的一部分，良好的基础环境是避暑度假地可持续发展的前提。避暑度假地的基础环境大致包括生态环境（植被覆盖率）、人文环境、土壤环境、建筑风貌、景观风貌等。

植被覆盖率是避暑人群肉眼可见的生态环境指标之一，度假者常常以植被覆盖率来评判避暑度假地的环境品质。例如重庆石柱黄水国家森林公园就为整个避暑度假区加分很多，它依托七曜山与茂密的森林植被等基础环境资源，形成了良好的生态环境，因此从养生角度吸引了大量避暑度假者，成了较为理想的避暑康养胜地。

人文环境也是避暑度假地产生旅游吸引力的条件之一，或者说是旅游吸引力的重要辅助性因素，它能够让避暑度假者更好地感受到避暑地的地域文化特点。避暑度假地的人文环境就是指避暑地的生活环境，是社会文化、人文景观、居民态度、生活形态集成的文化氛围。将地域文化反映在景观设计、建筑风貌、生活行为、文化活动等方面，就形成了独特的人文环境。避暑度假者会根据自己的喜欢选择社会文化地，或与自己惯常生活地一致的地方，或是选择迥异的地方，或是选择有安全感的地方，或是选择有挑战性的地方等。

土壤环境是避暑人群不易关注的环境因素，但是从康养角度出发，度假者还是希望选择土壤成分有益于健康的地方。

第二节 避暑度假地要素的关系

避暑度假地由多个基本要素共同形成，不同要素以不同的功能角色存在于度假地，之间又通过一定方式的互动，形成了多样的要素关系。如前所述，避暑度假地由六个基本要素构成，每个基本要素可能细分为多个子要素，因此，避暑度假地的要素关系比较复杂（图 4.1），我们可以通过它们各自的角色来判断其具体功能和关系。

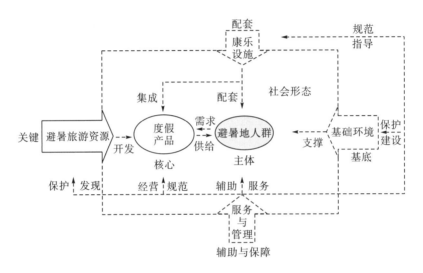

图 4.1 避暑度假地基本构成要素的关系图

一、避暑旅游资源是避暑度假地的关键要素

避暑旅游资源是避暑度假地形成的基础和前提，由此为避暑度假地的形成和发展奠定了最原始、最本质的条件，其他要素才由此产生作用。

从理论上讲，避暑度假地属于旅游目的地的一种，而旅游目的地的关键在于旅游吸引物，旅游吸引物的市场引力和价值对旅游目的地的形成和发展至关重要。避暑度假地也是如此，任何避暑度假地都必须拥有一定数量的避暑旅游资源，并通过开发形成避暑旅游产品，以此满足避暑旅游者的基本消费需求。其中，避暑气候是避暑资源的核心资源，气温又是避暑气候的关键，也是避暑人群关注的重点。当然，避暑旅游资源概念相对较模糊，也有人认为对避暑度假有用的因素均应该是资源，因此，很多时候将空气质量等也纳入了避暑旅游资源范畴。

由实践看，避暑度假人群最初的选择为避暑，初衷是对凉爽气候的渴望；在其避暑度假决策之初，他们考虑很原始，就是"凉快"，即影响其需求的是气温，并非避暑产品。因此，避暑旅游资源是避暑度假地影响市场关注、产生市场吸引力、形成旅游形象的关键要素。以长江流域的避暑度假地为例，由于当地气候炎热，激发人们的避暑愿望，开始寻求"凉爽"地方，而就近的较高海拔山地自然成为他们关注的避暑地，由此为地方避暑旅游的开发创造了机会和市场条件。

二、避暑度假产品是避暑度假地的核心要素

避暑旅游资源是吸引市场的初始条件，但要发展成为避暑旅游目的地，产生经济效益，还有很多工作要做，其中开发避暑度假产品是最重要的事情，避暑度假产品是避暑度假地的核心要素。避暑度假地要形成供给，核心就是需要有明确的度假产品，为避暑市场提供可购买的商品，由此形成旅游购买，产生经济效益，推动避暑度假地的整体发展。一般而言，避暑旅游产品可以反映避暑度假地的实际发展定位、发展层次、服务品质与水平等；同时，避暑旅游产品也直接影响到避暑消费者的决策，是避暑度假地整体竞争力的要素。优质的避暑旅游产品能够满足避暑需求，为避暑旅游者提供舒适、美好的避暑度假体验，从而对避暑度假地产生认同感，形成良好的旅游印象，由此通过扩散效应进一步提高避暑度假地的影响力与市场竞争力。

需要说明的是，避暑旅游产品是一个综合性概念，其主导功能是避暑，但兼有其他功能，为避暑度假者提供更完善的避暑体验；避暑度假产品是多元素的集成，并非单一的避暑，它还包括相应的服务产品、康乐产品等。即避暑度假产品是多方面开发建设的集合，其开发需要多维度的配合协调。

三、避暑地人群是避暑度假地的主体

旅游者是旅游活动的执行者，避暑地人群是避暑度假地的主体。避暑地人群包括避暑度假者、原住居民、经营者和管理者等，他们均是避暑度假地不可或缺的。其中避暑度假者是避暑度假产品的购买者和享受者、旅游经济的输出者，整个避暑度假地的各种交易、服务均因他而起，是避暑度假地经济不可缺少的供给者和"要素"，是旅游开发成果的实现者。从避暑度假地经济发展角度看，它离不开两种人群，一是避暑度假服务的参与者，即旅游从业人员等；二是避暑度假产品的消费者，是旅游服务的享受者或客体。

避暑度假地和避暑消费者是相互吸引的关系，避暑旅游资源激发避暑动机，避暑度假产品刺激旅游购买，避暑度假者完成旅游消费。因此，避暑度假者是避暑地经济的输出源，通过消费，实现避暑产品的交易，促成了社会资本的转移和再分配，为避暑度假地带来了新的活力，包括经济、文化和就业机会等，从而促进避暑度假地的社会经济发展，并与原住居民、避暑旅游从业者等形成了季节性的社会关系。

从服务提供的角度看，人是服务的第一要素，人才是服务的关键，对现代服务业的发展至关重要。目前，现代旅游业逐渐智能化、数字化，虽然对基本劳动力的需求降低，但对高端服务人才的渴求依旧强烈，甚至更甚。随着避暑度假产业的高端化发展，避暑度假地急需高端性服务人才，需要管理者改变传统的服务理念，调整发展思路，为避暑消费者提供更加舒适、安全、绿色、健康、智慧的避暑服务。

四、服务与管理是避暑度假地可持续发展的重要保障

服务与管理是紧密关联的两个方面，二者基本融为一体，对避暑度假地而言，服务水平就是管理能力的具体体现。避暑旅游产业作为现代服务业的一种，是一项范围更广阔、服务更综合的旅游产业，它以避暑旅游资源和避暑度假产品为核心吸引物，通过系列服务辅助度假者完成度假活动，管理为避暑度假地有序运转、持续发展提供有力支撑与保障。

避暑度假活动对旅游服务的要求更广泛，与传统观光型旅游地的服务存在区别，它更强调健康性、休闲性、生活性等，对这方面的服务要求更高。避暑地的服务大致分为基本服务与辅助服务，从而帮助度假者完成相应的避暑度假旅游活动。

管理是避暑度假地合理发展、有序运转的必要条件。根据管理对象，管理内容大致包括三个方面，一是对居民及社会关系的管理，具体包括居民行为管理、社会关系建立与维护、居民安全管理；二是对避暑度假地发展的管理，包括避暑旅游资源与生态保护、度假地发展决策与计划、避暑度假产品开发、康乐休闲设施建设、基础设施建设等；三是对避暑度假地运行的管理，包括度假产品经营管理、经济活动管理、制度管理、资源管理、环境管理、服务与基础设施维护等。

五、康乐设施是避暑度假地必要的配套设施

与一般的旅游目的地不同，康乐设施是避暑度假地必要的设施，它可能成为避暑度假产品的一部分，也可能独立存在，为度假者提供康乐活动。作为避暑度假地的配套设施，康乐设施不仅能为避暑旅游人群提供休闲娱乐等服务，还能提升地方居民的生活品质；并为当地带来一定的经济效益和社会效益，助推避暑度假地整体发展。

避暑度假的核心是避暑，但是避暑度假者更希望休憩、康养、运动、益智、娱乐等的避暑度假生活，最终达到全身心的放松与愉悦的享受等。所以，康乐设施虽非核心要素，但已经成为度假地的标配，在避暑度假中发挥着独特作用。从度假行为开始，度假者就已经开始重视休闲功能和康乐功能；但从现实避暑度假地的开发与管理看，对康乐设施建设缺乏深刻认知，大多不足或低端，尚未完全脱离传统旅游思维，我国避暑度假地发展要走的路还长。

六、基础环境是避暑度假地发展的基底和支撑

基础环境是避暑度假地的重要组成部分，是其发展的本底条件，在避暑度假地的塑造与形成过程中起到了不可忽视的作用。可以说，基础环境作为社会存在和运行的物质与空间基础，是避暑度假地重要的依托和背景。同时，也可将基础环境视为避暑度假地的附加产品，在一定程度上影响着避暑度假消费者的最终决策。有利的环境要素（如优质的空气质量、植被环境、水土环境、友好的人文环境等）可以有效增强避暑度假地的整体吸引力与市场竞争力，否则会制约当地经济与社会的发展。

七、避暑旅游市场是避暑度假地的生存基础与发展保证

避暑旅游市场为避暑度假地提供了大量的消费者，使"客流"变"财流"，进而促进了度假地社会经济、文化的发展。从经济学角度看，避暑旅游市场是指避暑气候供求双方相互交换的关系总和；从社会学角度看，避暑旅游市场在旅游消费过程中，产生了新的社会关系，成了新型社会结构的主体；从地理学角度看，避暑旅游市场是客源地与避暑地之间的主要流体，促进了两地之间的空间沟通。

目前，我国避暑旅游发展水平不高，避暑旅游市场主要是国内居民，其中又以周边市场为主。基于我国居民避暑需求与避暑旅游资源的空间格局，形成了特定的避暑旅游市场结构。从避暑目的地看，由于我国山地面积较大，山地型避暑资源的总体开发多于海滨型、湖泊型等资源，避暑度假地主要集中在中西部山地区与少部分东部滨海地区。相比国际同类产品，我国海滨型旅游度假地没有突出优势。从避暑客源地看，避暑消费者更愿意就近消费，更倾向于山地型避暑度假地。

八、基本构成要素关系形成了避暑度假地特殊的社会形态

社会形态是避暑度假地社会运行的重要体现，可以反映避暑度假地的主要社会特征。不同基础环境、不同康乐条件、不同避暑旅游产品、不同的避暑地人群，通过或生产，或使用，或流动，或反馈，或调整的关系，形成了与众不同的旅游地社会形态。而在这种形态中，避暑人群是最重要的组成部分；加之度假活动的季节性，形成了旺季和淡季分明的社会形态，各种社会关系、利益体关系和社会生活方式也因此表现出季节性。一般而言，旺季的社会形态比较丰富和多样，旅游性较强，社会流态具有显著的旅游性；淡季的社会形态则回归到当地社会原生状态。

第三节　避暑度假地的服务体系

一、服务体系概述

避暑度假地是旅游目的地的类型之一，而任何旅游目的地都应当有一套相对完整的旅游服务体系，即能为旅游者的旅游活动和基础生活提供服务的体系。由于避暑度假者的需求差异，避暑度假地的服务体系在质量和类别上都会有所不同，以满足不同类型、不同层次的消费需求。

一般来说，旅游服务体系的内容非常多，不同的学者有不同的归纳。王昕和张海龙根据旅游目的地不同活动空间的服务要求，将旅游服务体系从空间上加以区分，大致分为旅游目的地总体服务和与旅游目的地之下的旅游景区服务[146]；张雪婷和李勇泉则基于游客需求，构建了以基础性服务、娱乐性服务、支持性服务、保障性服务、反馈性服务为主的

文化创意旅游园区智慧旅游服务体系[152]；邹永广和谢朝武从供需角度，将乡村旅游服务体系分为核心服务、辅助服务、延伸服务三个层面的内容[153]。

　　基于避暑度假产品特征和避暑度假者的消费行为特征，本书认为避暑度假地的服务有两个层面，即配套服务和辅助服务。配套服务是度假地的核心服务，几乎是避暑度假产品的一部分，康乐和游憩几乎是所有避暑度假者的消费内容；辅助服务对避暑地建设来讲是必要的，但是度假者并非一定使用(图 4.2)。

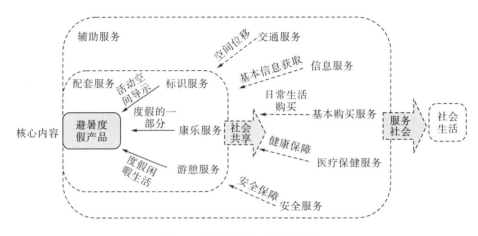

图 4.2　避暑度假地的服务体系

　　需要说明的是，避暑度假地是一个开放的旅游空间，几乎完全社会化的区域，旅游者与原住居民等交融其中，其所有的服务与设施具有共享性，即并非只限于避暑度假者使用，而是所有社会人群均可以使用。

二、配套服务

　　避暑度假地既是一个旅游系统，又是一个社会系统。从旅游视角出发，避暑度假地同样有基本的游走性旅游活动，理应需要基本的方向指示服务，标识服务属于信息化的服务内容；而康乐服务、游憩服务则是度假地的基本休闲娱乐内容，需要相应的配套服务设施。

　　(一)标识服务

　　标识的基本解释为立标指示位置，也称标志。《辞海》注"标识，即'标志'"。实际上，标识是区别其他事物的一个载体，主要起着引导、指示、识别、警告的作用，如里程碑、商标、旗帜、烽烟、图腾、石刻等。

　　旅游目的地的标识系统则是在旅游线路(方向)指引、设施场所标识、景观介绍和解说等过程中能见到的图片、文字、造型或符号等。避暑度假地标识服务也是通过具有"标记""识别"作用的一些载体，协助消费者完成避暑度假活动，从而满足避暑度假消费者的休憩、康养、运动、益智、娱乐、休闲等需求。现实生活中，全景指示牌、线路指示牌、方位指示牌、公共设施指示牌等都属于旅游度假地标识系统的具体表现形式。

路紫等认为，避暑度假地标识系统至少应当包括四种类型，即吸引物标识、设施标识、环境标识、管理标识[154]。其中游客服务中心可以视为避暑度假地的设施标识，主要起到提示与识别作用，为避暑度假消费者提供标准、热情、周到的面对面的综合性服务。它既是接待游客、旅游信息咨询、提供帮助的主要地点，又是提供避暑旅游服务的主要空间场所。

作为避暑度假地服务体系的重要组成部分，标识服务发挥着重要作用，其功能与一般旅游目的地的相同，主要表现在以下几方面。第一，为避暑旅游者提供微观空间信息，例如方向指示、环境信息、地理位置等，以满足避暑旅游者对空间信息服务的需求，为旅游消费者节约时间和体能，出行更便捷。第二，标识系统能通过与避暑度假者之间的"互动"，在一定程度上增强旅游活动的趣味性，例如提供充满趣味性的指示标识等。第三，避暑度假地标识系统也是地方文化的表征，通过文字、图片、符号等内容展示，有助于避暑地的文化形象推广和文化传播等。

避暑度假地标识系统应当有一定的建设原则与针对性等，进行必要的前期研究、结合当地实际设计等。标识系统应该具有连续性、规范性、科学性，尽可能地兼顾标志牌的易懂、有趣、艺术美观、人性化、地方特色等。避暑度假地还应当根据人群特征，充分考虑主要群体的辨识能力与人体学特征，满足老年群体的基本需要。中老年人是避暑度假地的主要消费群体，避暑度假地标识系统应当关注无障碍设施等标识的建设；老年人随着年龄的增加，身体机能会逐渐退化，环境适应能力与辨识能力等也会不同程度地减弱，因此，避暑度假地标识系统可以在文字内容、文字大小、图片的可解读性、色彩的对比性等方面充分考虑老年人的审美特征，力求为老年度假群体提供方便的服务，营造和谐、友好的度假环境氛围。

(二)游憩服务

度假旅游是一种静态的旅游活动方式。所谓"静态"是相对的，即旅游者停留于某旅游地数日，不在旅游地之间游走，如同日常生活一般。根据调查，目前我国避暑度假消费者的度假时长是最长的，在一个避暑度假地停留大多在1周以上，甚至1个多月，因此避暑度假地往往会富有浓厚的生活气息。由于度假者具有较强的康养意识，基本都喜欢利用闲暇时间活动、健行等，为此，避暑度假地应提供休憩、康养、运动、休闲等服务，以满足度假者的需求。游憩服务设施大致包括游憩步道、远足步道、文化休闲广场、休闲亭、休息停留点(凳子等)。

总体上，休闲步道系统是最重要的游憩服务设施，是避暑度假地的重要组成部分，主要有四大功能。第一，休闲步道系统具有基本的生态度假功能，游憩是度假的一部分，度假者在进行散步、慢跑、骑自行车等休闲健身运动时，多选择休闲步道，以达到锻炼身体、观赏风景、释放心情等目的；在这一过程中，与自然融合，认识自然、享受自然。第二，休闲步道系统可实现度假功能单元(功能区)的串联，可以让避暑度假者按照规划好的路线，安全、便捷地游走于各个度假功能区之间，进而提高空间资源的利用效率。第三，休闲步道系统具有安全保护功能，区别于车辆交通道路，但又是道路系统之一，一方面可以有效保障活动者的人身安全，远离危险；另一方面，可以尽可能地减少人们对植被绿化的踩踏，起到保护植物的作用。第四，休闲步道系统具有审美功能，休闲步道系统在设计之初，应该充分考虑自然、地理、环境、审美等要素，本身就是环境的一部分，好的步道系统具有较好的审美价值。现实生活中，城市休闲步道往往与绿化植被结合，相互映衬，从而更好地服务居民。

研究发现，避暑度假者更喜欢在自然环境中实现避暑度假活动，否则"避暑"会失去很多意义。度假者的游憩活动具有明显的空间层次性(图4.3)。一是住宿点(度假房、酒店、民宿等)集中区域(集居区)的步道，使用频次高，主要满足日常性、碎片性、娱乐性的步行游憩等活动；在日常休憩活动中，避暑度假者并不愿意走得太远，喜欢就近活动。二是远足步道(长距离的步道)，主要功能在于健行，并串联于各功能单元之间，但需要专门的、长时间的步行，使用频次不高。

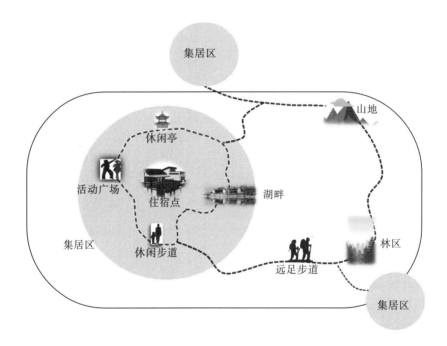

图 4.3 避暑度假地游憩的空间层次与休闲设施示意图

注：图片素材来自昵图网、觅元素、尚典、Stockfresh 等

一般情况下，融合于自然的游憩设施更容易得到避暑度假人群的青睐。避暑度假地的步道休闲系统应该精心设计，充分考虑度假者对不同空间层次步道体系的需求特征，并与避暑度假地的自然环境有机融合。避暑度假地一般有丰富的山地、森林、湖泊等自然资源，休闲步道系统设计首先应充分考虑生态环境的敏感性与脆弱性，尊重生态环境，使环境保护与步道开发协调。其次，山地度假区较难管理，需在完善标识系统的基础上，沿途配置充足的休息点、凉亭、厕所等，以优质服务满足避暑度假者需求。最后，应该充分注意步道的安全性，规范合理、定期清理；若有必要，设置危险警告、报警提醒等。

实地调研发现，大量旅游度假区对游憩设施不太看重，特别是对游憩步道建设存在认识误区，多关注长距离的健行步道建设，而缺乏集居区生活性步道建设；步道的建设布局缺乏生活思考，方便性不足。对于度假地的游憩设施建设，首先应该对"度假"生活有深刻认知，它不同于一般的观光型旅游，度假者对游憩服务需求更甚，度假地应该更好地服务休闲度假生活；其次是游憩设施因需而设，根据度假人群特征合理布局；最后，为实现休闲步道的健康、放松、娱乐目的，应当充分理解休闲步道的基本内涵。唐峰陵和岑海间对城市休闲步道进行了解读，认为休闲步道产品的基本内涵至少应包括三个层次，即核心产品、有形产品与无形产品，其中，核心产品就是产品的价值诉求，即向避暑度假消费者传递一种健康休闲的生活方式与体验等；而有形产品就是休闲步道产品的外在表现，如步道的风格、色彩、曲线等，步道服务配套设施如椅凳、公厕、饮水处等；无形产品则可视为附加产品，如观赏山地、森林、湖泊等环境景观时，可提供一定的科教、疗养、锻炼等服务[155]。

（三）康乐服务

康乐活动是指可以满足人们健康和娱乐需求的系列活动，它可以有效促进身心健康。旅游度假地的康乐服务主要指度假地的娱乐与健康服务及设施，强调"玩""康养"；现代康乐是人类物质文明和精神文明高度发展的结果，是人们文化水平提高的必然要求。如今，康乐活动越来越成为人们日常生活中不可缺少的内容，逐渐成为人们的自觉行为。康乐活动大致包括游泳、棋牌、球类运动、玩游戏、唱歌、做保健、攀岩等。具体设施与游憩服务有一定的交融，例如健行步道等。

显然，康乐活动是高品质的度假生活内容之一，有的康乐活动甚至能够成为度假的主题之一，例如高尔夫活动，本身就可以是"高尔夫度假"产品。因为康乐活动，能够让度假生活变得有趣、丰富、惬意，并且富于健康、快乐。这就是度假的目的，也是度假地应该有的服务。

康乐活动有室内、室外之分，但大多为室内活动。由于康乐活动的专门性较强，因此需要一定的房屋空间和大量的专业设施设备，建设成本比较高，所以大量康乐设施是有偿使用的，这也成了度假业态的一部分。基于此，旅游度假地应该根据度假产品性质和消费群体特征，充分考虑康乐设施类型和空间布局，合理建设满足度假者需求的康乐活动设施。

当前，尽管我国旅游度假地发展很快，但品质并不高。从度假地的业态看，还相当不完善，大量康乐服务等缺失，这与度假者的消费理念、消费能力、消费取向有直接关系。虽然目前比较流行"花钱买健康已成为一种消费时尚""康乐活动发展前景一片良好"之说，但事实并非完全如此，真正的品质度假时代还没有到来。旅游度假地康乐服务本应是度假地发展的要素，但实际是最缺乏的环节。根据对避暑度假地消费情况的调研，康乐服务是一种比较市场化的服务项目，其存在需要有市场基础，但目前避暑度假者以中老年为主，大多不愿意将钱花费在康乐活动上，而是喜欢自发性、低消费的娱乐项目，这反映出避暑度假者的消费观念和能力仍然没有真正突破，还是传统观念下的康乐活动，例如健行、棋牌、打乒乓球等(图4.4)。所以，避暑度假地很难建设完整的康乐服务体系，只能逐步摸索发展，但康乐服务是避暑度假地建设与发展的任务之一。

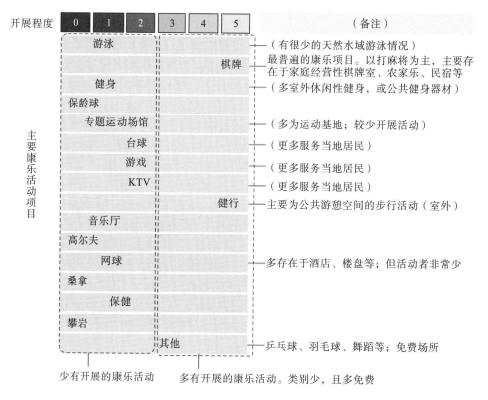

图 4.4   目前避暑度假地康乐活动开展情况分析图

注：开展程度是基于避暑度假地调查统计，2018～2020 年

三、辅助服务

辅助服务是避暑度假地服务体系的组成部分，也有"配套服务""基础服务"之说，此处统称辅助服务。辅助服务是协助避暑度假消费者完成避暑体验的服务，它不是旅游的主体，但又离不开它。有时，旅游服务与辅助服务之间的相融性很强，很难完全区分开。避暑度假地对辅助设施要求多，内容非常丰富，辅助设施对避暑度假消费者的基本生活影响较大。避暑度假地的正常运转离不开辅助服务的有力支撑，其服务质量与完善程度应当得到管理者的重视。

避暑度假地的辅助服务可以大致归纳为交通服务、信息服务、基本购买服务、医疗保健服务、安全服务等。

（一）交通服务

交通服务，主要是指向游客提供各种通道与交通运输的服务，以实现在避暑度假地各功能区、景点等空间的位移。"交通"对避暑度假地而言，应该是交通道路、游路系统、运输工具的集合，从这个层面讲，交通服务与道路系统相互支撑，融为一体。交通服务强调度假地的整体交通服务，游路系统则更强调避暑度假消费者的游憩步道与服务。

交通服务是旅游六要素的"行"，道路交通是避暑度假地发展的先决条件，如果没有通道，避暑度假者在进行空间位移时将受到诸如时间、通达性、空间、经济、个人偏好等因素的限制，有碍于避暑度假地的发展；因此有专家认为"交通"要素应该成为避暑度假地的基本构成要素之一。总的来说，交通服务的基本功能可以概括为三个方面，第一，交通服务具有可进入性，是避暑度假地发展的前提条件，即能够保证旅游者"进得去、散得开、出得来"；可进入性强的旅游地往往具有较大的吸引力，毕竟便捷的交通可以带给度假游客方便、舒适的体验。第二，交通服务能够适当增加地方收入，通常交通工具使用基本都是有偿的，交通业分为公共交通和娱乐性交通两种；一般情况下，旅游交通费用支出比重相对较低，其对地方收入有一定的贡献。据调查，避暑度假群体主要是时间、收入比较充裕的中老年人群体，他们比较乐意在避暑交通服务上花钱。第三，交通服务可以增强消费者的体验感。从某种程度上说，交通本身就是避暑度假产品不可或缺的一部分，不仅具有基本的运输功能，还具有一定的休闲、游览功能。游客在乘坐交通工具时，除了空间位移之外，还可以领略沿途风景，获得一定的旅游体验感等。由此，避暑度假地在提供交通服务时，不能只考虑基础功能，还应开发更加丰富的、体验感更强的交通方式，以增强游乐性、体验性。

　　基于上述三个功能，避暑度假地在规划与建设时，应当充分考虑交通服务的建设。交通服务的建设应当遵循四个原则，一是安全性原则，安全是一切旅游活动的前提，交通布局必须将安全放在首位，尤其是对避暑消费群体而言，安全更是要重点考虑的因素，交通服务的安全性主要表现在交通道路建设、交通工具、服务意识、安全管理等方面。二是生态优先原则，交通布局与建设属于经济建设活动，当这一活动与生态环境相冲突时，应当把交通建设对生态环境的影响降到最低，科学处理二者之间的关系，尽量优先考虑生态环境的保护，如此才能实现避暑度假地的长远发展。三是人性化原则，交通服务体系布局与建设、经营管理中，需要明确服务主体是"人"，因此应尽量考虑人性化、多样化的布局与建设。山地、森林、湖泊等是避暑度假地主要依托的资源，其交通体系布局相对不易，但也应该考虑到消费群体的生理特征，与其康养、休憩的度假目的相符合。另外，避暑度假地还应当充分考虑无障碍通道设施建设。四是体验性原则，交通道路建设有其特定的规则和要求，以畅达为主要目的；但是旅游地还兼有旅游活动点、旅游景观、休憩体验等功能，因此在条件允许的情况下，交通路线、交通工具应该尽量具有旅游体验性。

　　游路系统本应属于游憩服务之一，本书从旅游"道路"角度进一步阐述，它是实现避暑度假地内部的，将居住点、风景点、功能点串联在一起的步道体系，属于"大交通"的一部分。一般来说，游路系统涉及的内容和方式比较丰富，从使用功能来划分，游路系统可分为主干道、次干道、步游道、特殊方式等。根据游路系统的内涵，旅游地的游路系统主要包括游览通道与旅游活动区的休闲道路体系两部分，其中游览通道可理解为旅游廊道，它兼有车辆道路、旅游公路、休憩服务点、沿途景观等作用；而旅游活动区的休闲道路体系是指步道体系(少量旅游地仍然选择了车辆道路)，其形态非常丰富(具体包括步道、栈道、索道、溜索、吊桥、船渡、栈桥、休息亭、观景平台等)，行进方式可以是步行、骑行、船行、车行等，具有典型的体验、观景、游憩、联通等功能(图4.5)。

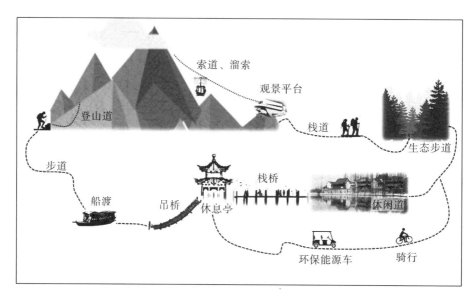

图 4.5   避暑度假地的游路系统与设施形态示意图

注：图片素材来自昵图网、觅元素、尚典、Stockfresh、千库网等

总体讲，游路系统的基本功能体现在以下几个方面。第一，解决避暑度假游客在区域内"行"（旅游交通）的问题，使其度假活动轨迹基本在既定、安全、周到、闲适、便捷的游路系统中。第二，为度假地人群提供休闲、锻炼、观光、娱乐的活动场地，达到增加避暑度假生活乐趣、丰富自然体验、提高度假品质的效果。第三，游路系统体现度假地管理的理念和意识，具有预判性和设计感等，可起到规范人流、保护环境的作用。在规划与设计游路系统时，除考虑避暑度假、生活休闲等基本功能外，还应当充分考虑避暑度假消费者在日常生活中所表现出的社会学特征，使其设计更加人性化、系统化、生活化。

(二)信息服务

信息服务主要是指以度假产品、管理、住宿接待、餐饮、交通、生活、社会服务等信息为基础，根据市场需求和经营管理要求，对相关信息进行必要的调查、增值等加工处理，然后以发布、咨询等方式满足游客需求的服务。正如避暑度假消费决策模型(图2.10)所述，避暑度假消费者在决定避暑度假出行前，通常会收集避暑度假地与产品的相关信息，然后通过对比分析，最后做出一系列的购买与消费决策。

信息服务是旅游地辅助服务的重要组成部分，它可以使避暑度假消费者原本繁杂、无序的旅游想法变得清晰，容易计划与管理，可以为其节省一定的时间成本和经济成本，显著提高决策效率。由此，信息服务逐渐成了避暑度假游客获取信息、制订计划的首选服务。

一般情况下，避暑度假地的信息应该包括产品信息、社会信息和管理信息。产品信息主要是关于避暑度假地形象、旅游产品、旅游资源、旅游活动、旅游配套服务等的信息；社会信息是关于旅游地社会文化、历史、经济发展、风物民情、自然环境、社会服务等的内容；管理信息是关于避暑地运行、管理方面的信息，例如活动广告、文化资讯、管理通告、基础服务告知、预警预告等(图4.6)。当今，信息非常丰富，信息传播渠道多样，人们获取信息非常方便。

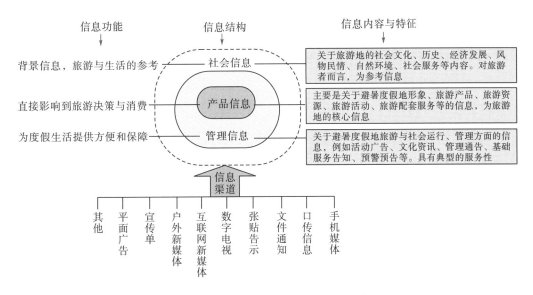

图 4.6 避暑度假地的信息结构与传播示意图

随着科学技术的进步和人们生活水平的提升，居民的旅游出行频率逐渐提高，人们对旅游信息服务的需求越来越强烈。总的来说，旅游信息服务的重要性主要体现在四个方面。首先，旅游信息服务是提升出游决策质量的关键服务[156]。有用、易用的旅游信息可以引导避暑消费者快速、高效、科学地获取到核心信息，进而有利于促进避暑出游意愿的维持、决策过程的简化与积极感知态度的形成，从而直接或间接地提高了避暑度假消费者的出游决策质量，使其在出游前便能拥有舒适的决策体验与对美好避暑度假生活的向往。其次，旅游信息服务是联结旅游业外部与内部等环节的重要纽带[146]。实际上，从旅游活动的实现方式看，在旅游市场流通领域活动的不是商品，而是有关旅游产品的信息，它们是引起旅游者流动的基础驱动力。近几年贵州旅游业蓬勃发展，其中又以避暑旅游产业的发展最为显著，面向避暑度假市场，一句"爽爽的贵阳"旅游口号，使避暑度假消费者直接接收到了核心的避暑信息，那就是"凉爽"，由此直接激发了避暑度假者的空间流动。再次，旅游信息服务是旅游活动得以顺利完成的重要保障，旅游业是一个信息密集型产业，信息服务对旅游业的发展至关重要。旅游消费者在体验信息服务时，感受到了更多高效、便捷、科学的旅游服务，从而促进旅游活动的顺利进行；缺乏信息服务的旅游消费者，可能就会遇到一些麻烦，例如可能找不到合理的方向、错过最近的公厕、订到不合适的酒店等，由此带来诸多不便，可能打乱旅游者的计划，从而直接影响其对避暑度假地的整体评价与出行体验等。最后，能够提高旅游地的管理效率，通过信息发布，能够让旅游者预知相关资讯和要求，帮助旅游者提前准备和安排，以减少现场管理工作量。

然而，旅游产业的信息服务也存在一些急需解决的问题。一是基于信息爆炸与大数据持续发展的大环境下，旅游信息质量良莠不齐，为旅游者带来诸多便利的同时，也由于虚假信息可能会给旅游者带来困扰，甚至损失等。二是旅游信息服务还存在一定的不对称现象，旅游者在不对称的信息环境下，可能会获得不对等的旅游产品信息，直接影响到旅游体验等。三是旅游信息服务还存在重复建设、信息不共享、服务效率较低等问题，导致信息服务系统运行不畅，效率偏低等。避暑度假地应当引起足够重视，制定相应的解决措施，积极建设智慧旅游体系，这是避暑度假地的发展必然；此外，加强信息的监管，提高旅游信息质量。

(三)基本购买服务

购买服务是旅游六要素之一，是避暑度假地的辅助服务内容。一般来讲，购买服务就是避暑度假地为游客和居民等提供的专项伴随性商品消费服务。购买服务作为避暑度假者消费的一部分，在整个避暑度假总消费中占有较大比例。避暑度假消费者相比一般旅游者，往往可支配收入更多、可支配时间更加充裕，消费能力与消费意愿也更加强烈。因此，避暑度假者的购买力强于一般旅游者，避暑度假地应该充分重视这一特征。

事实上，根据购买内容，旅游购买与旅游"购"要素还有一定区别。旅游购买首先是旅游产品的"购"，是旅游消费的核心，旅游产品具体可分解为旅游门票、旅游住宿、旅游餐饮、旅游交通等；其次是旅游商品的"购"，具体包括旅游纪念品、文化工艺品、地方特产等；再次是旅游娱乐的"购"，即旅游者购买康乐产品，自行消费；最后是旅游生活的"购"，即旅游者除满足基本的旅游目的外，还需要一定的旅游生活消费，例如饮料、食品、蔬菜、其他物品等。而这里所讨论的"基本购买服务"主要指旅游生活的"购"，所有类型的旅游者均需要购买服务，但是避暑度假地的旅游生活购买服务其实非常丰富，远非一般旅游地那么简单。根据实地调查，避暑度假地的基本购买服务需求非常大，旅游者的购买能力也非常强，需要一定规模的服务空间和服务设施，否则可能会导致当地设施过载、社会不满等问题。

如前所述，避暑度假地人群以度假者为主，他们在避暑度假地长期停留，过着类似居民化的旅游生活，其消费特征特殊，具有典型的生活化特征。目前看来，度假者对避暑度假地的购买服务需求内容和特征比较明显，除避暑度假房消费外，最大的消费不是景区门票、不是康乐服务、不是旅游商品，而是度假生活消费。日常生活占用了避暑度假者大量的时间和经济消费，每天惯常的生活方式就是上午逛市场采买生活物资，或整理家务，或远足游憩等。避暑度假者主要购买内容包括蔬菜、油盐米面、地方土特品、家庭基本物具、娱乐设备、服饰等；偶有锻炼、阅读等购买需求，都在购物服务的范围之内。我国居民的度假消费理念，尚难在较短时间有较大改变，这种购买习惯(其实是消费理念)会在相当长的时间内存在。

因此，避暑度假地的基本购买服务与其他类型的旅游地不同，度假者的基本生活购买消费是避暑度假地的重要收入来源，经济带动性较强，受益辐射面也比较广。按理讲，旅游购买行为不仅是一次经济交易，还具有其特定的经济、社会文化、政治、空间等意义[147]；从市场交易角度看，购买活动基本等同于就地出口，其价格自主性高，而运输成本低；从社会文化角度看，购买服务和物品在一定程度上承载了避暑度假地的形象记忆与品牌特征，具有一定的文化宣传作用；从功能属性角度看，购买服务可视作避暑度假地吸引物的一部分，度假者喜欢在购物场所体验地方生活，良好的购买服务可以增强避暑度假消费者的体验感，从而增强避暑度假地的整体吸引力。

基于以上分析，对避暑度假地购买服务的建设与管理提出如下建议。第一，购买服务功能空间选址应该具有生活方便性。避暑度假消费者不同于其他旅游者，其社会学特征较明显，旅游性较弱，度假活动的"生活"气息相对浓厚。因此当地应结合避暑度假消费者的空间行为规律、日常生活轨迹特征，合理布局购物设施，提供更人性化、便捷化、智能化的购买服务。第二，合理指导和布局业态，避暑度假地可以将不同产业融合发展，结合需求合理布局业态，激发避暑度假者在不同领域的购买需求，使其在新的情境和业态环境中产生新的购物欲望，增加其购物消费的可能性。第三，合理设计和建设服务环境，如前所述，购物服务环境是购买消费行为结果的重要外部条件之一，建设具有文化感、舒适感、服务周全的环境条件，让其成为避暑度假者的生活体验场，例如整洁、卫生、安全、具有地方文化特色的卖场。第四，建设规范的服务管理，这是安全购物消费的客观要求，专业化、标准化的服务管理可以成为避暑度假地重要的形象支撑。

(四)医疗保健服务

医疗保健服务既可以作为避暑度假居民和原住居民日常生活的基本健康保障，也可以作为系列突发状况的应急医疗救援服务。不同于一般的旅游地，避暑度假地的旅游人群以中老年群体为主，身体条件一般，相对容易生病，加之大多有慢性病等，对医疗服务相对比较看重。因此，避暑度假地的医疗保健服务与基础设施应当更加完善，起码能够解决基本疾病的初步治疗问题；有条件的情况下，可以考虑设立专门的医疗点与医疗机构等，或邀请中西名医分时坐诊，以满足各类居民的基本健康需求。

医疗保健服务是我国评价国家级(省级)旅游度假区资格的指标之一，作为辅助性的基础服务，其重要性不言而喻。一方面，避暑度假消费者出门在外，各方面的保障条件均不及惯常居住地，心理上往往有一定压力，往往担心长途跋涉中出现身体不适或意外伤情等，一般希望避暑度假地能够提供基本的医疗服务，患病时能够得到及时治疗，以保证避暑度假生活正常进行。另一方面，避暑度假地也是一个社会区域，其医疗服务具有社会共享性，其人群结构包括原住居民与避暑度假居民等，从基本医疗保障要求出发，国家要求医疗服务能够满足原住居民的健康需要，必须建设一定质量的、必要的医疗资源，服务居民和旅游者。此外，避暑度假者对自我健康保健很看重，避暑度假地可以考虑引入一定的康养机构，医养结合，提供保健项目。

为使避暑度假地的医疗服务充分发挥作用，提出如下建议。第一，从空间和规模上合理布局。任何医疗机构都有服务半径和容量，地方政府应该充分判断避暑度假地的居民分布状况，合理布局(依据地理特征、功能空间、人口密度等)，为各类居民提供便捷的医疗服务。例如，庐山避暑度假地的医疗点主要布局在人流量较大的牯岭镇，沿牯岭街均匀分布。当然，避暑旅游的季节性非常强，淡旺季的居民规模相差非常悬殊，给医疗设施建设带来难题，因此可以考虑引入"分时医疗服务"，即如同分时度假一样，旺季时邀请医疗单位入驻，淡季恢复常态。第二，为各类居民传递准确、及时的医疗服务信息。首先让度假旅游者预知医疗机构的能力和范围，一旦发生疾病，要有合理预案；其次向避暑度假居民宣传一些具有地方特征的医疗卫生常识，例如避暑度假地海拔相对较高，应该有相应的应对办法，也可通过宣传板报等方式告知度假居民医疗服务点的情况，例如位置、联系方式、标识、医疗保健辅导活动等。第三，建立必要的医疗应急救援机制。避暑度假地的中老年人较多，对医疗服务的需求相对强烈，突发疾病的情况相对较多，因此需要避暑度假地与其依托的中心城镇协调，建立协调救援机制，合理融入和整合"120"资源，开通"绿色通道"，为患者争取宝贵的治疗时间。第四，在资源和环境条件允许的情况下，避暑度假地可以打造康养保健产品，与避暑度假融为一体。目前避暑度假发达地方多为山地型避暑度假地或湖泊型避暑度假地，这些地方一般自然条件好，空气质量尚佳，有利于发展康养产业，可以根据避暑人群需求特征，发展一定规模的康养与保健项目，以满足避暑度假者对健康的需求。

(五)安全服务

旅游安全是避暑度假活动开展的前提和保障，是避暑度假地管理中不可或缺的环节之一，在避暑度假地建设与规划、经营与管理过程中需特别关注。简单地讲，旅游安全就是在旅游活动过程中，危及旅游者人身安全与财产安全的现象的总和。旅游业是一个综合性、关联性都很强的产业，其涉及因素较多，旅游安全复杂且不易管理。因此在安全服务与管理过程中，避暑度假地应当充分认识到安全服务的重要性，厘清各项基本服务流程，建立完善的安全管理体系。

目前，我国对旅游安全服务已有相关规定，如《中华人民共和国旅游法》第四十二条、第七十六条、第七十七条、第七十八条等着重提及了旅游安全、安全制度、应急管理等事项，并提出了具体要求与相关责任主体；《旅游度假区等级划分》(GB/T 26358—2010)明确了旅游安全管理问题。旅游地的安全管理正向制度化、体系化等方向发展，建立旅游安全管理体系乃大势所趋。与其他旅游活动一样，在避暑度假活动过程中，旅游安全无处不在，它无时无刻不存在于自然环境、度假设施、旅游活动、度假生活之中，需要管理者、避暑度假消费者、避暑度假从业者等相关主体时刻保持警惕，需要具有强烈的安全意识与责任意识，做好防范工作，切实做到认识到位、明确任务、责任到位、部门协调、督察到位、宣传到位等，建立有效的安全服务管理体系，保障相关群体的基本安全。

根据马斯洛需求理论，安全需求仅次于生理需求，如果安全需求得不到保障，那么避暑度假便无从谈起。安全服务作为避暑度假地正常运转的重要保障与基本前提，是避暑度假付诸行动的前提条件，也是旅游经营活动的重要保障，更是避暑地社会和谐、可持续发展的必要条件。此外，安全服务也是游客满意度的重要评价指标，可以影响到避暑度假地的形象与声誉等。一次安全事故可以对当地旅游业和经济造成强大冲击，进而影响到整体形象。

避暑度假地的安全服务主要包括四个方面，即自然灾害与安全、服务设施设备安全、社会治安安全、游客生活安全等。①自然灾害与安全，自然灾害是避暑度假地发展首先要面临的问题，在进行度假地开发论证时，应该已有所考虑，即尽量规避自然条件的不利影响，解除最主要的自然安全威胁。但避暑度假地面临的自然灾害防不胜防，山地型度假地的自然灾害主要为滑坡、泥石流、塌方、地震等，而湖泊型度假地的自然灾害主要为洪涝等，特别是夏季，既是旅游旺季，又是雨季，各类自然灾害时有发生，度假地应提前预防可能发生的灾害，做到有备无患。②服务设施设备安全，旅游服务设施设备安全主要是因为道路、步道、护栏、休闲设施、地面设施、消防设施、水电设施等导致的安全隐患，小隐患都有可能会导致大的安全问题。③社会治安安全，只要是有人的地方，就可能存在治安问题，特别是避暑度假地，度假者和原住居民两大利益主体，可能因为利益发生冲突；旺季期间，原住居民可能因角色的被动转换（常态的"主角"可能变为"配角"），容易心生不满情绪等。此外，旺季度假地人口密度大，商贸活动、社交活动频繁，自助活动较多，容易引发系列社会治安问题，如价格欺诈、盗窃、个人信息泄露、空间使用冲突等。④游客生活安全，度假游客生活安全的涉及范围比一般旅游者广很多，诸如餐饮安全、住宿安全、娱乐安全、居家安全等。饮食不卫生可能会引发食物中毒、生理疾病等；住宿安全需要避暑度假者提高安全防范意识，不选"三无"酒店、不贪图小便宜等；娱乐安全主要体现在人口密集区的意外伤害、买卖纠纷等方面；居家安全则是度假者多有避暑房，在居家生活过程中，煤气、电器、偷盗等方面导致的安全问题。除此之外，交通、节事活动等也是安全管理范围。

第五章 山地型避暑度假地业态与旅游
消费特征研究

一、避暑度假地产品

《国务院办公厅关于促进全域旅游发展的指导意见》(国办发〔2018〕15 号)明确提出"大力开发避暑避寒旅游产品,推动建设一批避暑避寒度假目的地"。通过满足避暑度假者的需求,优化开发避暑产品,推动避暑度假目的地的建设,从而实现避暑者和避暑旅游地的双赢。旅游产品与避暑度假产品都主要是围绕旅游者"吃住行游购娱"等需求而提供的产品,避暑度假产品则主要是围绕避暑和度假两个核心需求的产品。避暑度假产品与旅游产品虽然具有一定的共同性,但是又存在诸多的不同。如前所述,由于特殊的避暑市场情况和消费特征,促成了具有我国特色的避暑度假地现象,尽管目前避暑度假地发展普遍不完善,但基本形成了对避暑度假地认知的共识。相对于一般的旅游地,避暑度假地更倾向于满足度假者的避暑和康养需求。因此在产品提供上,具有自身的特点和内容,总体上是以康养为目的,产品具有避暑性、休养性、生活性等特征。

(一)旅游产品

长期以来,社会对旅游产品和旅游商品概念的使用比较混淆,很多人已经习惯用旅游产品(tourism product)来指代本应由旅游商品表示的旅游物象和劳务。产品是经过人类劳动生产或加工,具有使用价值和价值的劳动物品;商品是为了交换或出卖而生产的劳动生产物,是使用价值和价值二重性的统一体,只有用来交换的产品才能称为商品 [157]。商品区别于产品的地方就在于是否用于交换。但是在普遍认知中,旅游产品是指由实物(资源等)和服务构成,包括各类设施设备、相应服务及活动项目类产品。旅游商品则是旅游目的地向旅游者提供的富有特色,对旅游者具有吸引力,具有纪念性、艺术性、实用性的物质品。但是就产品与商品概念来理解旅游商品与旅游产品,就产生了太多分歧。

因此,张勇提出学界无须从字面上去探究其缺陷,统一界定即可。并指出旅游商品就是旅游购物品,特指旅游用品、旅游纪念品、旅游消费品等,是属于旅游产品的一部分。而将旅游产品定义为旅游生产者和经营者为满足旅游者的需要,在一定地域生产或开发以供销售的物象和服务,以此来辨析二者的不同。

目前关于旅游产品的定义,不同学者阐述了不同的观点(表5.1)。

表 5.1　旅游产品概念一览表

学者	年份	观点
顾树保和于连亭	1985	花费一定时间和金钱购买从旅游者离家到返回家里的整个过程中为其娱乐、休息、求知或其他目的的一次经历，就是旅游产品
肖潜辉	1991	旅游产品是由旅游经营者所生产的，准备销售给旅游者消费的物质产品和服务产品的总和
魏小安	1991	旅游产品是提供给旅游者消费的各种要素的组合
维克多·密德尔敦	1998	旅游产品是为满足消费者某种需求而精选组合起来的一组要素，所有构成产品的要素都可以按最符合消费者特定需求的方式进行设计、更改或搭配。就旅游者而言，旅游产品就是他从离家到回家这段时间的完整经历
林南枝和陶汉军	2000	从旅游目的地角度出发，旅游产品是指旅游经营者凭借旅游吸引物、交通和旅游设施，向旅游者提供的用以满足其旅游活动需求的全部服务；从旅游者角度出发，旅游产品就是指游客花费了一定的时间、费用和精力所换取的一次旅游经历
李肇荣和罗世伟	2001	旅游产品是满足旅游者的旅游需求和实现购买目的，为旅游者提供旅游过程中所要求的生活需要、文化娱乐需要、游览需要以及购物和交通需要，并提供与旅游相关的服务
戴光全和吴必虎	2002	旅游产品由三个层次构成：一是核心层次，即满足游客生理需要和精神需要的效用，主要表现为旅游吸引物的功能；二是形式层次，即以旅游设施和旅游线路为综合形态的实物；三是延伸层次，即为游客的旅游活动所提供的各种基础设施、社会化服务和旅行便利
王玉明和冯卫红	2007	旅游产品是旅游生产者和经营者为满足旅游者的旅游需求，对自然或人文旅游资源进行设计、开发，并辅以各种设施和服务而形成的综合性产品，其核心是经过开发的旅游资源，即旅游景点、景区或旅游事项(节事、会展等活动)
张勇	2010	旅游产品是旅游生产者和经营者为满足旅游者的需要，在一定地域生产或开发以供销售的物象和服务

(资料来源：根据文献查询整理)。

根据国内外学者对旅游产品概念的认知，可以看出，旅游产品被看作是游客在一次旅游活动中的完整经历、体验或感受，是一个综合性很强的概念性产品。旅游产品是在旅游过程中，以旅游吸引物为凭借，以系列旅游基础设施、旅游交通为支撑，以旅游服务为核心，满足旅游者愉悦需要和实现旅游活动目的的一次完整经历感受，是所提供的全部实物和劳务服务等要素构成的综合体产品。对于旅游目的地而言，旅游产品是旅游资源(旅游景物等)、旅游地服务、旅游环境等的集合。

(二)避暑度假产品构成

避暑度假产品可以概括为在避暑度假过程中，以避暑度假资源为核心，以良好的生态环境为依托，为避暑度假人群提供避暑休闲、康养度假、旅居生活等活动和服务的总和。

虽然避暑度假产品比较特殊，但从构成看，同样是包含了多项要素，最终集成了具有特色的避暑度假产品。例如气候舒适度(温度、湿度、日照等)、生态环境、生活环境、饮食条件、住宿设施、交通条件、康乐设施、养生资源、文化环境等要素均是度假产品的构成元素之一。气候舒适度(气温、湿度、日照等)等资源是避暑度假地提供避暑度假旅游活动的前提和必备条件；休闲服务和康乐项目是度假生活的重要体验内容；住宿、饮食是向度假旅游者提供度假生活所需的生活条件；交通设施是实现度假活动位移的基本条件；购物与其他文化活动服务能够提升悠闲生活的丰富性。归纳起来，避暑度假产品应该包括以下构成要素。

1. 旅游吸引物

旅游吸引物是与客源地的自然、经济、社会、文化、政治、技术具有显著差异，且能对客源地潜在游客产生旅游吸引力的目的地事物或现象[159]。观光型旅游产品的旅游吸引物一般比较好辨析，即具有观光功能的景物，而且大多认为是狭义的旅游吸引物，即有形的旅游资源，包括自然旅游资源和人文旅游资源，多是具有独特审美特征的自然景物和现象，以及具有各种价值的人文遗址、物品、活动等。例如黄山景区的云海、日出、怪石、奇松；九寨沟景区色彩斑斓的水景、森林、峡谷景色；北京故宫的历史古迹和文物等均是各自景区的核心吸引物。另外，关于旅游吸引物的定义，有学者做了一些拓展解析，认为旅游吸引物的具体要素还包括交通和服务等。

从吸引物的具体要素看，避暑度假旅游产品的吸引物则具有多要素性和无形性。避暑度假者对旅游资源的关注点发生变化，观光性景物不再是第一内容，即人文与自然景观型的旅游吸引物不再占有主导性。对避暑度假者而言，舒适凉爽的气候条件和良好的空气质量等才是第一避暑度假资源，是吸引度假者的主导因素，直接影响到避暑度假者的出行决策；但是避暑度假强调体验的综合性，度假者希望有康养、悠闲、观光、体验等获得，因此吸引避暑度假者的其他因素还包括生态质量、社会环境、景观资源、康乐资源等。此外，避暑旅游与避暑度假的舒适度也存在一定区别，避暑度假气候的舒适度具体反映在气温、湿度、日照、海拔等方面，它本身就是一个综合性的资源条件；高海拔地区具有避暑功能，但不具有养生度假价值。

2. 康乐设施

度假旅游重要的活动内容之一就是开展康乐活动，以满足度假生活的"休闲、健康、养生、娱乐"需求。同理，康乐设施是避暑度假产品的基本构成要素和重要组成部分，是实现品质化避暑度假的必要设施。基于避暑度假人群的年龄结构和特征需求，根据其避暑度假目的和生活目的，设计和提供不同方式的康乐项目。避暑度假地的康乐设施可以分为休闲设施、康养设施和娱乐设施三类。其中休闲设施具体包括休闲步道、休闲文化广场、游憩公园等，是避暑度假生活环境的必要组成；康养设施的专属性、针对性较强，主要为健身设施、体育运动设施、康体疗养设施、健行道路等，为度假者提供健康服务；娱乐设施形式比较广泛，例如棋牌室、KTV、文娱活动室等。根据调查，目前我国避暑度假地的康乐设施主要为棋牌室、休闲步道、体育设施，但数量有限，难以满足避暑度假者的需要。康养设施也比较欠缺，这也反映出目前我国避暑度假产品的品质、避暑度假地开发普遍初级、低端化，缺乏高质量的避暑度假地，还有较大的发展空间。

3. 配套服务

旅游设施是指旅游目的地向游客提供服务时所依托的各种设施设备，主要分为基础设施和服务设施（或配套设施）两大类。在避暑度假地，更强调避暑和度假功能，其生活属性较强，因此对配套服务要求比较高。

避暑度假的基础设施主要包括交通、通信、水利水电、给排水、供气、供电设施和服务于科教文卫等部门所需的固定资产。配套服务设施则包括购物设施、生活设施等，需要统筹考虑社区的空间格局，进行合理布局。服务设施是向度假者提供服务活动的物质条件，直接影响到度假活动能否顺利进行，也影响到度假服务质量的高低。虽然配套设施不能决定避暑度假者对旅游目的地的选择，但也是重要因素之一。配套服务设施包括度假活动过程中所需要的住宿、饮食、交通、生活购买等设施，它们的表现形式、档次、功能、规模、组合多种多样，旅游者可以根据自己的爱好、购买力、时间进行选择。服务设施作为避暑度假产品之一，其品质的高低影响到旅游者对避暑度假地的整体评价。根据目前避暑度假市场的消费特征，避暑度假者停留时间较长，其消费活动生活化、日常化，需要当地提供配套的服务设施，这与观光型旅游地的配套服务有较大区别。观光型旅游产品除餐饮和住宿外，对生活化的消费服务需求较少，即大部分是接待服务和导游服务的消费；而避暑度假地的服务则更倾向于生活化的服务，也包含一定的旅游服务。

（三）避暑度假产品特点

避暑度假产品作为旅游产品的一个类型，具有旅游产品的基本特征，即综合性、无形性、不可转移性、易损性、不可储存性、生产和消费统一性，另外还呈现出独特的产品特点。度假产品类型丰富，与观光型等旅游产品不同，不同类型的度假产品表现出不同的特点。例如冰雪度假，强调度假过程的运动体验，不是静态养生的度假，而且其"气候舒适性"（或适宜性）与避暑度假的"气候舒适性"完全是两码事。因此，避暑度假产品的特征可以概括如下。

1. 康养性

度假旅游的核心就是产品康养功能，旅游者对此高度关注。吕晓玲指出，避暑地最初的开辟始于西人[①]逃离酷暑与疾病，寻求生命的庇护与身体的康复[160]，因此，早期的避暑地最本质的意义在于生命救助与健康疗养。美国旅游专家 Strapp 认为，所谓度假旅游即是"利用假日外出进行令精神和身体放松的康体休闲方式"[161]，度假性质决定了避暑度假产品具有康养性。如今，人们追求避暑度假，其核心仍然是为了逃避酷暑对身体的伤害，需要去往避暑度假气候适宜的地方，同时要求空气质量尚佳、有利于身体健康的地理环境，通过避暑度假活动，达到康养目的。针对夏季而言，高海拔地区多为凉爽、低温之地，但因为海拔越高，越不利于健康，因此过高海拔的地方不可能成为避暑"度假"地。就避暑度假地本身而言，利于避暑、康养的地理环境条件是其不可或缺的基础条件，不仅决定了避暑度假地的旅游吸引力，而且可直接转化为避暑度假产品。

2. 生活性

随着旅游活动的常态化，"旅游"已经成为人们生活的一部分。但度假旅游行为特征更具有"生活味"，度假更是"日常生活之外的生活"。目前，在我国所有的度假产品中，避暑旅游和避暑度假更普遍、更常态化，无论是度假规模还是避暑度假地数量，均已成为

---

① 西人是对到中国的西方侨民的统称。

近年来夏季旅游的主流;大量避暑度假者在某一避暑度假地停留的时间在 1 周以上,从其度假消费行为看,具有典型的生活化消费特征,即避暑度假具有明显的生活性。

避暑度假已经成为我国居民(特别是长江流域等南方居民)夏季惯常的旅游消费。如前所述,避暑度假产品的"生活性"特征与居民的日常消费习惯相关。出于目前的避暑度假人群、消费理念、消费能力,避暑度假者往往在自己喜欢(习惯)的避暑度假地长时间停留;也因为度假产品内容缺失(或低质),使得避暑度假生活趋近日常化,除避暑目的外,避暑度假者似乎对康养活动兴趣不高,只有简单的休闲、运动(健行、广场舞)、娱乐(棋牌、唱歌等)等活动,也几乎是日常生活的翻版。

为了满足避暑度假者物质层面和精神层面的需要,避暑度假地需要提供相应的服务设施(与一般旅游产品、其他度假产品均有较大差异)。由于避暑消费观念和避暑度假开发导向问题,大量避暑度假地的地产式开发已经成为事实,形成了具有生活气息的避暑度假小区。由于大量避暑度假者的涌入,最生活化的"食"成为难题,他们在餐饮店的消费有限,更多的是选择自主生活(节约),因此原有的农贸市场供不应求,一时间拥堵不堪。避暑度假地既有的基础服务已经不能满足度假者需求,需要为避暑度假人群提供必要的农贸产品、生活品的购买机会和场所。此外,避暑度假者日常的康养活动需求一直存在,需要当地提供必要的休闲设施、运动场所等,例如文化广场、小区洽谈空间、休闲步道、休闲公园等,都是避暑度假产品的一环。由于避暑度假群体的特殊结构,多"老少"组合,当地社区还需要建设必要的生活休闲设施,进一步完善避暑度假产品。

3. 社区性

与观光型等旅游活动不同,度假旅游活动的空间具有静态性特征,通常旅游者喜欢在某一避暑度假地停留较长时间,具有生活性特征,因此要求避暑度假旅游与地方社会融合发展,形成一个高度融合协同的新社区,特别是在基础、生活、休闲、文化等市政设施建设方面,需要统筹考虑原住居民和度假居民的需求。在避暑度假地,度假者的生活方式、生活空间与当地居民既统一又区隔,逐渐会形成一种新的稳定的社会形态。在避暑度假期间,旅游者被视为当地的临时居民,日常生活的方方面面服务需要依托当地社区,包括休闲、社交活动等,其与社区不可分割。但是,根据调查,大量避暑地的度假人群和当地人群有较明显的区隔,部分设施设备被视为避暑度假者的专属,导致了人群的人为区分,对任何一个人群的过分照顾都可能导致不公平,容易引起社区矛盾。

4. 季节性

避暑具有明显的季节性,放假制度和季节性天气等因素是促成避暑度假季节性的根本原因。对于大多数依赖自然资源的旅游地而言,均有较强的季节性特征。对避暑的基本理解,一为避免中暑,二为天气炎热的时候到凉爽的地方生活。而有时间、有经济条件的人更愿意选择到凉爽的地方避暑。我国的放假制度与避暑需求几乎完全契合,进一步促成了避暑度假活动的开展。此外,避暑度假地提供的避暑度假产品本身也具有季节性。这些季节性造就了避暑度假产业的发展,也导致了避暑度假地的季节性。特别是我国长江中下游等地区,受太平洋副高影响大、影响时间长,城市的夏季炎热潮湿,避暑度假活动一般集中在 6～8 月，有的居民甚至选择从 5 月开始避暑度假，10 月结束。避暑度假活动一旦结束，旅游经济活动回归传统，导致大量设施设备处于闲置状态，造成避暑地基础设施的浪费，给就业、管理等带来难度，这也是季节性特征带来的问题所在。

(四)避暑度假地的产品体系

旅游产品体系是结合当地旅游资源，根据旅游发展阶段对旅游资源开发和产品建设，形成的各种产品形式的集合。任何旅游地的旅游产品都具有体系化特征，只是各自核心内容不同而已。避暑度假地的产品核心就是"避暑"，除避暑外，度假地都希望结合自身的资源和环境条件，开发多元化的旅游产品，形成避暑度假产品系列。

根据对避暑度假地的调研，避暑度假地都不是发展单一的避暑产品，多是结合自身旅游资源特征，围绕"避暑"旅游，延展性地开发了系列旅游产品和项目。随着时间的推移，避暑度假地逐渐开发了比较完善的旅游产品体系，形成了各具特色的旅游业态。避暑度假地的旅游产品体系如图 5.1 所示。

(1)避暑+观光。任何避暑度假地都需要有一定的观光性旅游项目或资源，否则市场吸引力会受到较大影响。观光旅游作为最基本的旅游活动项目，是任何类型的旅游地都应该考虑的内容。避暑度假地发展观光旅游有利于丰富旅游活动，具体有三种情况：一是避暑度假地具有一定审美价值的景观资源，能够满足避暑度假者的基本需求，例如重庆仙女山旅游度假区有世界级的旅游景观资源(天生三桥等)，对避暑度假旅游的发展促进很大。二是基于避暑度假地的客源条件，配套挖掘和开发观光性旅游项目，例如重庆市石柱黄水旅游度假区、湖北利川苏马荡旅游度假区等开发了花卉园。三是由于避暑度假地巨大的旅游规模，形成了"次生客源地"现象，依托这种旅游市场现象和避暑度假者的需求，将观光旅游活动外延，通过旅行社组织、自驾等方式前往周边旅游景区观光；目前，类似重庆黄水、重庆仙女山、湖北苏马荡等避暑度假地，都有天天发团的观光旅游团，受到避暑度假者的青睐，满足了避暑度假者的观光需求。由此也给避暑度假地及其周边旅游景区提供了发展契机，各旅游地应该结合地理区位、旅游产品等实际情况，合作开发、整合发展。

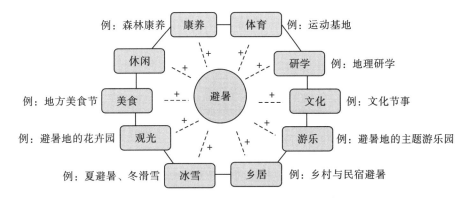

图 5.1　避暑度假地的旅游产品体系

(2)避暑+康养。避暑度假者的核心需求是避暑，但是旅游者度假的重要愿望还有"康养"性，因此，避暑度假地应该高度重视避暑+康养的产品组合。随着我国社会经济的发展，人民生活水平不断提高，国民对健康和身体素质提升的需求不断增强，追求健康成为旅游度假的主要需求之一。避暑度假地的康养产品，应该表现在两个方面：一是自然环境条件的康养性，例如合适的海拔（海拔过高不利于养生）、良好的生态环境（植被覆盖率高、空气质量好等）、对身体有益的土壤环境和自然水质等，这些条件本身就具有康养效果，是避暑度假地发展的基础条件；以适宜气候条件为基础的避暑度假产品，吸引了大量老年群体，他们对"康养"条件特别关注。以宜人的气候、优良的生态、完善的配套设施和丰富的物产资源为基础，可以推出系列有益于强身健体的避暑度假产品与活动。二是配套建设具有康养功能的旅游项目、活动和设施等，增强避暑度假地的康养功能，推进避暑与养生产品的开发，丰富避暑度假内容。例如建设医养结合、以养为主的康养医院，为避暑度假者提供健康保障；依托资源优势发展运动康养，建设提供如钓鱼、登山、体育健身、身体保养等康乐项目，达到增强避暑度假者身体健康的目的，也能丰富避暑度假地的活动内容。

(3)避暑+研学。避暑度假的时间节点比较特殊。避暑需求的旺季，又是暑假期间，为避暑度假地的避暑+研学旅游产品提供了时间和市场。首先，从避暑+研学的旅游资源角度看，我国绝大多数避暑度假地都有较丰富的地理科学、农业科技、生物科学、环境生态、历史与文化等研学资源，足以开发避暑+研学旅游产品和项目，而且能够充分利用避暑度假地资源；通过建设研学旅游基地，开发避暑+研学旅游产品，满足度假消费者增长知识和提高自理能力和创新精神的需求。其次，从避暑度假地的客源规模和结构看，爷孙组合比较普遍，特别是放暑假后，大量家庭选择到避暑度假地生活，避暑度假地的研学市场潜力较大，只是苦于没有相应的研学机构或组织，例如夏令营、拓展培训项目等。而且，避暑度假地的研学产品等，可以为大学生的暑假见习提供机会。因此，避暑度假地应该结合各自资源条件和市场实情，开发具有地域特色的避暑+研学旅游产品。

(4)避暑+游乐。避暑度假地游客大多停留的时间较长，而且因为我国传统的家庭生活观念，年轻人一般会随老年人行动（看望、短暂生活等）。对年轻人而言，避暑度假生活是比较单一枯燥的，旅游活动比较局限，一般希望寻求具有体验性的活动项目。因此根据避暑度假地的游客规模和结构特征，可以挖掘次生旅游需求，开发主题游乐型旅游项目，满足青年、少年、儿童群体的体验性需求。例如，重庆黄水旅游度假区，夏季游客规模巨大，但当地的游乐性旅游项目比较少；因此借势在其附近（冷水镇）开发了"云中花都"项目，原本以"观花"为主，后来延展为以游乐为主的旅游景区，目前非常火爆，已经成为很多避暑度假地模仿的开发模式。但这类开发模式需要考虑游乐项目的季节性和避暑度假地的客源规模，否则很难生存。

(5)避暑+乡居。我国南方避暑度假地多分布于山地区，在发展避暑旅游之前，多为乡村，以发展农业、林业为主。随着避暑度假旅游的发展，为当地社会经济发展提供了新的机会，也为当地居民提供了更多的就业、致富机会。如果条件允许，可以充分发挥乡村优势，鼓励当地居民经营以避暑房为主的乡村民宿，同时开发具有一定体验性的乡村活动，盘活乡村资源。贵州桐梓等地是南方较早发展乡村避暑的地方，当地看重了以重庆为主的城市居民夏季巨大的避暑需求，在当地政府的引导下，开发了以乡、村为地域单元的乡村避暑旅游，取得了较大成功，有效带动了当地乡村的发展。

（6）避暑+体育。在我国南方，能够避暑的地方多为有一定海拔高度的山地区，可为体育运动提供帮助。首先，南方城市夏季炎热，体育运动受到局限，气候清凉的地方能够缓解这种气候条件带来的不利；其次，高山地区有利于运动员的体能训练；最后，空气质量上佳的避暑度假地，有利于运动员心肺功能的训练和康养。因此，避暑度假地可根据当地体育发展导向、市场条件和地理环境条件，开发避暑+体育产品。重庆万盛旅游度假区结合重庆体育事业发展定位，在黑山谷旅游度假地开发了以羽毛球为主的运动基地、运动医院，与避暑度假有机融合。

（7）避暑+冰雪。冰雪旅游本可以归属为体育类，但南方大多冰雪活动为休闲性、观赏性，因此另论。避暑度假地大多冬季会下雪、积雪，有建设条件的避暑度假地可以将"避暑"与"冰雪"有机结合起来，能够缓解旅游地淡旺季问题，避暑度假旅游的设施设备条件能为冬季冰雪旅游提供方便，节约很多建设成本。以重庆南天湖等避暑度假地为例，由于该地海拔较高，冬季积雪期可达 1 个月，加之人工造雪，可滑雪时间达 2 个月，因此这里开发了重庆目前最专业的滑雪场，南天湖有了两个旺季。

此外，避暑度假地还可以结合自身的地方文化、特色餐饮，开发避暑+文化、避暑+美食等旅游产品组合，以丰富避暑旅游生活，带活地方经济、传播地方文化。总的来说，避暑度假地的旅游产品应该具有综合性，应该充分利用各种资源和条件，为避暑度假产品的融合、衍生和细化提供可能，旅游产品的多元化融合发展是避暑度假地发展的必然趋势。

二、避暑度假地的业态特征

（一）关于度假地业态的基本认知

1. 基本概念

19 世纪末期，旅游产业集聚问题就开始被国内外学者所关注，有学者认为旅游产业集聚归属于旅游相关产业集聚，是依托核心旅游吸引物及其品牌形象吸引力、品牌价值延伸力，围绕旅游消费需求范围而形成的旅游相关产业要素及其上下产业链之间的集聚效应[46]。随着对旅游研究的拓展和延伸，学者们将流通产业和零售业的业态概念应用于旅游业研究。一般认为，业态是经营者提供产品（商品）和服务的经营形态，旅游业态是对旅游产业组织形式、经营方式、经营特色和经济效率等的高度概括[162]。有的学者对旅游业态进行了细分，例如低碳旅游业态[163]、山地旅游业态、区域旅游业态等[162]，但并未有统一的认知。概言之，旅游业态就是为保障旅游活动的正常进行，由旅游各要素形成的经营产品、经营实体、经营特色、经营关系、旅游服务等集成的旅游商业状态。不同类型的旅游地，有不同的业态内容和特征。

休闲时代旅游下，度假旅游是一种开放式的发展模式，度假地需要依托一定的城镇、乡村来发展，当地的经济业态基本上处于融合发展状态。以旅游城镇为例，旅游业态是旅游城镇功能的主要承担者，旅游业态集聚作为旅游产业发展的重要推力，能够完善和提升旅游城镇功能和特色，显示旅游城镇集聚功能和形象，凸显旅游城镇竞争力。在旅游产业的整合下，度假旅游业与其他产业形成了融合发展的局面，这为旅游地的创新提供了有利条件，否则会付出更高的开发代价。基于旅游，其旅游业态包括横向联合和纵向深化两个方面，横向联合是指度假旅游业态所涉及旅游要素的增加与整合，纵向深化是旅游的组织商业模式及经营形式的推陈出新和自我调适。随着度假地时空范围变化，业态会随之发生调适，新业态的产生和集中，会形成基于度假产业的新业态聚合。

2. 业态分类

相关学者对于旅游业态类型的划分，并没有统一标准。高苹和席建超基于土地利用，根据各类业态与旅游业的相关程度上把旅游业态分为四大类：核心业态、延伸业态、外围业态和其他业态[164]（表 5.2）。

表 5.2　旅游业态分类体系[164]

业态类型	定义	细类	划分标准
核心业态	作为接待服务型旅游乡村聚落，与旅游住宿接待服务相关的经营服务业态和部门	农家乐	楼层<3 层且建筑面积<200m² 的旅游住宿业态
		乡村旅馆	楼层<3 层且 200m² ≤建筑面积≤400m² 的旅游住宿业态
		小型乡村酒店	楼层≥3 层且 400m² <建筑面积≤600m² 的旅游住宿业态
		大型乡村酒店	楼层≥3 层且建筑面积>600m² 的旅游住宿业态
延伸业态	除住宿之外，能满足旅游者相关消费活动的旅游业态和部门	特色旅游超市	旅游购物，包括小型商店、超市、菜市等
		农家餐馆	旅游餐饮，包括饭店、小吃店、快餐店等
		休闲娱乐场所	旅游娱乐，包括游乐中心、广场、网吧、KTV 等
外围业态	为旅游消费者以及当地居民提供基础设施服务以及为旅游产业提供支撑的业态和部门	副食品商店、家电维修店、理发店、农村银行、邮局	根据调查功能确定，为旅游产业做支撑，作为当地重要的经济形态
其他业态	与旅游业无关或联系不大的业态与部门	普通住宅	农村宅基地，仅为当地居民提供住宿功能
		学校及其他公共服务设施	文化、教育、卫生、体育等服务设施

3. 避暑度假地的理想业态

旅游业态是旅游组织为适应旅游市场消费需求的要素组合和经营形式，是旅游产业、旅游行业、旅游企业、相关经营实体之间的关联情况，是旅游地运行的一种商业形态，是旅游企业众多商业模式的总和。各旅游地会因为旅游资源、旅游产品、地方文化等的差异出现不同业态，有的业态差异可能是整体性的，有的差异可能是在旅游要素细节方面。

根据避暑度假地的实地研究，结合避暑市场特殊的消费特征和需求、实际情况，认为避暑度假地应该存在一种比较理想的业态体系（图 5.2）。首先，由于避暑度假地的开放性，基于旅游产品体系，其业态不单单局限于吃、住、行、游、购、娱等基本要素。其次，随着市场需求的发展变化，一个功能完整的避暑度假地，其服务产品还应考虑医疗、康体、养老和教育等方面的供给。

　　避暑度假地业态涉及的产业领域比较广泛,例如农业、餐饮业、种植业、教育、物流、家装、物业管理、交通、商业、文化业、康养产业等。其中,最基本的业态仍然表现为"吃、住、行、游、购、娱"等方面,由此衍生出更丰富的业态内容。

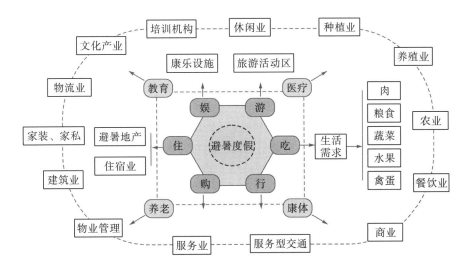

图 5.2　避暑度假地的业态体系

(资料来源:根据实地调研的研究总结)

　　以"住"为例,可能包括酒店、避暑地产、民宿、分时度假房等住宿业态。由于我国居民特殊的避暑消费特征,避暑度假房成了我国居民特别的避暑度假消费内容和方式,并且已经成了避暑度假地发展的重点(当地能够更容易、更快获得经济效益),由此衍生出建筑业、家装、家私、物管等行业。其中面向旅游者的家装、家私、物管等行业,是其他类型旅游地少见的业态。

　　以"吃"为例,一般旅游地主要通过餐饮店解决旅游者"吃"的问题。但避暑度假地则不然,除餐饮店外,还需要有能够满足旅游者基本生活需要的农物(肉类、粮食、蔬菜、水果、禽蛋等)交易及其场所(农贸市场),这又进一步带动了当地种植业、养殖业、农业、林业等的发展。

　　随着避暑度假者的到来和入住,给避暑度假地带来了丰富的商业机会,例如可能衍生出快递物流、教育培训等业态。在实践中,避暑度假地的快递业务已经比较普遍,而教育培训业态已经逐步形成。每年的夏季,很多家庭以"老+小"组合前往避暑度假地(还有更多家庭因为小孩学习问题,避暑度假无法成行),导致双方无法安心,首先是老人无法脱身家教家务,无法比较爽心地避暑休闲;其次是小孩没有在假期获得较好的学习拓展机会。因此避暑度假地应该有相应的教育培训、研学等机构,而且该时间段与大学生放假时段较吻合,可以开发教育类产品。此外,在避暑度假期间,文化、医疗、康养等需求也会猛增,应该得到合理发展。患有慢性病的老人更希望有避暑度假机会,他们最关心的是当地医疗条件,但目前避暑度假地的医养产品、医疗条件很难满足需要。从建设与管理角度看,我国优质医疗资源本身就比较有限,加之避暑度假地的季节性太强,很难在医疗方面有较高的投入，否则资源闲置浪费严重；但是可以考虑建设类似"分时度假医院"等新模式(类似分时度假酒店模式，旺季期间抽调组建临时性医疗机构)。

(二)避暑度假地业态的现状特征

1. 业态现状

进入 21 世纪以来，避暑产业在我国得到蓬勃发展，避暑游在暑期游中所占比重也呈现逐年上升趋势，特别是长江流域等南方地区，避暑度假呈爆发式增长。在新的旅游发展浪潮下，避暑度假地产业结构、产业模式、社会结构、生活消费等发生了巨大变化，呈现出了全新的业态。以"避暑"为核心，大量相关产业与避暑旅游有机结合，形成了新的避暑度假业态特征，与传统旅游地的业态存在较大差异，例如避暑+地产、避暑+康养、避暑+养老、避暑+医疗、避暑+农业、避暑+林业等模式。特别是我国长江流域城市(尤其是沿江城市)的居民，避暑需求非常旺盛，已经成为常态，每年数百万居民前往避暑度假地。由于居民的消费观念和习惯(见避暑度假地的形成机理，图 2.8)，有条件的家庭多选择在避暑度假地购买避暑房，没有条件或没有购房意愿的家庭(旅游者)会在避暑度假地租赁民房、民宿等旅居较长时间(例如 1 周、1 个月等)；总体上，避暑度假者比较喜欢群居，相对集居形成了避暑度假地特有的聚落、社会形态、生活方式，由此催生出比较特殊的业态特征。

根据中国旅游研究院和中国气象局公共气象服务中心联合发布的《2018 年中国城市避暑旅游发展报告》显示，近几年来避暑度假旅游受到了各地政府和居民的广泛关注，避暑度假产品逐渐升级，避暑度假规模逐年扩大，保持较高速的发展。加之，如今全社会关注健康、康养、美好生活等，相关健康产业不断融入避暑、避寒等旅游地的发展中，避暑度假行业也逐渐呈规模化、产业化、品质化、综合化发展。当然，避暑度假旅游在发展过程中仍然存在观光产品多、休闲产品少，低端产品多、高端产品少，尤其是不能满足市场多元化需求的问题，这实际上也是目前很多避暑城市、避暑休闲目的地的共性问题。

根据实地调查，避暑度假地的旅游者通常的旅居时间是短则 7~15 天，长则 2~3 个月，避暑度假地已经成为大量旅游者的第二居所，在度假方式、生活消费上与一般的避暑游客形成了鲜明对比，消费更趋向于本地居民的生活方式和生活节奏。现阶段我国避暑度假地大多处于初期(初级)向成熟过渡的阶段，总体上业态比较简单、比较低端(当然，这与消费群体特征有关)；大量避暑度假地过分关注避暑地产的发展，对"避暑度假"产品内涵、内容、功能缺乏合理理解，多地的避暑地产开发超量，而且缺乏合理的度假功能配置。以湖北苏马荡旅游度假区为例，其避暑地产超量、低值，品质性的度假酒店少；基础设施、公共服务设施、公共休闲空间严重不足，部分业态缺乏；一个避暑度假资源优质的地方，目前形如一般的乡村集镇，确实属于低端化发展，尚需较长时间来改善。

2. 现状特征

整体看，目前避暑度假旅游、避暑度假产品、避暑度假消费、避暑度假地开发多处于初期阶段，无论市场消费还是避暑度假地开发、经营管理均不太成熟。因此，呈现出的业态特征还有诸多不足。

(1)季节性。避暑度假需求本身具有明显的季节性，由此决定了避暑度假活动、避暑度假产品生产的季节性，避暑度假地的业态也随之存在季节性特征。对避暑度假地而言，夏季旅游活动十分火爆，住宿一房难求，避暑度假者基本集中在夏季，在避暑度假地一般度假停留一个月左右，少量旅游者会停留三个月左右；其余季节几乎无人问津。因此其夏季业态丰富而繁荣，其他季节几乎暂停或消失，催生了大量"候鸟式"的经营实体。这种特征给避暑度假地的均衡发展、日常管理等带来了难题。如果条件允许，需开发更丰富的旅游产品，以维持业态的基本稳定。

(2)综合性。避暑度假地业态综合性体现在旅游要素业态与相关产业业态的共存和融合，相互促进、相互支撑。避暑度假地与传统旅游地的业态有所差异，不仅仅局限于旅游基本要素业态(或旅游要素业态表现出不同的内容和形态)，整个避暑度假活动的正常运行需要大量其他相关产业要素的支撑和配合。其次，避暑度假地业态呈现出不同品质、不同需求的多元综合(这与观光型产品的单一性形成鲜明对比)，满足了不同需求层次的要求。当然，避暑度假地业态发展的多元化、市场化、现代化和国际化趋势日益明显，必然成为避暑度假地的发展目标。

(3)交融性。根据所有业态服务领域划分，避暑度假地业态的旅游性与生活性共存，呈现出明显的二元性特征。对比传统的旅游地，其业态实体主要是服务旅游者的六大旅游要素，旅游属性明显。但由于避暑度假地旅游者独特的消费行为、生活行为，要求服务业态不仅仅局限于旅游服务，更多的是生活服务，两种服务领域的业态在此融合，相互协调，难分彼此，成为避暑度假地特有的业态特征。

(4)地域性。避暑度假地不同的地理环境和地貌结构，成就了避暑度假业态的地域性，呈现出有差异的业态情况。以避暑度假地的地理资源为例，由于依托的地理资源差异，避暑度假产品类型不同，如山地清凉避暑地(庐山、莫干山等)、滨海避暑度假地(北戴河、大连、烟台等)、湖泊避暑度假地(抚仙湖等)等，它们的业态特征有明显的地理差异、地域差异。

(5)低质性。避暑度假本属高品质旅游类型，避暑度假旅游活动应该是优雅的、康养的生活，避暑度假地的开发应该是高质量的，康乐产品应该是丰富的，旅游产品消费、人均旅游贡献应该是较高的，但事实并非如此。大量避暑度假地简单地顺应了避暑市场的传统需求，开发以避暑地产为核心的项目(盈利快)，不愿意开发康养、康乐、医养等项目，相关度假产品严重不足；避暑度假者除购置避暑房投入较大外，日常避暑度假生活消费相当低，整个避暑度假产品被低质化消费，旅游者以生活化消费为主，旅游性、康养性消费相当低。因此，避暑度假地的业态表现出低端化，缺乏品质感。就调研的避暑度假地看，无论建筑设施、服务设施、休闲设施，还是基础设施和环境建设，普遍较低端，缺乏良好的度假氛围，很多场景几乎就是乡镇生活的翻版，缺乏美感和品质感。

三、避暑度假者的消费特征

如前所述，度假旅游本应是高品质的旅游活动，其消费本应是较高的。但避暑度假旅游者却呈现出另一种消费景象，成为一类特殊的、新兴的旅游消费群体，其消费内容和结构明显区别于一般旅游者(特别是观光旅游者)，也区别于避暑度假地的原住居民。避暑度假者的度假生活消费、行为特点和社会交往等呈现出独有的特征，对当地社会形态产生了较大影响，深刻影响到当地的业态发展和居民生活，还显著作用于避暑地的空间格局和功能空间布局，影响到避暑度假产品的供给。

(一)避暑度假者社会学特征

根据《2018 年中国避暑旅游大数据报告》数据，我国夏季避暑旅游的 3 个主要市场群体为老年人、学生及教师和高温城市居民，潜在的有效避暑需求人口约为 3 亿人。2018年三季度"火炉"城市居民整体出游意愿达 82.1%，比 2016 年高出 1.1 个百分点。从客源地看，长三角、京津冀及珠三角地区经济发达、人口密集且气温高，避暑需求旺盛；重庆、南昌、长沙、武汉、西安、合肥等中西部"火炉"城市，也是避暑主要客源地。但避暑度假的客源地则有所变化，客源地比较集中(图 3.9 和图 3.10)，长江流域(严格地讲，宜宾以下的地区)的城市居民避暑度假的意愿强烈。

关于避暑度假者的划分，可参照陆建华论青年群体社会学特征的方法，群体以年龄段来界定，不管性别、文化程度、从业身份、社会地位、兴趣爱好、性格倾向、行为习惯、活动地域方面的差异，都被视作属于同一群体的社会成员[165]。以年龄段为聚类依据，在该阶段的人归属于同一群体，在某些方面或某种程度上具有某些共同消费或活动特征，主要是因人类(个体或家庭)生命周期的变化规律以及社会网络关系的强弱。避暑度假者构成呈现多元性，仅以年龄段划分不足以代表各个群体的特征；如果结合职业结构、年龄结构及家庭生命周期，更能够发现消费特征的原因。根据旅居时间，避暑度假者大致可分为长留型(主要为老+少避暑度假者)、短住型(多为上班族)、体验型(多为避暑观光者)，各类群体表现出不同的避暑度假消费方式和消费特点(图 5.3)。

(1)长留型避暑度假者。目前看来，该类避暑度假群体是避暑度假地的主要客源，占避暑度假者的 60%以上。而该群体的社会学特征表现为老+少组合，老年人多为退休族，多有足够的经济能力与时间能力，多选择长住于某一避暑度假地；很多老人还选择了"+孙辈"的家庭组合模式避暑度假，在避暑度假地修养身心的同时，还可以照顾小孩，减轻了子女的家庭负担，该避暑度假群体大多购置了避暑房或分时度假房；也有趣味相投的老人(通常 3～9 人)合租避暑房情况(目前避暑民宿、避暑农家等多为"住+餐"打包消费模式，月消费为 2000～6000 元)。长住型旅游者的生活消费普遍较低，多为居家型生活方式，是典型的将避暑度假地视为第二居所的旅游群体。长住型避暑度假者几乎已融入当地社区，有着和当地居民一样的生活习惯与消费习惯。

(2)短住型避暑度假者。该类避暑度假者主要是上班族，虽然有强烈的避暑度假需求，但由于工作，避暑休闲时间比较少，多选择在节假日(例如周末)自驾出行，而且一般喜欢就近选择避暑度假地，主要是出于出行方便考虑。但该类人群中，有相当比例的人是前往父母、小孩、朋友等避暑的地方，将避暑度假与家庭生活有机结合。该群体由于情缘关系，度假消费相对较高，在避暑度假地时有外出就餐、娱乐等消费。

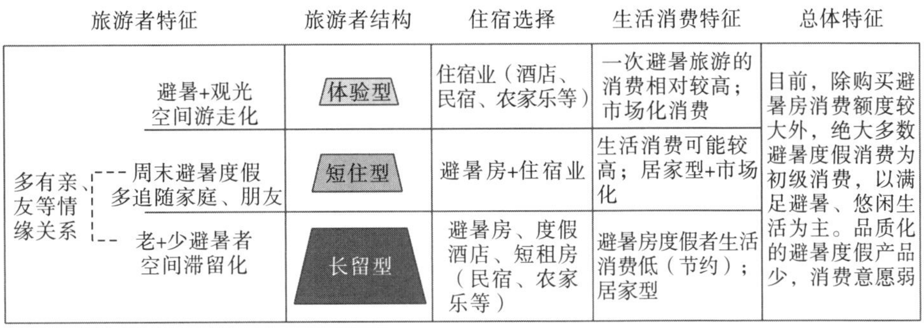

旅游者特征	旅游者结构	住宿选择	生活消费特征	总体特征
避暑+观光 空间游走化	体验型	住宿业（酒店、民宿、农家乐等）	一次避暑旅游的消费相对较高；市场化消费	目前，除购买避暑房消费额度较大外，绝大多数避暑度假消费为初级消费，以满足避暑、悠闲生活为主。品质化的避暑度假产品少，消费意愿弱
周末避暑度假 多追随家庭、朋友	短住型	避暑房+住宿业	生活消费可能较高；居家型+市场化	
老+少避暑者 空间滞留化	长留型	避暑房、度假酒店、短租房（民宿、农家乐等）	避暑房度假者生活消费低（节约）；居家型	

※多有亲友等情缘关系

图5.3　避暑度假旅游者与消费特征图

（3）体验型避暑度假者。除以上两类避暑度假人群外，避暑度假地还有一群以避暑为前提的旅游爱好者，主要选择有避暑功能的旅游地进行观光性旅游活动，属于观光型旅游模式。他们的移动性强，在某一避暑度假地停留的时间短，游览、观赏与体验目的明显，对观赏性旅游资源要求相对较高。住宿多选择酒店、民宿、农家乐等，旅游消费较高，与当地文化、居民接触较少，缺乏度假生活消费。

（二）避暑度假者的活动特征

我国早期的避暑形式主要是园林避暑，19 世纪中后期，随着环渤海海滨城市的对外开放，来此避暑的西方人将西式海滨避暑的休旅方式移植过来，成为引领国人旅游意识转变的先声。西方人在海滨避暑地的休闲娱乐活动以水上活动为主，如游泳、海水浴、垂钓、划船等；网球、棒球、高尔夫等西式运动较受欢迎，也设有电影院、咖啡厅、酒吧等休闲场所[166]。我国避暑旅游、避暑度假旅游经过数十年的发展，绝大多数的避暑度假地依托自身的资源禀赋、地理区位、目标市场等发展优势，逐步发展成为业态比较丰富的旅游地。经过一个阶段的磨合，避暑度假地形成了较稳定的社会形态和社会系统，避暑度假者有了较明显的活动特征、消费特征等。我国避暑度假者的活动呈现出以下特征。

1. 停留时间较长，候鸟式生活方式，重游率高

由于特殊的避暑度假消费方式，避暑度假地成为大多数避暑度假者的第二居所。避暑度假是一种特殊的度假活动，大多数避暑度假者选择目的地如同选择常住地一样认真，在做决策之前，可能还游走于几个比较心仪的避暑度假地，从度假设施设备、生活条件、休闲条件、度假生活的环境和氛围考虑；一经购置避暑度假房，就选择了长时间旅居于此，每年夏季必到此避暑度假，如同候鸟一般，重游率高。在避暑度假者中，也有部分不愿意购买避暑房，喜欢每年换不同地方避暑度假，但同样长期旅居、候鸟式生活，只是对某一目的地而言，重游率相对更低。

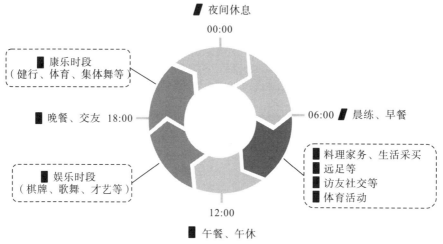

图 5.4 避暑度假者的基本生活规律与内容

(资料来源：根据实地调研与基本数据统计，2018～2020 年)

2. 避暑度假期间的生活规律

避暑度假者旅居生活与日常生活的节奏、生活行为差异不大，差异主要表现在康乐休闲等方面，活动时间更为集中和充足。避暑度假者追求健康、有趣的生活目标，由于老年旅游者居多，生活消费比较节约，日常生活多自给自足，即自己做饭，生活规律。根据实地调查，度假者每日的基本生活内容和时段(图 5.4)一般表现为，06：00 左右起床晨练、吃早餐等；上午一般以料理家务、采买为主，少量避暑度假者选择远足、到周边游玩，或访友社交等，还有个别选择体育活动等；中午时段多为午餐、午休时间；下午是避暑度假者娱乐活动非常集中的时段，棋牌(麻将参与者最多)、唱歌、跳舞、看书等，似乎大家已经形成了默契；晚餐后直到 21：00 左右，是避暑度假者集中的康乐活动时段，旅游者的参与度较高，可达 80%以上，或健行，或跳舞，或参与体育活动等。

3. 度假期间注重休闲与康养，旅游活动需求较小

避暑度假者在避暑地停留时间长，休闲时间充足，普遍重视度假生活的康养性，休闲康养活动等是避暑度假者的常态活动，符合度假的基本定义。如图 5.4 所示，避暑度假者规律性的康体活动就有两个时段，即晨练和傍晚健身运动。此外，娱乐休闲活动项目有棋牌等，其他康体运动包括球类、按摩等。虽然避暑度假者对于景区景点的"旅游"热情不高，但仍然有一定的旅游活动需求，其中较年轻的避暑度假人群对观赏性、体验性旅游项目更有兴趣，对康乐项目的品质化提出了更高的要求。

(三)避暑度假者的消费特征

1. 消费的态度和目的特征

避暑度假者多为中老年群体，他们收入和时间均较充裕。随着物质匮乏年代的过去、社会经济和社会文明的发展进步，人们的生活与消费观念由省吃俭用、以子孙为生活重心、

注重储蓄向进一步提高自身的生活质量转变，更加追求美好生活、健康生活。需求层次逐步提高，出现自我性消费补偿心理特征，旅行等补偿性消费成为自我实现的重要手段[167]。根据预测性研究，2013～2031 年（图 5.5），我国将由轻度老龄化阶段进入重度老龄化阶段，不同年代出生的老年人口由于所经历的社会事件和教育完全不同，世代之间价值观、生活方式会存在巨大差异，从而形成消费经济行为的不同特点[168]。可以预判，虽然目前老年避暑度假者还保持着优良的节约传统，消费比较低，消费结构较简单，消费的康养产品、康乐产品比较初级；但他们度假消费的市场潜力巨大，随着生活观念的进一步转变，度假康养意识的逐渐增强，他们将会爆发出更大的避暑度假需求，将追求更加品质化、康养化的避暑度假生活，消费特征将进一步变化。

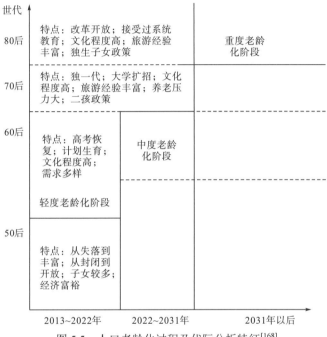

图 5.5　人口老龄化过程及代际分析特征[168]

　　中老年度假群体收入稳定，时间也充足，度假旅游态度积极，虽然对度假旅游的认知有一定差异，但消费观念已经转变，休闲性消费意愿越来越强，尤其是康养方面的消费需求越来越强烈。由于中老年阶段人体各机能都处于衰退阶段，抵抗能力下降，大多患有心脑血管疾病等慢性病，过冷或过热对他们的身体都有极大的危害，尤其是近年极端天气增多，刺激了避暑避寒度假需求的增加。适宜的气候温度对于老年人的身心健康有益，他们越来越倾向于天气寒冷或炎热的时候选择到气候舒适、生态环境良好的地方修养身心。据《2018 年中国避暑旅游大数据报告》数据，76.1%的老年受访者有避暑出游意愿，其中超过四成受访者选择跟团游，成为老年人群出行首选；其次是自助游，占 29.3%。总体来说，避暑度假者以避暑纳凉、修养休闲、康养等为主，偏好家庭出行、结伴出行，度假时间相比观光旅游、一般的度假旅游时间更长。我国居民的群体性旅游习惯明显，多有较强的家庭观、友情观，仅少数度假者可能选择无亲友的情况下独自出行。随着道路、交通工具的发展，避暑度假地的可进入性进一步提高，居民避暑度假半径扩大，自驾出行成为主流。

2. 避暑度假消费的时空特征

1）时间特征

避暑度假消费具有显著的时间特征，夏季人们避暑的需求强烈，一般 5～6 月就有避暑度假者开启度假之旅，整个夏季都会选择在避暑地度过，一直等到常住地天气凉爽才返程，具有一定季节性。据对湖北苏马荡旅游度假区一对老年夫妇（河南郑州居民）的访谈，他们每年 5～11 月在这里度过，原因不仅仅是避暑，还有这里良好的空气质量和生态环境质量。夏季和学校暑假的叠加，促成了教师群体和学生群体的避暑度假机会；加之平时周末的叠加，上班族自驾陪孩子和父母出游避暑，或是老人带放假的孙子孙女避暑，避暑度假市场规模庞大，形成了避暑度假的高峰。但是，由于个人对气候适宜度的感知差异，避暑度假者对于度假时机的选择存在不同，并非所有避暑地的整个夏季都是适宜气候；另外，由于我国气候带特征，5～9 月南北气温存在变化，例如华北地区 6 月的高温天气日数比长江中下游地区多（图 3.1）。陈慧等[101]综合各类避暑型气候人体感知温度及相关气象指标夏季的时间变化过程，发现环渤海低山丘陵型避暑气候舒适期相对较短，夏末时节略微偏热，其余类型舒适期相对较长。避暑度假地消费更是存在明显的临时性、短期性和季节性，避暑期后，度假地业态骤减或停滞。

2）空间差异

避暑地形成的前提条件就是必须具备适宜的气候资源条件，夏季消暑成为不少度假者候鸟式生活的选择，一到季节避暑地就人满为患。气候舒适度深刻地影响着人们的生活，即人们无须借助任何消寒、避暑措施就能保证生理过程正常进行的气候条件[169]，与地理位置紧密相关。就一般可避暑的地方而言，陈慧等基于海拔和纬度等地理位置指标，以气温、湿度、风速和太阳辐射等指标作为构成避暑型气候的气候因子，将避暑型气候分为西南高原型、中东部山岳型、东北山地平原型、西北山地高原型、环渤海低山丘陵型五种，由于纬度、地形、海陆位置及大气环流等各种地理因素综合作用，不同的空间分布特征导致构成避暑型气候的气候因子呈现复杂组合关系，呈现出不同的地域差异和特色[101]（表 5.3）。

表 5.3　五种避暑型气候空间分布特征及地域特色[101]

避暑型气候	空间分布	地域特色
西南高原型	主要分布在青藏高原的南部、东南部及少数西部地区和云贵高原，符合避暑条件的气象站点大都在 30°N 以南、海拔 1500 m 以上的高原地带	纬度低、海拔高，太阳辐射较强
中东部山岳型	主要散布在中国中东部季风气候区的著名山岳，海拔基本都在 1200m 以上	地势高、风速大，夏季舒适偏冷
东北山地平原型	主要分布在中国东北地区的黑龙江、吉林两省以及内蒙古北部地区，符合避暑条件的气象站点大部分位于 42°N 以北且海拔低于 500m 的山地平原区域	气候凉爽、风速不大、辐射不强、湿度适中，综合条件相对优越
西北山地高原型	主要分布于内蒙古高原、黄土高原以及天山、阿尔泰山等海拔 1000m 以上的高原山地，基本上处于中国内陆干旱和半干旱气候区	温度适宜、天气晴朗，但略显干燥
环渤海低山丘陵型	主要集中在辽东半岛、山东半岛以及渤海湾北部的低山丘陵地带，符合避暑条件的气象站点通常距海 20 km 以内	地势低、湿度大，夏季舒适偏热且舒适度受海风影响明显

地理条件、气候条件及风景资源的组合，为避暑旅游地开发提供了不同的思路，也为避暑旅游者带来多元化的消费选择。根据有关研究，基于地理特征和主导资源，可将避暑旅游地分为山地型、草原型、海滨型、湖泊型、综合型五种类型。

山地型避暑旅游地集中于我国中西部地区，东部地区分布很少。山地的海拔相对较高，使得山上气温低于附近平均气温，加之山上植被丰富，生态环境优良，为避暑度假旅游开发创造了特殊优势，大量居民愿意前往[①]，目前也是夏季避暑度假最火爆的类型，正在发展成为全新的度假地模式。例如太行山、重庆仙女山等。

草原型避暑旅游地主要分布于我国北部，如内蒙古等地，有辽阔的草原、干爽的空气、清凉的微风。因为"天苍苍，野茫茫，风吹草低见牛羊"的诗句描述，大量旅游者产生了对草原的无限遐想，是去草原避暑的一大原因。草原型避暑度假地具有空气干爽、空间开阔、地势起伏适宜、视野开阔等优势[170]，且民族风情浓郁，文化特征明显，是体验民俗文化的旅游方式。

海滨型避暑旅游地主要分布于我国北部海湾地区，以海岛、海滩、海水、海湾的海滨综合环境为依托。我国内陆辽阔，很多地区距离大海十分遥远，因此很多人对大海有着莫名的向往。海滨型避暑地发展相对成熟，休闲娱乐项目丰富。根据中国旅游研究院和携程旅游大数据联合实验室发布的《2018 年中国避暑旅游大数据报告》显示，从避暑资源偏好看，海滨、山地、草原、森林、湖泊湿地位居前五名，海滨游以 42%的选择比例排名第一，成为避暑旅游的首选。夏季游客对水情有独钟，"漂流""水上乐园"等与水有关的游乐项目受到近半数受访者青睐，长春九洋水上乐园、贵阳瀑布大厦、烟台和威海的海岸线，都属当下"网红"景点。海滨型避暑度假地的代表地区有北戴河、青岛、烟台等。

湖泊型避暑度假地主要为北部的湖泊，海拔较高，有避暑的条件，以湖水、湖心岛屿、岸线、植被等环境为依托，多滨水休闲度假，例如镜泊湖、兴凯湖等。

事实上，以上分类实质上是基于旅游，只是兼有避暑功能，如九寨沟等旅游地，同样被称为避暑旅游地，但它不具备"康养"条件；从旅游者消费目的和消费行为看，观光旅游目的更强，在某一避暑地停留多天的情况较少。同时，避暑旅游地的综合型较强，可能兼有观光、度假、体验等产品，并非避暑度假那么简单，我国幅员辽阔，南北纬度跨度大，气候资源丰富，不同地域环境中的人群都有其不同体质、爱好、习惯、消费观念等，因此对避暑旅游地的选择偏好不同，呈现显著的空间消费差异性。

3. 避暑度假消费的水平与结构特征

在一般的旅游消费支出中，主要从旅游的六大要素来统计，包括交通费、住宿费、餐饮费、景区门票费、购物费用等，部分消费是难以完全区分开的。避暑度假为长时间停留的旅游活动，旅居特征明显，避暑度假业态具有明显的生活性特征，因此借鉴国家统计局统计食品、穿着、居住、生活用品、交通通信、文化和教育娱乐、医疗保健和其他项目费用的消费类型，整体分析避暑度假者的消费水平与结构特征。

总体上，度假消费本应呈现中高端消费特征，旅游者在度假目的地停留时间较长，追

---

① 本书研究的避暑度假地即属此类，其度假产品、社会形态、度假业态与其他避暑旅游地有质的区别。

求度假生活的高品质,对度假地设施、休闲设施、服务水平有较高要求。何洋以度假者度假停留目的地的数量,将其度假方式分为以单一目的地为主的深度体验、以多个目的地为主的沿线体验、以核心度假区为主营地以及只注重休闲度假娱乐设施四种;经其调研,国内度假者主要偏好"选一条喜欢的旅游线路,沿线体验"的度假方式和"以一个核心度假区为中心,顺便体验周边特色景点"营地式的度假方式[171]。但本书认为,旅游线路式的度假方式其实就是观光式的旅游,本质上难以归类为度假旅游。

结合避暑度假时长和度假方式看,不同旅居时长的避暑度假者的消费结构存在明显差异。一是长留型避暑度假者,多为长者,且多购置有避暑房,避暑度假的生活特征显著,虽然身份为避暑度假者,但在避暑地的消费一定程度上与日常生活消费相似,消费水平普遍较低,消费结构生活化(图 5.6)。该类避暑度假群体的初期花费较高,主要为购房、家具、室内装饰品、家电、家用纺织品、家庭日用杂品等,大多属于耐用品,因此消费较多,但在避暑度假期间的消费水平有限,消费结构主要体现为家居生活。根据对湖北、重庆、贵州等地 60 岁左右购置避暑房的避暑度假者的调查,他们的消费水平总体偏低,在没有人情客往、健康问题的情况下,消费水平为 500 元/(人·月)左右,可见其节约程度。二是短住型避暑度假者,停留时间为 2～7 天,多为上班族且未购置避暑房,他们的消费水平一般较高,围绕度假居住地向周围扩散游览体验当地景点与风情,消费主要在交通、住宿、游览、餐饮等方面。

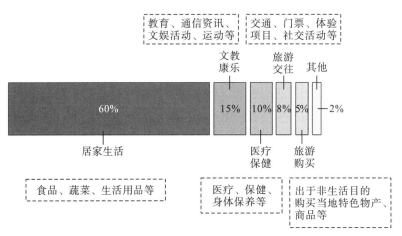

图 5.6　长留型避暑度假者的日常生活消费结构

(注:消费结构是基于避暑度假者的实际调研,粗略统计。2018～2020 年)

4. 影响避暑度假消费的因素

1)经济因素

收入水平是决定度假者出行方式、度假方式的重要因素,也影响到度假者的消费水平,决定其度假需求与消费的层次。收入水平的衡量从绝对指标(总收入、可支配收入等)、相对指标 (相对收入、基尼系数等)、结构指标 (收入来源结构,如工资性收入、家庭经营收入、转移性收入等)到与其他非经济因素共同分析。随着我国中等收入群体规模持续扩大，避暑度假需求和消费能力日益增强；养老（养老金）制度的完善，使老年人的经济状况日益改善，经济独立性增强，自主度假意愿提升。但是，在目的地的避暑度假者消费水平、消费结构并没有因为家庭经济条件差异出现太大不同，均具有基本消费能力，多不愿意消费高品质旅游项目，基本保持比较低的消费特征。

2）非经济因素

（1）社会文化背景与自然条件。社会环境与传统文化影响着一代又一代人的消费观念。中国人自古对"家"的观念十分注重，有"房"的家意味着归属感、安全感，因此我国大量避暑度假者喜欢在度假地置办房产，形成"第二居所"。如前所述，这种大规模购置房产的度假消费方式多表现在避暑度假、避寒度假，其他类型的度假并不多见。但是，由于我国北方的气候特征（避暑需求的时间不长，无购房消费的必要），北方避暑旅游或避暑度假的消费形态与南方的避暑度假有明显差别，例如购房避暑消费现象并不多见。秦岭山脉地区的陕西太白县城、眉县的汤峪镇旅游度假区，是避暑旅游的好地方，但未见到避暑房现象，旅游者多选择酒店、民宿住宿。

（2）家庭生命周期显著影响度假消费，贯穿度假消费决策与行为整个过程。家庭规模越小，组织外出度假越容易。家庭规模大，人口越多，花费越大，障碍因素越多，越难以成行，若家庭成员的度假意愿不强，会影响到整个家庭的消费决策。学龄孩子在暑期可能有学习的安排，往往会影响家庭度假计划，即因为学龄儿童，家庭老人多会选择帮助家庭照顾学龄儿童，放弃度假安排。处于不同家庭生命周期的家庭，度假消费行为会存在差异。

（3）城市化水平，主要是指交通便捷程度，即度假地的可达性，以及度假地基础与配套服务设施、周边旅游景点和度假业态的完善程度，不仅决定了避暑度假地的可达性和方便性，也影响到度假生活的便利性，度假场景还能刺激度假者的消费。

（4）生理和心理特点，对气候舒适度的感受程度，决定了度假者的选择，不同个体由于身体素质和所处地域特点，对于避暑度假地的温度、湿度、风速、空气等有不同感受。从康养角度出发，决定其度假生活消费内容与活动。由于大量居民生活的群居性特点，群体意识让决策依赖性增强；居民外向度也是促使度假消费的重要因素。此外，度假消费还受到教育程度、是否参加意外伤害险和养老保险、居住地夏季高温程度和避暑意愿等因素的影响[172]。

（四）避暑度假活动的空间特征

度假旅游者在到达度假目的地后，其行为特征往往呈现出以住宿地为中心向四周进行辐射状空间位移的特点[47]。在一定时间和空间内，避暑度假者的流向（活动方向）、流量（活动者数量）及流程（活动距离与轨迹）等空间活动状态，可以综合体现出避暑度假地开发情况和深度广度。避暑度假活动空间是指避暑度假者围绕避暑休闲、康养度假、基本生活、文化娱乐、社会交往等在避暑度假地的活动，从而形成的集聚区域，具有功能复合性、集聚性和活动距离衰减性等特征，各活动空间彼此联系、相互作用。掌握避暑度假者活动需求、活动空间和行为特征，有利于避暑度假地功能空间的整体布局，使得土地利用更加有效。避暑度假者的行为特征与活动空间影响到管理决策、旅游规划设计、项目建设等的具体落实有利于引导和完善避暑度假地的基础建设和社会服务设施建设，以满足避暑度假者的各项需求。

1. 活动空间选择

根据避暑度假者的活动需求与活动特征调查，他们习惯选择的功能空间比较简单（图 5.7）。其中以选择休闲游憩空间、生活服务空间(生活超市、农贸市场)最频繁，几乎所有避暑度假者都会选择休闲游憩空间，成为每天休闲健康活动的一部分；其次是娱乐空间(各类娱乐场所)，由于爱好人群的比例问题，只有 42% 的旅游者参与，但该活动是避暑度假区非常普遍、非常规律的活动内容。然而，本以为应该有较多人前往的场所，却比例偏低，例如文化场所、体育场所等，这与我国居民文化素养与日常爱好有直接关系；前往商业中心的避暑者也较少，这与避暑度假地物品的品质有关系，很多度假者选择了邮寄、网购等方式获取商品。

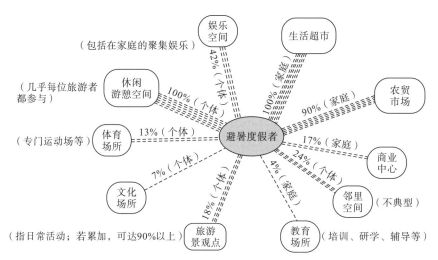

图 5.7　避暑度假者日常活动空间选择与频率
(资料来源：根据多个避暑度假地的实地调研统计)

2. 活动空间层次

避暑度假者作为避暑度假地的临时居民，在避暑度假期间，度假生活主要围绕避暑休闲、康养、基本生活、文化娱乐、社会交往、旅游等目的展开。由于亲缘、友缘、业缘、地缘、趣缘等群体关系，产生各种活动，形成了多种社会关系，而这种关系下的旅游者活动在空间上表现出了一定规律。根据避暑度假者的活动目的、活动内容、活动频次以及活动的空间距离等调查研究，可以将度假者活动空间划分为生活圈、社会活动圈和旅游圈三种层次(图 5.8)。

1)生活圈——居住、游憩活动、康乐活动

避暑度假地的居住空间多表现为聚落，是为当地居民和避暑度假者等人群提供的居住场所，内有配套的、满足基本生活需要的公共服务设施、休闲空间以及合理的邻里空间，大致分为原住居民聚落区和度假旅游聚落区[173]。原住居民聚落区是当地开发为避暑度假地之前就已聚集形成的聚落空间，是当地居民长期居住的区域，相对较分散，只有基本的居住环境，缺乏休闲等配套条件。随着避暑度假的开发，避暑度假者大量涌入，避暑地产应运而生，形成相对集中的度假旅游聚落区。避暑度假者对旅游环境和设施的要求，使得度假旅游聚落区相对集中，并与原住居民居住区有一定隔离。部分原住居民聚落因旅游开发，可能规划形成新的集居区。

　　根据实地调研，避暑度假者的活动空间主要聚集在居住小区(或小范围空间)，日常生活中，他们一般不愿意走出能够满足自己基本生活、休闲游憩、基本娱乐、健身的生活圈，具体空间范围视居住区的生活、康乐条件而定。

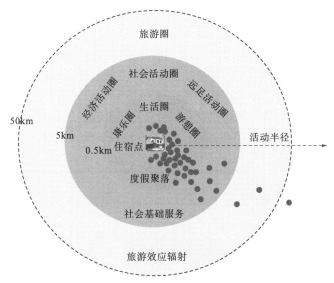

图 5.8　避暑度假旅游者的活动空间层次与密度
(注：根据多个避暑度假地调研的粗略统计，2018～2020 年)

　　休闲游憩空间是为度假人群提供游玩、游憩和日常交流的空间场所，也可看作文化交互的空间，是以旅游社群为主的相互交流、文娱活动、休闲、康乐等的空间。具体表现为休闲公园、植物园、游憩步道、活动广场、主题游乐场所、室内娱乐场所等，各避暑度假地根据实际情况，功能空间具有一定的交融性，存在与其他类型空间融合互存的可能性，如部分商贸区、居住区等都可作为居民游玩休憩的场所。一般情况下，避暑度假者喜欢就地开展日常性的游憩活动、康乐活动、娱乐活动，不愿意走得太远。具体活动内容包括健身活动、棋牌活动、文娱活动、聊天等。

　　这一圈层，是避暑度假者的基本生活空间，是提供满足聚落基本生活服务的区域，例如临时菜市场、生活小超市、诊所、基本娱乐场所等。对于一个比较大的度假小区而言，能够满足度假者日常生活的基本购买，因此避暑度假者一般也不愿意外出采买。

　　2)社会活动圈——经济活动、社会交往活动、远足活动

　　避暑度假者还有一定的基本社会与经济活动，以解决生活圈无法满足的需求，例如集中采购生活用品、参加产品交易会、人情交往、远足活动、文化活动等。避暑度假者走出生活圈层的时间并不多，只有需要的时候才行动，一般去商品卖场等经济空间，比较有代表性的休闲空间、文化场所等。经济空间是指以经济商贸等相关活动为主要功能的区域，满足各类居民的旅游购买、生活购买，具体包括特色风情街、特色餐饮街(点)、商贸场所、

农贸市场等。与生活服务空间不同的是，大型经济空间的辐射范围更广，提供的产品种类与服务更丰富，能够解决生活圈无法解决的问题。度假地需要一定有代表性的商业空间、文化空间、休闲空间等。

3)旅游圈——旅游(行)活动

避暑度假者免不了前往周边旅游点，以丰富度假生活。为此，避暑度假者会与朋友、家人等一起，前往周边旅游景点、乡镇、民宿点、乡村等进行简单的旅游活动，一般是当天来回；目前，也有旅行社在大型避暑度假地组团到更远的地方旅游，例如重庆黄水镇度假地、湖北苏马荡度假地，有"天天出团"旅游服务，旅游时间一般为 1～2 天。如果一个避暑度假地附近有优质的旅游地，会对避暑度假地发展起到较好的促进作用。避暑度假者强调环境和生活方式，对游览体验的景区景点要求不高。如今，避暑度假地本身已经发展成为一个季节性的"次生客源地"，由于避暑度假者有需求、有时间与有能力前往周边观光、游览与体验，丰富旅居生活，因此应该开发更富有体验性、观赏性强的景观和项目，周边旅游景区应该利用好避暑度假地的"客源"条件，整合发展，共同进步。以重庆黄水旅游度假地为例，其依托旺季庞大的客源规模，在周边开发了系列旅游项目，如乡村休闲、森林之夜、峡谷漂流、花海观光、湖泊泛舟、主题游乐等，市场效果较理想，有些景区(点)人满为患；另外，还有旅行社组团前往周边千野草场、恩施大峡谷、南天湖、苏马荡、云阳龙缸等。

3. 避暑度假活动空间特征

1)功能复合性

任何活动都具有一定的目的性。一般情况下，避暑度假者外出活动的目的包括日常生活购买、休闲、文化娱乐、健身、社交、旅游等。根据活动目的和相关群体的区位关系，他们对于活动空间有相应的诉求，期望以最简捷的方式满足需要。但是避暑度假者的活动往往非单一目的，他们为了提高时间的利用效率，会选择多目的的活动，例如，部分外出采购者带有休闲、健行等目的；或者外出健行会带有采购目的。为此，避暑地的单一功能区逐渐会被多功能复合空间所取代(即尽量做到一区多能)。在现实中，可以发现由于规划问题，会存在空间缺失，所以在后期建设管理中需要进行功能空间弥补，以更好地满足旅游者对功能空间的需要。

2)距离衰减性

根据避暑度假者的活动频率与空间距离关系，其活动由居住地向四周辐射，并呈现随距离外延，活动频率明显衰减的特征。在生活圈，旅游者的活动密集，大多数活动需求都能在该圈层得到满足。在社会经济活动圈，活动频率、比例明显减弱，可能是几天一次，而且并非每个人都会前往；旅游圈的频次非常低，可能一周一次，甚至更低。这种活动衰减特征与避暑度假者的旅游目的有直接关系，这也是避暑旅游者与避暑度假者之间的实质区别，度假者的流动性弱，活动轨迹处于相对的"静止"状态。

3)空间分异性

避暑度假者对休闲空间、生活空间、购买空间、娱乐空间等均具有一定的选择性，随着时间的推移，不同类型群体会选择适合自己的活动空间，因此逐渐会产生活动空间的分异性。无意间，具有相似审美、相似爱好的度假者会聚集在一定的空间、不同尺度的空间。

以兴趣爱好为例,有的度假者喜欢群众性较强的集体舞,而有的则会选择比较个性的舞蹈,他们的活动空间自然出现分化;儿童活动的地方更明显,即具有娱乐体验性的空间,例如儿童娱乐园、沙场等。

4. 旅游者活动空间对避暑度假地功能空间布局的影响

避暑度假者的空间活动特征反映其需求特征。行为与空间之间相互制约、相互影响,度假者的活动密集区就是提供相应产品与服务的核心区域,从而形成相应的功能空间。因此,根据避暑度假者的活动空间特征进行合理的功能空间规划,以满足度假者度假生活的需求,是避暑度假地应该遵循的市场规则之一。根据避暑度假者活动的圈层特征,对度假地提出相应的空间规划布局要求,以营建良好的度假环境,满足度假者需求,引导度假生活。同时,根据活动空间的层次,合理规划当地发展和功能项目建设,布局建设好基础设施和服务设施,构建有效、共享、方便的度假地。

为了依托当地基础条件和服务设施,避暑度假地多在有资源条件的村社、镇区域发展演变而来。但当地的社会文化、经济、环境等承载力有限,基础设施、度假产品、服务设施、活动空间等无法满足夏季骤升的度假人群的需要。同时,由于大量避暑度假地过度注重避暑地产开发、过分商业化,忽视了度假者休闲活动、康乐活动的需求,过多土地被用于地产建设,忽视了休闲、娱乐等空间的建设,导致基础设施、服务场所严重拥挤,度假环境较差。

5. 案例分析——湖北苏马荡的避暑度假活动空间

根据苏马荡旅游度假地的规划设计,其发展格局分为生态休闲度假区、国际风情度假区和土家风情度假区三大板块(图 5.9)。通过实地调研发现,生态休闲度假区、国际风情度假区中均以避暑旅游与地产为主,兼有旅游商业地产,目前基本为避暑度假者的居住与生活空间,即"新街";土家风情度假区实为"老街",为谋道镇街道区域,是谋道镇原住居民的居住与生活区域,当地居民日常生活聚集地。

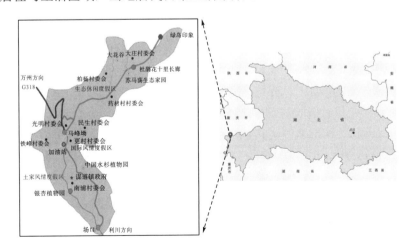

图 5.9　湖北苏马荡旅游度假区区位与空间格局示意图

(资料来源:参考《苏马荡国家级旅游假地规划设计文本》(万敏,2016);实地调研绘制)

从实地调研看，苏马荡度假区所有居民类群的活动空间具有明显的分异性。避暑度假者大多分布在生态休闲度假区，即苏马荡①，这些旅游者的休闲、生活、游憩等也主要在这个区域，一般较少前往当地居民集居生活地；当地居民主要沿"老街"分布，在生态休闲度假区有零星分布，除商业目的外，较少前往避暑度假者活动的核心区域，他们之间来往相对比较少(图5.10)。

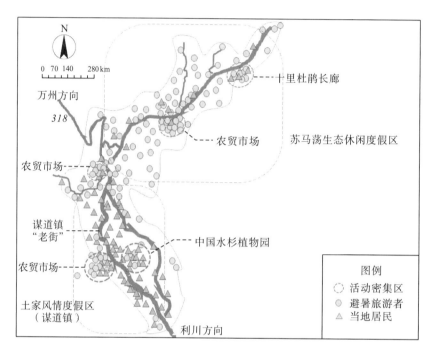

图5.10　湖北苏马荡旅游度假区当地居民与旅游者活动空间分布示意图
(注：活动密度是基于实地调查的粗略统计，2018～2020年)

但是，避暑度假者和当地居民活动也有交集的地方，例如农贸市场、休闲观光点等。整个旅游度假区有三个位置固定的农贸市场，其中只有谋道镇的农贸市场是两类人群均要前往的地方，因此这里也比较拥挤；其他两个则季节性很强，基本面向避暑度假者，当地居民一般不愿意去采购。目前，苏马荡度假区只有两个公共休闲地，是旅游者和当地居民都要去的地方，即十里杜鹃长廊和中国水杉植物园。

粗略统计，苏马荡旅游度假区共有四个比较大型的广场，其中两个位于土家风情度假区("老街")，另外两个分别位于国际风情度假区和生态休闲度假区。整体上看分布较为均匀，各度假空间均有分布，但未考虑到旅游规模问题。这里的娱乐空间主要是以民俗表演、KTV、酒吧以及农家乐等提供的娱乐空间；从分布来看，KTV、酒吧等娱乐项目主要分布于土家风情度假区内，但数量较少，共10家左右，且大部分营业时间为每年的6～10月，而民俗文化表演为非定时娱乐项目，如杜鹃花展、土家歌舞表演、候鸟文化艺术节等。

---

① 当地地名，仅指该片区。

社会服务设施为生活超市、农贸市场、商贸区、医院、公共交通枢纽、教育机构、公共厕所、停车场等。生活超市目前比较丰富，几乎每个度假小区都有超市，只是经营的季节性非常强，多为7～8月；满足当地居民的超市在谋道镇上（"老街"），提供的商品更加齐全，但是品质有所差异。拓展教育资源有限，目前只有2家面对度假人群的教育培训机构（截至2021年8月）；据不完全统计，谋道镇有一所中心卫生院，药店有13家。

由于该旅游度假区特殊的地理格局，加之功能空间规划不足，给度假区后续的运行带来了较多问题。例如，由于生活购买空间、休闲空间区位问题，对旅游者需求与活动特征预判不准，应对不足，导致旅游者不得不在居住地和生活采买地之间活动，给交通带来巨大压力，旺季多会出现交通拥挤。同时，由于公共休闲空间不足，大量避暑度假者只好在公路上散步，进一步增加了交通拥挤问题和安全问题。例如，苏马荡生态休闲度假区内，旺季高峰时游客规模达30万人次，而出入苏马荡生态休闲度假区的道路却只有一条（双向两车道），马蜂坳—药材村委会段几乎每天都堵，度假氛围很不足。

第六章　山地型避暑度假地的社会文化特征研究

第一节　社会关系与社会系统

一、社会关系与关系网络

(一)社会关系

社会关系是人们在共同的物质和精神活动过程中所结成的相互关系的总称,即社会要素一切关系的总和。社会中的每个人都处于各种各样的社会关系中,有家庭中的父子(女)关系、母子(女)关系、夫妻关系,学校中的师生关系、同学关系,公司中的雇佣关系、同事关系等。实际上,社会关系就是社会成员之间一切关系的总称[174]。

马克思主义哲学揭示了各种社会关系之间的从属关系,据此将社会关系分为物质关系和思想关系两种基本类别。从广义上说,便是马克思所说的"人与人之间的一切关系",具体包括生产关系、交换关系、劳动关系、分配关系、家庭关系、精神关系等层面的内容。其中,生产关系是社会关系的核心,它决定着整个社会关系的特征。从狭义上说,社会关系常常是特指某种或某些社会关系,如家庭关系中的夫妻关系、婆媳关系等,关系领域的经济关系、政治关系、法律关系、宗教关系等。

避暑度假地的社会关系有其独特之处,首先是其生产关系比较特殊,避暑度假产品主要是非物质化的生产过程,"关系"过程体现在人与人的交往关系;其次是避暑度假地的人群与消费特征特殊,形成了与其他旅游地不同的旅游活动特征。有的将避暑度假地的社会关系分为宏观层面和微观层面,宏观层面的关系有市场经济关系、政治关系、法律关系等,即人与人的间接关系;微观层面的关系有邻里关系、亲友关系等,即人与人的直接关系。如此多的社会关系,形成了避暑度假地独有的社会关系网络。

事实上,避暑度假地社会关系可以从更加广泛的角度去解析,这样更有利于读懂避暑度假地的社会特征。

1. 个体关系

个体关系是整个社会关系的基础,是最小的社会关系单元;个体关系促成了生活中交往群体的产生(图6.1)。基于避暑度假者角度看,个体关系应该有以下六种主要关系:一是亲情关系,避暑度假者多以家庭为单位进行初次消费(即购买避暑房),避暑活动也多以亲人为核心群体。二是友情关系，避暑度假消费具有群体性，"友情组团"消费的情况比较多，因此在避暑生活中，与该群体(一起选择避暑地、小区)的人相处频繁，这也是避暑度假生活过程中关系最密切的人群。三是邻里关系，因为比邻居住，日常接触比较频繁，形成邻里关系，在碎片化的时间里，与邻里相处比较多。四是社交活动关系，因为志趣爱好相似而聚在一起(例如麻将、歌舞、太极拳等)，参加相关活动。五是与亲人(父母、儿孙)交往的人产生的延展性人际关系，生活中也比较常见。六是因为必要的生活需要，与各类管理者、经营者形成的利益关系、服务管理关系，之间可能形成一定的利益协调和共识，相互认同。以上个体关系中，亲情关系、友情关系比较稳固，具有长期性，其他关系则多为临时性的，有时甚至会产生矛盾冲突。

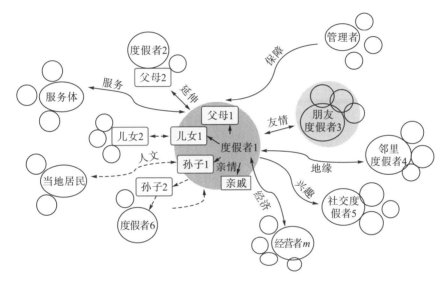

图 6.1　基于避暑度假者的个体关系与群体形成

2. 群体关系

因为个体关系，形成了代表不同利益、不同目的、不同爱好、不同情感的群体。群体关系也分层级，即宏观群体、微观群体。微观群体就是因为避暑度假生活产生的生活圈子，避暑者因为不同的活动目的和内容，因此有不同的生活圈子(图 6.1)，每个具体圈子(群)内有相互认同的理念，形成了相对一致的消费与行为特征；宏观群体关系则是避暑度假地不同利益主体(群)之间形成的关系，这种关系多具有利益导向性，两两之间利益表现不同。例如，避暑地产消费群体与房地产商之间、地产商与社区管理之间、避暑度假者与原住居民之间、避暑度假者与商业经营体之间、避暑度假者与政府管理者之间等，均代表各自群体的利益观和目的。

3. 经济关系

作为具有经济属性的社会区域，经济关系是避暑度假地必然的社会关系，它是维持避暑度假地发展的必要关系。经济关系不仅仅是利益双方的买卖关系，还包括有经济利益触及的关系(图 6.2)。从避暑度假者的视角看，经济关系主要反映在三大主体之间，即避暑度假者、经营体、管理者之间，主要是买卖关系、有偿服务支付、税务、投资等经济关系；避暑度假者之间理应不存在经济关系，但在现实生活中也存在一些非正常经济关系。

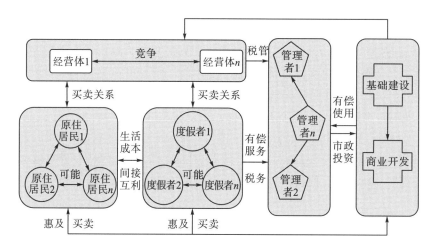

图 6.2　避暑度假地主要群体之间的经济关系

4. 地缘关系

避暑度假地的地缘关系表现得隐晦，但确实存在，如果矛盾发生，可能直接导致群体之间的对抗。地缘关系主要反映在三个层面：一是客源地的地缘关系，即基于避暑地，身居异地的度假者自然有老乡情结，来自同一地方(行政区、大致方位等)更容易沟通，更容易形成"群"，一旦发生矛盾冲突，"老乡"更容易形成"统一战线"。以 2018 年夏季某避暑度假地为例，一小区两群娱乐爱好者因为争占休闲空间发生矛盾，主角来自两个地方，结果冲突最后演绎为"××人"与"××人"的对抗、诋毁、不满，直接矛盾由当地警察调解停息，但由此导致了该小区两个地方度假者的隔阂，难以消除。二是小区(居住区域)的地缘关系，避暑度假者有较强的居住地边界意识，一旦发生什么事情，住同一小区的人很容易形成"联盟"，以保护各自小区的利益。三是邻里的地缘关系，邻里之间由于度假生活中的碎片时间经常在一起聊天等，形成了比较友好的邻里关系，而且这种邻里关系比日常生活中的邻里关系更紧密。

5. 文化关系

文化关系是一个比较宽泛的概念，主要是由信仰、风俗习惯、认知理念等人文因素形成的关系。避暑度假地是多元文化的汇集地，肯定会产生地域性的文化关系，需要相互认同、相互包容，否则会矛盾频出。在具体的文化关系中，主要表现为因价值观、生活态度、生活行为、消费行为、社会观念、社会公共行为、文化层次、视界等呈现的文化关系。对于人群而言，文化关系主要反映在度假者与原住居民之间、不同客源地度假者之间、本地管理方式与度假者的适从之间。这些关系最终会成为度假地社会矛盾的根源，也是地方管理面临的难题。

(二)社会关系网络

人类社会是各种社会关系的集成,人与人之间相互联系、相互作用构成了巨型的社会关系网络。其中,人是社会关系网络的基本节点,而人与人之间的社会关系就是节点之间的关系通道。人与人之间的联系在强度、方向、性质等层面表现各不相同,由此构成了更为复杂的社会关系网络结构。

社会学界在 20 世纪中期首次提出 "社会网络",认为其是社会活动中的人或一些人构成的团体所形成的复杂关系[175]。英国社会学家伯脱在研究家庭和城市社会学中提出,社会网络是用来描述人的社会关系系统的概念和方法。处在社会相应情境中,人们根据自身的多重社会角色具有相应的网络关系。家庭中除以丈夫和妻子为轴心的关系网络,还包括双方相关联的亲戚网络。伯脱等曾就社区里的人际关系网络做过许多研究,用图解和数学模型来描述人际关系网络,目的是揭示社区里的社会结构及人际交往的模式。

关于社会关系网络理论,也有不同的理论观点(表 6.1)。社会关系网络最早是由英国人类学家 R·布朗于 20 世纪 30 年代提出的,他主要研究了文化在社会关系中起到的作用,是如何约束固定关系下的人类行为,在不断丰富与完善下,形成了三种核心理论,即强弱联结理论、社会资本理论和结构洞理论。

社会网络的构成要素为节点与关系,个人与组织是节点,节点间的关系是个体与组织在互动过程形成的关系,社会网络的紧密程度主要取决于节点间的联系程度[176]。社会网络理论应用于旅游地空间研究发展起步晚,有关研究相对较少。陈秀琼和黄福才指出区域旅游空间结构是一种社会网络结构,区域内各旅游目的地相当于网络节点,目的地之间的直接或间接联系相当于社会网络结构中点与点之间的映射关系,目的地之间的交通通道相当于连线。因此基于旅游者的行走路线和旅游流量对旅游度假地建立社会网络结构模型,从程度中心性、接近中心性和中介中心性分析各旅游区的可进入性,探讨旅游系统空间结构的影响因素及其优化措施[177]。其后,不少学者通过社会网络关系理论与方法探究旅游地空间结构布局的合理性。

避暑度假地具有不同类型的社会居民,而度假居民与度假居民之间、度假居民与原住居民之间、不同客源地的度假居民之间、各种类型的居民之间都存在着不同强度、不同性质、不同形态的社会联系。加之避暑度假地具有明显的季节性,导致它的社会关系时有时无,在淡旺季之间交替发生,淡季与旺季的社会关系与网络呈现明显的不同。因此,避暑度假地的社会关系网络相对复杂,进而衍生了独特的社会文化特征。

表 6.1　社会关系网络核心理论一览表

社会网络理论	代表人物	理论简要
弱关系理论	格兰诺维特(Granovetter)	在强关系中,由于联系过于紧密,其资源大多是重合的,信息或资源具有同质性;而弱关系中,联系相对较少,其资源相对独立,具有异质性,因此,对比之下,弱关系下更能带去新的资源或信息
强关系理论	克拉克赫(Krackhart)	强关系的联系要远远大于弱关系的联系,建立在这样密切联系之上的信任,所传达的信息和资源的可靠度也远大于弱关系所带来的信息和资源,具有一定的稳定性

社会网络理论	代表人物	理论简要
社会资本理论	皮埃尔·布迪厄（Pierre Bourdieu）	社会资本是指社会结构资源，由不同的团体和不同的关系组成的一种网状结构，它与物质资本、人力资本之间在作用上并无差别，都是通过资本积累以获取更多的资源，且网状结构越复杂，表示社会资本越多，其获取资源的能力就越强，这表明在社会网络结构中，某个体或团体的社会资本数量越高，其在社会网络结构中就越重要
结构洞理论	布尔（Burr）	在网络结构中有直接联系的要素之间，在资源和信息上具有高度的重复性，存在有用资源或信息的可能性较低，而在结构洞周围的元素，接触的都是不同要素，获取的信息和资源范围更广，在竞争中的优势更加明显。因此，结构洞越多，社会网络结构中获取的资源和信息也相对更多

　　避暑度假地的社会关系网络具有淡旺季之分。根据调研，避暑度假地旺季的社会网络最为复杂，但存在明显的临时性（即度假人群的社会关系不稳定，临时性强，可能有些具体关系每年都在变化），旅游群体的社会关系网络在淡季几乎不存在，整个避暑度假地恢复到传统的社会关系网络；原住居民的社会关系网络相对比较稳定，不轻易发生变化。其次，关系结构具有明显的群体分异性，即大致分为旅游者群体和原住居民群体，二者之间往来比较少，如果没有经济关系，原住居民几乎保持其既有的社会关系，与避暑度假者交集较少（图6.3）。

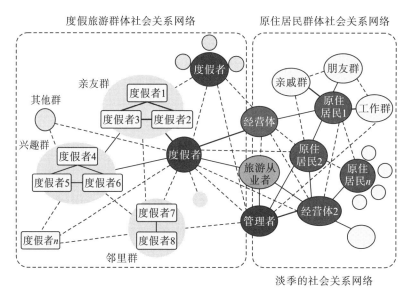

图6.3　避暑度假地的社会关系网络图
（注：粗线表示强关系；实线表示有关系，虚线表示可能存在关系）

　　在个体关系中，有些关系比较密切（交往强度大），例如度假者的亲友关系，根据调查，这是度假者在避暑度假地的主要关系圈子；有的社会关系则为可能关系，主体之间不一定发生；有的关系只有旺季才存在，一旦离开避暑地，这种关系就基本不存在了。以度假者为例，亲戚、朋友关系比较稳定、交往强度较大，而邻里关系相对比较脆弱，有的避暑度假者与邻里几乎只有眼神交往，没有任何实际交流，其度假过程中几乎只与亲戚群、朋友群(包括休闲、健康活动、娱乐活动、旅游活动等)一起。此外,避暑度假者因为生活需要,一定与经营体有一定交往,甚至与个别经营者之间可能建立比较稳定的(经济)关系。

此外,避暑度假地的社会关系网络仍然存在二元结构特征,整体上是一个完整的社会网络关系。但通过交往强度和稳定性可以看出,社会关系网络其实存在分隔,有旅游群体社会关系网络和原住居民群体社会关系网络之分,二者之间交往并不频繁,之间的交往可能有利益关系的损伤,例如因为旅游者的到来,导致生活成本增加等。这导致避暑地社会的分隔,给社会管理带来更大的难度。

二、社会系统与系统流

(一)社会系统

帕森斯这样定义社会系统:"社会系统存在于许许多多彼此在一互动情境中发生互动的个人行动者之中,该情境至少具有一种物质和环境的面相,行动者的动机倾向于追求最大化的满足,借助于一个有着文化结构和共享的象征符号系统的规定和调停,行动者与情境,及与其他行动者发生联系。"从社会学角度看,社会系统则指在某一特定区域、特定场景中,由两个或两个以上的人直接或间接作用下所组成的统一体,例如学校、家庭、社区、机构、公司、城市、国家、政党等都属于社会系统,各自都有内部的社会关系网络[178]。

毫无疑问,避暑度假地是一个特殊的社会系统,系统内有各类居民(个体)、避暑产品、休闲设施、接待设施、基础设施、康乐场所、各种机构(如政府、医院、学校、集市)等,以满足并维持避暑度假基本活动需要。在各种社会关系下,各要素相互作用,形成了避暑度假地特殊的社会系统,并主要有如下特征。

1. 避暑度假地是一个复杂的社会系统

避暑度假地社会系统的复杂性主要体现在三个方面,且这三个方面存在着相互联系的作用关系。第一,避暑度假地的要素和人群构成复杂,其中,人是最复杂的要素,特征是旅游人群,其中又包括长期停留、暂时停留度假者,以及度假者的访客等。人的复杂性直接导致了避暑度假地社会系统的复杂性。同时,在不同时空条件限制下,要素与人群会呈现出不同的表现与状态,加剧了社会系统的复杂化。第二,避暑度假地社会系统的社会关系复杂,构成要素之间存在着复杂的相互作用与相互关系。例如避暑度假地的原住居民,在工作、家庭、文化、社会交往等领域会产生不同的活动,由此产生各种各样的社会关系;度假者因为亲情、兴趣等,也会产生不同的交往活动。而这些社会关系可能平行、交叉、重叠等。第三,度假者与原住居民的心态复杂,人本身就是一个包含物理系统、心理系统、社会系统的复合系统。与一般的旅游者相比,度假者心态更复杂,观光旅游者其实就是旅游地的一个过客,无须顾及与旅游无关的事情,避暑度假者则不是。例如,拥有房产的度假者到底是居民还是旅游者?怎么对待社会管理?原住居民则对基于旅游的社会公共服务的共享存在模糊想法,与度假居民的平等性问题,等等。不同志趣的人具有不同的旅游消费与行为特征,导致避暑旅游地天然形成了一个复杂的社会系统。

2. 避暑度假地是一个半自组织社会系统

自组织系统是指系统在外在环境的作用与影响下，仍然可以继续维持自身的组织性、秩序性、有机性。避暑度假地是一个相对成体系的社会区域，总体上，它能够通过努力实现自我运行和管理，是一个自组织社会系统。虽然避暑居民、原住居民、避暑旅游从业者和相关管理者有不同的需求和目的，但在共同努力、共同维系下，在共同社会形态目标的引导下，各类居民基本能够自觉遵守规章与秩序，以更好地实现避暑度假目的、社会和谐愿望。但是，避暑度假地多位于比较落后、规模小的行政地区(镇、乡)，其谋划能力、管理能力、物质供给能力比较有限，一般情况下是可以应对的，但在避暑旺季，旅游者规模可能超过当地居民的数倍，各方面超负荷运行，各方面的能力缺陷就表现出来，如果要维系整个社区的正常运行，就需要外力帮助。以湖北苏马荡、重庆黄水度假地为例，每年旅游的高峰时节，均需要利川市、石柱县派出力量协助管理，调配周边区县物资支持避暑度假地的正常运转。因此，避暑度假地应该是一个半自组织的社会系统，无法实现完全的自组织化。

3. 避暑度假地是一个开放的社会系统

开放系统就是指系统通过一定的交流媒介(例如语言、货币、物质等多种携带信息的符号)，与外界发生了物质、信息、能量等交换，以维持社会系统正常运转并向前发展。避暑度假地存在着各种社会关系，社会关系的产生源于社会要素相互之间的各种关系，包括与外界的社会联系。一个开放的外部环境恰好是发生联系的基础与前提，要使避暑地社会的固有关系结构持续维持，并满足各群体的目标和生活需求，就必须从外部环境中获取必需的资源与能量等。避暑度假居民本身就是避暑地的一部分，旺季时，成为避暑地的社群主体；对于度假居民，在避暑度假地最稳定的社会关系就是他们在客源地形成的亲情关系，而这种关系被移到了度假地，成为避暑者最重要的社会关系；大多数避暑居民在避暑生活中，会前往集市、菜市场、超市等购置生活必需品，而这些生活必需品大部分来源于外界。所有这些现象，注定了社会系统的开放性，否则难以独立生存。此外，当地社区和原住居民也需要与外界有交流活动、交往关系。

4. 避暑度假地是一个动态的社会系统

避暑度假地的发展是一个动态过程，其生产要素和生活要素均因此发生变化，社会关系也自然发生调整和重构，它的社会系统也是动态变化的。随着时间的推移，在内部重构调整与外界环境变化的叠加作用、相互影响下，避暑地社会系统会在平衡与不平衡之间摆动、自我调节。例如，避暑度假地的空间布局是在一定时期、一定生产关系、一定社群关系等要素作用下共同形成的，由于发展避暑旅游，需要对功能空间、经济要素、用地、基础条件等进行重构，原有的空间布局或满足不了新的社会发展需求，社会格局需要打破，各要素需要进一步优化和完善，社会系统因此要发生变化。整个避暑旅游地的社会系统就这样处于不断自我调节、修复过程中。

此外，随着外在社会经济与环境的改变，如避暑市场竞争、气候环境变化等，避暑地社会系统的目标、功能、结构等可能产生变化，以实现效应最优化，其社会系统也会随之发生变化。

5. 避暑度假地是一个脆弱的社会系统

与一般的社会系统相比，避暑地的社会系统相对比较脆弱，核心原因就是它的社会关系比较脆弱。导致社会关系脆弱最根本的原因是避暑度假产品具有明显的季节性，部分人群关系、社会关系因此表现出季节性；旺季建立起来的关系可能因为过长的淡季而消失。这种波动性的社会关系导致避暑度假者对避暑地的依恋感不强，即关系相对不稳定。社会关系不稳定的社会系统自然比较脆弱，较难实现避暑度假地的地方依恋性、社会认同感等。因此，避暑地的管理者，应该主动培育有长期联系的社会关系，刺激避暑度假者对避暑旅游地的依恋之情，将社会关系常态化。以贵州桐梓为例，在发展避暑旅游之初，当地管理者以情动人，主动关心来自外地度假者的物质生活和精神娱乐，让旅游者感动备至，由此建立起了良好的关系，视度假地为家；每年 5 月，这些避暑度假者就迫不及待地前往那里，产生了非常好的效果。

（二）系统状态

系统状态，即系统所呈现的形态。通常情况下，系统会经历生成、生存、发展、消亡等一系列发展阶段，由此产生不同阶段的各种系统状态。针对具体对象，通过一定的技术手段与勘测工具，可以对特定时空下的系统状态进行科学、系统、客观的观察与识别，从而总结与归纳出系统所呈现的形态、趋势等特征。根据卢曼的系统理论，可将现代社会系统划分为政治、经济、科学、法律、宗教、家庭等多个功能系统。

旅游与其他社会经济融合，成了旅游地社会系统的重要组成部分，在各种社会关系的综合作用下，旅游地展现出了独有的社会状态，避暑度假地尤甚，呈现出有明显季节性差异的社会系统状态。近年来，避暑旅游热度持续上升，产生了候鸟式的旅游活动和旅游流，避暑度假地逐渐形成了以中老年为主导的社会群体，整个社区呈现出繁忙而休闲的状态。避暑度假地的社会系统在旅游淡旺季呈现出不同状态（图 6.4）。

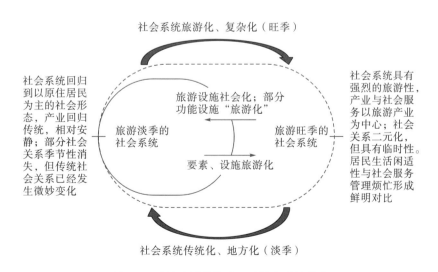

图 6.4　避暑度假地的淡旺季社会系统状态

旺季的社会关系结构具有明显的二元性，尽管整个社会是一体化发展，但旅游人群与当地居民之间仍然有间隙，各自按照各自的社会关系活动，形成了两个几乎少有交集的社会关系圈；旺季的避暑地社会活动基本呈现井喷状态，具体表现为居民生活整体上比较休闲恬静，旅游度假味十足，但此时又是社会服务、社会管理最繁忙的时节，人流与车流大量涌入，住宿、餐饮、娱乐、购物异常火爆（周末显著），原本的社会状态被打破，社会关系复杂化，社会状态具有强烈的旅游性。

淡季整个避暑度假地又回归到传统状态，原住居民又恢复到传统的社会关系、社会活动，与旅游旺季相比，完全是另一种社会系统状态。随着天气逐渐转凉，避暑热度随之衰减，社会人群及相关要素逐渐回归到社区传统的态势，社会系统逐渐回归到以原住居民为主的社会形态与文化关系中。当然，已经无法完全回归到最传统的状态，因为旅游，很多生产、生活、社会基础、管理行为等发生调整和改变，当地社区原来的社会系统也在不断优化和演化，其系统内部的社会关系、社会结构等已产生微妙变化，避暑度假地的社会传统状态有限回归。

（三）系统流

1. 系统流概念

系统流，就是系统元素（子系统）之间、系统与环境之间的一种相互作用方式[179]。是基于社会关系、系统要素之间的相互作用、交互过程和关系流向。系统内部、系统与环境之间的有机联系，最终呈现出系统要素间的流动。系统流使系统内部进一步调整与完善，使系统与环境在信息交换的基础上趋于协调，使系统整体得以运行与自主循环。可以说，系统流对系统意义重大，它是系统的"血液"。

系统流产生于系统元素，汇集于系统元素，最后也将湮灭于系统元素。以人类社会系统为例，人与人之间的各种关系汇集而成系统通道，再由系统通道传递信息，组成必要的系统流。然而，如果人这个重要的系统元素发生变化，系统通道与系统流也将随之发生改变。

2. 避暑度假地的系统流

旅游地的社会要素之间可能基于旅游而发生生产、交换、物质、文化、技术、管理、服务、信息、人员等的交互过程，具体可以分为客流、文化流、物质流和经济流等。由于旅游地社会系统的开放性，其系统流有内外之分。避暑度假地也是一个社会系统，自然存在系统流。

避暑度假地是一个半自组织社会系统，需要外界源源不断的物资、技术等供给和补充。区际系统流的流入与流出，正是其与外界环境相互作用、相互影响的过程，这是避暑度假地正常发展和运行的基本保障。避暑度假地域外的系统流大致分为两大板块（图 6.5），一是以旅游为目的的旅游领域，它与客源地之间的作用关系，主要体现在经济流、客流、文化流和物质流，是整个避暑地社会系统的能源之地，经济的来源；二是以社会经济和服务为主要目的的领域，是参与系统经营、服务、管理、从业的各类主体，具体包括投资者、

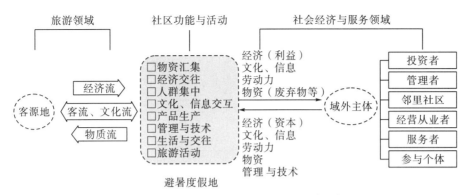

图 6.5　避暑度假地社会系统与外界的系统流态

管理者、经营从业者、服务者等，他们既带来物资、经济等，但也带走经济等。避暑度假地内部的社会系统流就是内部社会关系、要素的相互作用和正常发生，使得社会得以活化和运转。避暑度假地社会系统是我国社会经济发展重要的社会系统。在这个系统中，度假者是最活跃的要素，他们主要与经济体、服务体之间产生经济、物质的交互，是整个系统的经济源点；而与度假者、当地居民之间产生文化、信息的交流；同时是度假产品的消费者、服务享受者、废弃物生产者等。避暑旺季，随着各种物流、客流、经济流、信息流等的涌入，系统内交换频繁，系统活跃(图 6.6)。各种流态不断转换，逐渐转换为避暑度假地的发展动力，带动当地社会不断发展。

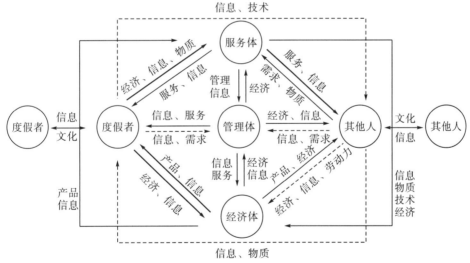

图 6.6　避暑度假地社会系统内部的系统流

(资料来源：根据王昕[173]修改整理)

第二节　社群交往与文化冲突

一、社群交往

社群指聚集在一起的拥有共同价值观的社会单位[180]。一般情况下，社会学与地理学家所指的"社群"，倾向于在某些边界线、地区或领域内发生作用的一切社会关系(广义)。本书更倾向于社会学对社群的定义，即通过稳定而持久的社会关系结合起来，进行共同活动的集体。例如，以血缘关系结合起来的是家庭、家族一类的群体，以地缘关系结合起来的是邻里一类的关系，以业缘关系结合起来的是公司、学校、行业等一类的职业关系[181]。

人类的社会交往行为是一个历史的发展过程，从最初的血缘式，发展到后来的地缘式，再到现在的业缘式、网缘式等，人类在不同时期的交往方式往往会产生特有的路径与表现形态[182]。有学者曾说过，历史是人类社群的联结。可见，社群之间的交往互动对人类历史发展与文明建设具有重要意义。

帕森斯认为，人类之间的互动并非人与人实体上的互动，而是角色与角色之间的互动[178]，也就是说，人与人之间的交往与互动是需要介质的，而社会关系可能就是人们交往过程中所必需的介质。现实生活中，人们因为各种各样的社会关系，产生了各种各样的社会联系，进而促进了人与人、人与社会之间的交流与互动。一方面，客观世界的人无时无刻不处于各种各样的社会关系中，而出于一定关系、一定目标的需要，人们产生了相互之间的来往活动，由此便形成了社群交往。另一方面，人们在频繁的交往、互动过程中，也会形成各种各样的社会关系与社会现象。

从社会学、伦理学视角理解避暑度假地的社群更有意义，即通过价值、关系、目标可以解析旅游类社群的形成等；具有社群交往的基本特征。避暑地的个体结构复杂，但部分人与人、人与社会的关系具有临时性，因此真正的社群关系并不复杂。而且社群有明显的二元化分异特征。

(一)避暑度假地的主要社群

1. 原住居民

原住居民，指长期在避暑度假地生活，对当地社会风土民情十分了解，并在长期的交流、互动过程中，形成了具有本地文化特色、民风民俗等的社会群体，他们是避暑度假地最资格的"主人"，是当地社会系统中最稳定的人群；从旅游角度看，也是一道人文风景。作为避暑度假地社会文化的主要载体，原住居民既是历史文化的继承者、地方文化的传承者，同时也是文化创新的实践者。一般情况下，原住居民对旅游产业的态度、对旅游者的态度等影响到避暑度假地的实际发展。避暑度假地在发展旅游过程中，面临的最大问题就是利益与文化冲突，面对的主要社群就是旅游群体，可能面临与旅游群体抢资源、生活成本增加等社会问题。因为旅游发展，当地社区和居民成为最大的受益群体；但是因为发展旅游，资源与利益关系重构，他们原来既有的社会关系被打破，形成了新的子社群。

2. 旅游居民

从旅游学角度看，避暑旅游者的纷至沓来，为避暑度假地带来新鲜血液，同时也带来了经济收入，为当地发展提供了文化和经济驱动力。避暑旅游居民在度假地付出了时间与金钱成本，在享受凉爽、舒适的同时，还能悠闲地体验当地自然景观、本地文化与风俗等，获得了一个美好的生活体验。从旅游产业角度看，避暑居民是避暑度假地的旅游主体，是避暑度假地的主角，是当地旅游经济的供给者、原动力。

从社会学角度看，避暑度假者具有候鸟式生活特征，享受着舒适的气候条件，躲避了夏季的酷暑。但是这些人群的社会属性成为疑问，他们是访客还是当地居民、他们在避暑地的社会地位与定位如何、他们在当地的社会权责如何等，因此避暑度假地旅游者社会关系相对比较复杂。

从住宿形态看，大量避暑度假者购置有避暑房产，是当地的户主，拥有当地居民的基本权利；从生活方式看，过着与当地居民亦同亦异的生活，当地居民是"生产+生活"方式，度假者是"生活"方式，日常生活流程与当地居民无异，但生活更加悠闲；从社会认知看，避暑度假者是"访客"，缺乏地方文化意识，但又有地方认同感，甚至具有地方依恋感(认同与依恋的角度为旅游，即旅游产品、旅游环境等的认同)。

3. 旅游经营者

这里的经营者是指各类具有商业目的经营体统称，是在避暑地从事旅游等经营活动的群体，包括旅游项目、服务项目、康乐项目、文化项目等的投资者、经营者，他们具有高度的目的一致性，以面向旅游者为主，是避暑地的重要群体。经营者基于需求，为市场(旅游者、当地居民等)提供产品和服务，是社会系统能量的中转站，因此盘活了整个社会的运行。作为避暑度假地的经营者，不仅要熟悉消费者的文化特征、消费习惯等，还要了解当地原住居民、管理者等群体的文化习惯等。

整体上，由于避暑旅游的季节性，经营活动也应有明显的季节性；但是面向当地居民的经营则为全季性。一方面，旅游经营者所提供的产品和服务为避暑旅游者提供了生活保障和便利，也丰富了度假旅游者的生活。另一方面，经营者的目的是利益最大化，与消费市场形成利益双方，易使当地社会功利化，导致旅游缺乏原味。因此，管理者应当强化经营者的社会责任，谋取合理的利益。

4. 旅游从业者

旅游从业者是指与经营者建立起了劳动关系，并为居民提供服务的人员。旅游从业者是连接旅游经营者与旅游居民的桥梁，一般处于接待服务工作的第一线，直接服务度假游客。宏观地讲，旅游从业者应该包括度假地所有商业活动的经营者、经营体员工以及从事旅游相关辅助服务工作的人员等，他们均是通过工作获得经济回报，是整个社会系统的"螺丝钉"，不可或缺。由于工作性质，旅游从业者基本与旅游者、当地居民等消费者打交道，还要接受管理者的监督，一般应当具备一定的职业道德修养、娴熟的服务技能、健康的心理素质等，同时需要不断进步、接受相关指导等。

5. 民间组织与志愿者

民间组织与志愿者，属于非政府组织(non-Governmental Organizations，NGO)，是独立于政府体系之外的具有一定公共性质的社会组织，承担着一定的公共职能，为非营利性组织。民间组织与志愿者具有自我的价值主张和做事规则，不受各方利益体的约束，是避暑度假地的关注者与监督者，对避暑度假地的资源保护、旅游开发、旅游经营、旅游管理等行为与现象有一定的监督与约束作用。民间组织与志愿者基本是以公益性为主，有一定的社会号召力，拥有和能够协调一定的专业资源服务社会，对避暑度假地的社会文化、经济发展、居民生活等也具有一定的引导或指导作用；他们通过调查和了解当地的社会现状与发展问题，能够一定程度上解决资源环境保护、生活文明、社会公平等问题。

6. 管理者

管理者是以政府为主导的社会事务管理执行群体，他们是各方利益体的监督者和服务者，其功能在于确定避暑度假地的发展方向、发展定位，确保建设如期完成，保证整个避暑度假地的正常运行，促进整个社会关系和谐、保障各方利益，最终实现度假地社会系统的正常运转。管理者需要与所有个体、群体、利益体交往沟通，提供服务和指导。

(二)避暑度假地的社群交往

避暑度假既是一种旅游活动类型，又是一种社会现象，度假地内含许多复杂的社会关系，产生了不同的社群交往。出于不同的需求目的，因为共同的社会状态愿望，不同社群通过一定社会关系走在了一起，在一定的规则下，寻求各自所得，社群两两之间的交往方式各不相同。以避暑度假人群和经营者为例，度假者选择适合的避暑度假地，临时聚集并生活在一起，自觉遵守相关规章制度，自觉维护度假群体的利益，以获得美好的度假体验；旅游经营体和从业者则为了经济目标，向度假者提供度假产品、服务产品、生活商品等，通过产品交易和服务提供达成经济目的。

1. 交往结构

交往结构是指整个社会系统社群比较定型的交往方式和交往关系。避暑度假地的主导性交往结构是以度假生活为基础，交往结构具有多元性和交集性特点。首先，避暑度假地的社群交往以度假生活为基础，是因为度假地的主要社会经济活动是围绕度假旅游展开，特别是旅游旺季，是各社群关系的主题；而淡季的交往结构则是工作交往和生活交往交织。其次，交往结构的多元性表现在社群关系复杂，很难用一种交往方式加以概括，旅游群体与原住居民之间、旅游群体与经营体之间，社群关系是不同的。再次，交往结构交集性表现为生活交往、度假活动交往、工作交往相互交叉，很难完全割离。最后，避暑度假地的社群类群较多，交往结构并不平衡，度假居民与原住居民形成了两大主要群体，相互之间交流较少；交往呈现两种结构，一是社群内部子群之间的互动与交流，如避暑度假子群之间的交往频繁，与原住居民并无太多交往；二是不同社群之间的交往，如避暑度假者与原住居民、原住居民与旅游经营者之间等多是因为互利关系而交往，但不可或缺，而少有因为情缘关系、文化关系、地缘关系的交往。

2. 交往类型

避暑度假地社群交往大致可归纳为三种类型。一是情缘关系的交往，具体表现为亲情关系、友情关系、地缘关系、志趣关系等的交往，这也是避暑度假地最广泛、最频繁的社会交往；度假者的社会生活圈主要是日常度假生活所面对的人群。以志趣关系的交往为例，是指因为康乐爱好(棋牌、歌舞、垂钓、健行等)而聚在一起，他们的关系具有松散性，但是交往频次仅次于亲情关系。二是互利关系的交往，建立在经济与服务基础上的利益型交往，避暑度假本身就是旅游经济的一种，为了达成各自的利益目标，各种利益体之间不得不交往在一起，包括旅游人群与经营体、旅游人群与从业群体、管理者与旅游人群、管理者与原住居民、经营体与经营体之间各类合作与竞争形式的利益关系等。三是文化关系的交往，因为文化了解、文化体验、文化活动、文化冲突而产生的交往，虽然具有偶然性，但确实存在；不同的文化群体、不同文化属性的群体、不同文化爱好的群体因为不同文化目的而形成互动，这对避暑度假地非常重要。

二、社群关系

社群是社会关系的产物，其形成与发展具有较强的社会性特征，而社群之间的关系正是社会性特征的具体表现(图6.7)。具体社群之间的关系(即交往方式、交往规则、交往内容等)是相对稳定的，和谐的社群关系有利于社会的正向发展运行，进而促进社会的可持续发展，反之则会阻碍社会的发展。因此，为实现避暑度假地的健康发展，必须重视各种社群之间关系的合理性。

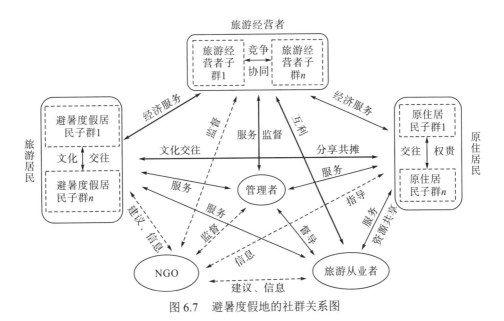

图6.7　避暑度假地的社群关系图

避暑度假地的社群较多,其涉及的社会关系也相对复杂。根据避暑度假地主要社群所扮演的角色与关系,大致可将社群的关系形态分为两种,一是社群交往与互动;二是社群冲突与对抗。

(一)社群交往与互动

社群交往与互动是社群关系的表现形式之一,它主要体现为社群内部、社群与社群之间的和谐往来与互动等。

一方面,社群本身具有相似的社会关系和共同的利益目标,在社会交往与互动过程中多表现出包容、和谐的状态。以原住居民为例,让他们成为群的主要原因是"文化",受历史、文化等因素影响,基于地缘关系他们往往会形成一定程度的地方认同感与社会归属感等,并由此影响几代人的社会交流与交往等。但不同于原住居民,避暑度假居民是因为避暑休闲形成的社会群体,他们有明确的生活目标和利益目标,但是他们之间的关系相对比较松散,主要是他们之间相处时间比较短,缺乏深层次的文化与情感沟通,所形成的社群关系具有临时性;但是为了共同的度假生活目的,他们又很容易走在一起,例如为了获得避暑度假生活的利益,很容易"结盟"面向其他利益群体(例如经营者等)。旅游经营者与旅游从业者这两个社会群体的形成比较相似,主要目的是追求经济收益,所形成的社会关系主要是业缘关系,同时也存在其他关系,但相对较弱。NGO 社会群体的产生则同时表现为地缘关系与趣缘关系,NGO 社群内部的交往与互动等往往更加友好。

另一方面,不同社群之间在没有较大的利益冲突情况下,也能保持和谐相处的状态。原住居民与旅游居民之间,因为旅游形成互惠互利关系。因为发展旅游,原住居民的生活环境得到改善,也给原住居民带来文化信息和更多收益,生活水平得到提高;原住居民能够为旅游居民提供地方文化感受、健康的食品等。文化在原住居民与旅游者之间相互流动、相互包容、相互吸收,形成新的文化现象。但是除相互了解对方的文化外,旅游居民与原住居民之间较难有本质的文化交往和联系。旅游经营者与旅游居民之间主要是经济关系,从市场角度讲就是供需关系和服务关系,一般情况下能保持较为融洽的交互关系。

(二)社群冲突与对抗

社群冲突与对抗是社群关系的另一表现方式,也是社群交往与互动的对立面,即社群内部、社群与社群之间产生矛盾并发生冲突等现象。无论是社群内部还是社群与社群之间,只要有矛盾,就可能会产生冲突与对抗。对于一定区域的社会而言,主要的矛盾和冲突还是发生在社群之间,很多是深层次原因引起,有时甚至很难调和;而社群内的矛盾则相对容易解决。

对于避暑度假地而言,社群冲突与对抗仍然反映在社群之间和社群内部。首先,由于相似的社会关系与社会角色,社群内部的矛盾多是由直接利益引起,只要利益不公平,就有可能产生矛盾,甚至爆发冲突与对抗。例如旅游经营者之间一般是竞争与合作关系,而在竞争过程中可能出现不公平、不合理的竞争方式,如果管理不到位就会导致一方或双方心态失衡,由此产生冲突与对抗。

其次是社群之间的冲突与对抗,不同的社群代表着不同的价值观和利益目标,在有限的社会空间内，社会资源、权益是有限的，如果某个社群占用社会资源等过多，必然会导致其他社群可用资源的减少，进而产生冲突与对抗。一般情况下，引起社群之间冲突与对抗的原因很多，可能是文化因素，也可能是利益因素、权利因素、政治因素等。其中，利益冲突是引起社群冲突与对抗最常见的因素，也是最根本的社群冲突。

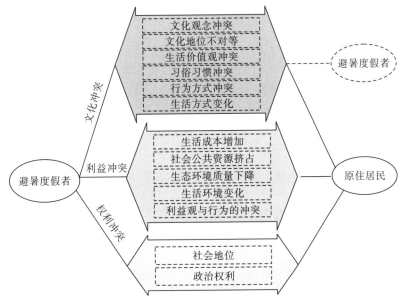

图 6.8　避暑度假者与原住居民的主要冲突

　　以原住居民与避暑度假居民为例，他们之间存在互惠互利的关系。但因为发展旅游，两大群体不得不面对三种可能的冲突(图 6.8)。一是文化冲突，不同地域的人群之间可能存在文化观念、生活价值观、文化习俗、生活方式等的冲突，也可能是文化地位不对等引起的冲突。二是利益冲突，避暑度假者与原住居民之间的利益冲突相对比较隐形化(二者之间没有直接的利益交换)，例如因为大量避暑度假者的到来，导致当地居民生活成本增加，会引起不满和冲突；或是因为大量避暑度假居民的涌入，挤占了当地居民的社会公共资源；或是因为旅游发展，导致当地生态环境质量下降，引起不满，导致冲突。三是权利冲突，因为新的居民(避暑度假者)进入，导致当地居民既有的社会地位和政治权利受到挑战，引起不满等。
　　特别需要说明的是，文化冲突不仅仅表现在避暑旅游者与原住居民之间，也存在于避暑旅游者之间，他们来自有不同文化特征的地方，同样存在文化融合与矛盾问题，冲突难免。

三、文化冲突与调适

　　文化冲突是任何社会(区域)最深层次的冲突，也是最难调和的冲突。避暑度假可以丰富旅游者的文化知识和文化认知，但不足以改变旅游者的文化观念，旅游者也很难短期内改变自己的文化认知。当地管理者、各利益体需要做的是调和文化矛盾，形成良好的文化交往氛围。

（一）文化冲突

1. 冲突与文化冲突

冲突是指事物双方或数方相互之间尖锐、剧烈地对抗，如国家、集团、阶级、个人之间等，甚至个人本身的各种意图、思想、动机之间也会发生这样的对抗。冲突是一切人文科学的中心问题，并由此产生了许多不同的理论。超我、自我和本我之间的冲突是心理分析的关键概念，后两者之间的冲突在个人的性格培养过程中起着重要作用。此种冲突处理不当，则是各种神经官能症的起因。社会心理学中该词的含义是指发生在社会角色之间的对抗[183]。

文化冲突（culture conflict）是指两种或多种文化在一定区域接触后产生的一种相互摩擦或斗争的文化现象。其实质是不同文化价值或价值体系的冲突。它是一种不稳定的文化形态，具有暂时性和反复性特征。它表现在不同群体对文化问题的视角、目的、思维模型和评判标准的差异上[184]。

一般可将文化冲突分为两类，一是横向的文化冲突，即不同文化群体之间的文化冲突，如中西文化冲突、城乡文化冲突；二是纵向的文化冲突，即同一文化群体在不同时期文化模式之间的冲突，例如传统文化与现代文化之间的冲突、代际文化之间的冲突等。

避暑度假地的文化冲突时有发生，不可避免。避暑度假地是不同文化背景旅游者的汇集地，旅游者有着不同的知识和文化体验，进而形成了不同的价值观与认知，由此存在文化的差异性与多元化；随着度假生活的深入，人与人、人群与人群之间的接触与交往日渐频繁，在交往过程中，不同文化必然会有摩擦与碰撞。避暑度假地的文化冲突主要表现为横向冲突，即群体之间的冲突，例如旅游者与原住居民之间、不同客源地的旅游者之间等。

2. 冲突类型

避暑度假地的社群较多，主要包括原住居民、避暑度假居民、旅游经营者、旅游从业者、NGO、管理者等，每个社群都有各自的利益目的、价值主张。其中可能存在文化冲突的社群主要为避暑度假者与原住居民（即不同地域文化的人群之间）、不同客源地的避暑度假者之间。不同文化背景的社群在长时间生活过程中，不可避免地会产生由于文化差异导致的碰撞与摩擦，这些文化层面的碰撞与摩擦是正常的，但若处理不当，便可能会朝不利方向演变。

根据文化冲突的时间与空间特征，可将避暑度假地文化冲突的主要类型分为以下几种。

1）本土文化与外来文化的冲突

对避暑旅游地而言，本土文化与外来文化的冲突主要是指原住居民与避暑度假者之间的文化冲突。原住居民是避暑度假地本来的主人，他们长期生活于此，通过长期的自然适应与人文调适，形成了比较固化的人文现象，他们本身也是这种本土文化的继承者和传承者。由于旅游开发，吸引了大量的外来者（即避暑度假者等），首先这群人是客源地文化的携带者，可能与避暑地文化特征迥异，容易导致冲突；其次，由于大多数避暑度假者的消费方式，拥有当地房产，自然成了当地"居民"，挤占了当地居民的资源，可能导致冲突。避暑度假者既是客人，又是主人，甚至是避暑度假地规模最大的社群，两类居民在一起生活，文化冲突在所难免，需要较长时间的调适。

　　当然，有的冲突是多种原因的交织，很难区别是文化冲突还是利益冲突。不管是本土文化者还是外来文化者，都不愿意与对方发生冲突，但是实践中较难控制，例如在交往过程中，角色定位、文化观念、语言表达方式、消费行为、生活方式等均可能存在误解，导致冲突。2021年7月，某避暑地一位度假者入住避暑房，由于年久未住，出现一些问题，需要物管处理；但该度假者以客人、消费者自居(角色定位不妥)，也延续了客源地既有的语言方式(嗓门大、语气硬；而有些事情非物管所能及)，加之气势凌人，出言多指责、训斥(缺乏平等性)，因此惹怒了工作人员，发生争执，留下一句"你这种人，难得侍候"，扬长而去。虽然没有大的矛盾冲突，但在现实中，文化冲突就此展开，类似例子很多。

　　2) 客源地之间的文化冲突

　　任何旅游地都是不同客源地旅游者的汇集地，但由于旅游属性差异，大多数旅游地的旅游者只有短暂的交往交集，不容易产生文化冲突。但避暑度假地则不同，有的避暑度假地的客源广布(例如湖北苏马荡、云南抚仙湖等)，部分客源地之间文化差异比较明显，这些地方的度假者如果长时间在一起，生活和度假活动过程中难免产生文化上的误解和矛盾，导致冲突。地域文化与性格没有优劣之分，都是自然环境、历史发展条件下形成的地域文化与处世习惯；但不同地域居民的性格特征确实存在差异，他们之间就可能存在处世认知、文化性格的误解，容易导致冲突。

　　3) 传统文化与现代文化的冲突

　　传统文化与现代文化的冲突，涉及原住居民、避暑旅游者、避暑旅游经营(开发)者、管理者等各类人群。其中，原住居民是传统文化的代表人群，而避暑度假者以老年群体居多，也是传统文化的主要群体；旅游经营者和管理者群体则必须兼有传统文化与现代文化的认知，灵活掌握市场需求，推出恰当的产品、施行合理的管理举措。严格地讲，避暑度假产业本身就是旅游产业的新兴类型，是社会发展、文明程度提升、生活理念和水平进步的表现，旅游者和其他参与者均应该具有现代文化特征，与传统文化和生活方式本身就存在一定的矛盾或不协调避暑度假地需要在磨合中协调发展，形成和谐关系。

　　避暑旅游的开发与建设是基于原住居民赖以生存的原生环境，建筑、街道、社会文化环境等都是历史与传统文化的物质载体，当地居民对其有情感，在旅游开发过程中，必将涉及冲突问题。

　　此外，避暑度假地的传统文化本身具有旅游吸引力，旅游者都期望体验到当地原汁原味的文化与生活。而旅游开发又刺激了当地经济发展，对原住居民的价值观、文化观、人生观形成了冲击，可能导致传统文化被削弱，传统文化的传承与发展处于不利状态。如何处理现代经济发展与传统文化的传承，是旅游业长期面临的问题。

　　4) 物质文化与精神文化的冲突

　　旅游产业既是经济产业，又是文化事业。从避暑度假者角度看，他们除了希望通过高质量的物质产品、物资设备获得身体康养外，还希望在文化上、思想上、心理上得到舒适享受。但是如果旅游开发思路和方法不当，会导致物质文化与精神文化的冲突，过分的物质化建设必然破坏文化场景，喧闹的生活并非人人喜欢，它会打破自然的宁静、生活的静美。

　　目前看来，由于我国避暑度假旅游发展历史尚短，度假旅游消费观念不足，大多数避暑度假者的度假还是传统的旅游思路，传统的旅游度假方式。所调查的避暑度假地几乎都充斥着打麻将、跳广场舞的声音，热闹非凡，难有安静祥和的度假活动和文化场所。近年来，我国物质文化得到了极大发展，然而物质文化与精神文化的发展并不同步。市场经济的发展使人们的物化意识显著增强，金钱至上、物欲横流、违法犯罪等市场经济的负面作用冲击着人们的精神文化[185]。作为避暑度假旅游，需要倡导更加雅致的度假方式，管理者、经营者应当加强精神文化方面的建设和产品开发，引导和发掘避暑度假者的精神依托，结合本地文化，建设更加具有文化气息的高品质避暑度假地。

(二)文化调适

1. 基本理解

调适是社会学的重要概念，主要是指人类在交往过程中产生的一种调整与适应社会环境的能动作用[186]。所谓文化调适，就是已经比较成熟的某一文化体系，在面对异质文化的挑战、冲击、刺激时(已经变化的外部文化环境)，能动地进行一定的调整和适应。对原有文化有保留、废弃与发展；对异质文化有排斥、有参考、有接受等。一般情况下，不同系统的文化所具有的文化调适能力也不同。

2. 调适方式

基于避暑度假地特殊的文化群体和交往方式，各文化载体之间可能存在学习、包容、交往、融合等几种情况，这是一个需要时间的过程。其中主要是游客载体与避暑度假地传统文化之间的调适。其他文化载体(例如经营者)主要是适从；同时外来文化信息会影响到调适进程。文化之间的调适可能会产生三种结果(图6.9)，即相互了解，互不干扰，相互独立；或通过融合，产生新的文化形态，文化一体化；或相互包容、相互理解，形成多元的文化体系。

事实上，避暑度假地各文化体之间的冲突和调适并非对等。避暑度假地既有的文化是成体系的，反映在方方面面；而通过游客载体携带的客源地文化呈碎片化，只能代表某方面或个体，加之避暑度假者在度假地的停留时间有限、活动领域和活动空间有限，因此冲突机会、交往机会等也有限，很难有文化之间的整体性调适。

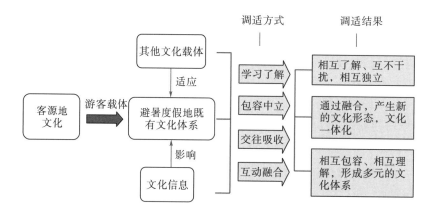

图6.9　避暑度假地文化适调与结果

（1）学习了解。其实就是文化之间的相互认识，导致冲突最主要的原因是相互之间有误解。作为避暑度假地，管理体和经营体可以通过一定方式（传统媒体、现代媒体）对涉及的客源地文化、本土文化进行宣讲，让旅游者、当地居民等对不同文化习惯有所了解，相互认知，破除误会。根据调查反馈，重庆人的语言习惯容易导致误会，语气偏硬偏直，说话声音较大，很容易被误解为"生气""态度不好""反感"等。

（2）包容中立。基于相互认知和了解，不同文化群体、文化个体都会有一个相对独立的分析和决断。大多数情况下，将文化背景及差异原因说明白，就容易达成理解；当文化差异较大，相互之间难以协调时，可以相互包容，各自处于中立状态，独立而和谐相处。避暑度假地文化群体之间的交往主要在生活过程中，交互的深度不大，但多能够相互包容，处于中立状态。

（3）交往吸收。在文化个体、文化群体的交往过程中，总能发现一些对方的优点或有趣的东西。在包容背景下，相互之间学习，或多或少能够吸取对方的优点，以此丰富自己。避暑度假地各类群体的生活交往比较频繁、活动空间交织，当地居民在潜移默化中吸取旅游者的生活方式，例如健康生活、卫生要求、康乐活动等，旅游者起到了较好的示范作用，而旅游者也会一定程度上吸纳当地人的生活方式。

（4）互动融合。这是文化调适的最大程度，不同文化之间在避暑度假地相互吸纳、相互作用，各种文化在此深度融合，最终产生新的文化形态，形成度假地特殊的生活方式、交往方式等。但这种情况一般发生在文化实力比较对等的情形，要么互不干预，要么融合。

第三节　利益关系与文化友好

一、利益关系

利益关系是指社会不同主体之间的利益结构或利益格局。利益关系是社会关系的集中体现，是一切社会关系最基本、最深层次的关系，是人们产生社会关系的基础与来源。

利益关系主要分为两类，一是横向利益关系，即个人与个人之间的利益关系、同一阶层群体与群体之间的利益关系；二是纵向利益关系，指个人与群体之间的利益关系，不同阶层的社会群体之间的利益关系，如个人、社会、国家之间的利益关系等[187]。

（一）主要利益体

一般情况下，将利益关系的涉及者称为利益体。在避暑度假地，存在着比较多的利益关系与利益体，根据利益体在该地域的作用情况，可将避暑度假地的主要利益体分为核心利益体、保障利益体、辅助利益体等（图6.10）。

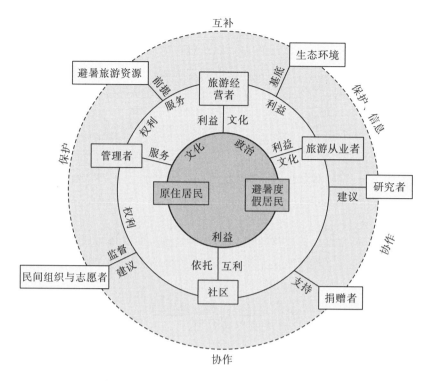

图 6.10 避暑度假地的主要利益体与主要关系

1. 核心利益体

在避暑度假地，参与整个度假活动的主体，或度假地社会经济服务的核心对象，是避暑度假地社会日常性生产生活的主要社会群体，即为避暑度假地的核心利益体，包括原住居民、避暑度假居民。原住居民是避暑度假地资源的原始拥有者、旅游发展的既得利益者，也是旅游经济的参与者；避暑度假者是旅游开发的利益获得者、旅游产品消费者、整个社区经济发展的经济动力，也是社区资源临时（新的）拥有者。

这两个核心利益体在避暑度假地的生产活动中具有较强的积极性与主导性，他们的态度和行为直接影响到利益的产生和享有。由于利益直接相关，避暑度假地所产生的各种正面效益、负面效益等，将直接作用于核心利益体。例如，如果避暑度假地开发、经营管理得当，核心利益体将直接受益，度假者享受其中带来的旅游获得感，而当地居民则享受旅游开发带来的红利（个体和社区）；如果开发不当、管理不善，核心利益体会成为负面效益主要的承受者，避暑度假者无法达到预期的度假效果、经济蒙受损失，当地居民则会承受不当开发带来的长期影响（例如环境破坏、资源浪费、生活利益受损等）。但是，避暑度假地的核心利益体并非当地发展的决策层，他们主要是间接参与或建议等。

2. 保障利益体

保障利益体是指维持避暑度假地正常运转的相关主体，如政府部门（管理者）、旅游从业者、旅游经营者（投资者）、社区等，是整个地方服务工作的主体，由此形成了避暑度假地的业态。他们通过社会资源提供、服务提供、产品商品提供、管理规范等，为避暑度假地的社会运转提供必要保障，为旅游居民、原住居民提供各种需要的产品和服务。

不同于核心利益体，保障利益体对避暑度假地的发展起到直接的推动作用，对发展有决定性影响。地方政府（管理者）对当地发展具有决定权；旅游开发商对避暑度假地的开发与建设、经营管理具有自主权；从业人员是社会的服务主体；社区在这里是一个整体性地域主体，与原住居民不同，它通过一定方式代表整个地方居民的利益，为区域发展提供社会资源等，也需要平衡各方利益等。

3. 辅助利益体

辅助利益体主要指避暑度假地在发展过程中的各类间接性参与主体，他们不直接参与经营管理，也不从中获益，但对避暑度假地有一定的监督指导作用，具体包括民间组织与志愿者（NGO）、捐赠者、研究者等。另外，这里将生态环境、避暑旅游资源作为两个非生命的利益主体，它们是避暑度假地发展的前提和基础，也可以理解为大背景条件。

辅助利益体能够为避暑度假地的发展、管理提供智力支持与社会物资等，能够为避暑度假地的决策献计献策，并对过程起到监督与协助作用。研究者能公正客观地提出问题与建议，以供决策参考；NGO 则从公益视角对社区合理发展提供监督和建议。

（二）利益关系类型

根据避暑度假地各种活动参与主体的特征，为了便于表述和理解，将利益体之间的主要利益关系划分为五类，即经济利益关系、文化利益关系、生活利益关系、政治利益关系和环境利益关系，这些利益关系成为构建社会的基础，进而形成避暑旅游地相应的社会结构与社会形态等[173]。

1. 经济利益关系

任何社区涉及经济利益关系的情况均比较多，避暑度假地也不例外，是整个地方比较普遍的利益关系，其中有的经济利益关系比较隐性，非直接的经济交易关系。

（1）旅游投资者（经营者）与避暑地社区。该主体的经济利益关系比较宏观，之间存在利益模式、利益分配的经济关系，他们的经济利益关系决定了避暑度假地的发展与否、发展方向和路径、旅游社区的受益方式等。旅游投资者（投资者）主要考虑整个项目（产品）盈利情况、盈利模式以及旅游社区能够提供的资源和帮助等；避暑度假地社区则主要考虑由此带来的社区整体效益、获益方式、获益领域以及需要给投资者提供的资源条件和资金投入。

（2）原住居民与旅游产业。当地居民的态度影响到当地旅游的可持续发展。为此，原住居民与旅游产业之间有一种直接或间接的利益关系。一方面，在原住居民赖以生存的土地上发展避暑旅游产业，离不开原住居民的支持与配合，包括资源的配合；原住居民是避暑度假地"活化"的风景，是地方文化特征的具体反映，也是地方文化的载体，具有旅游吸引物特征，需要得到利用和发挥。另一方面，避暑度假旅游的发展应能给原住居民带来福利，给予其参与旅游产业的机会，由此提高他们的经济收入与生活水平，改善生活条件等。总体上，原住居民与避暑度假旅游之间应该是一种互惠互利的经济关系。

(3)避暑度假者与经营者。避暑度假者与旅游经营者之间的关系是最直接的经济利益关系。旅游经营者通过产品生产和服务，为避暑度假者提供可满足需求的旅游产品和生活商品等，以实现避暑度假目的。二者之间的关系就是供给与需求关系、交易关系，旅游经营者获得经济回报，避暑者达成度假目的、实现生活需求。

(4)原住居民与经营者。原住居民是避暑度假地各种资源的享用者。然而，避暑经营者进入避暑度假地后，出于盈利目的，一般会采取租赁、买卖、雇佣等多种方式，与当地居民发生经济利益关系。这种关系可能是互惠关系，也可能是冲突关系、买卖关系。一是经营者通过租赁当地居民的资源(例如房屋、土地、林地等)进行经营，当地居民因此受惠；二是经营者雇佣当地居民从事商业活动，居民从中获益；三是当地居民作为消费者购买经营者产品，之间为买卖关系，实现互惠；四是个别当地居民也经营商品产品，与外来经营者形成竞争关系，之间由于理念、资金和技术等方面差异，可能导致冲突。当然，原住居民与经营者之间更多是隐形的利益关系，当地居民间接受益。

(5)社区、原住居民与经营者。政府部门(社区)、原住居民与经营者之间还有需要协同的经济利益关系，三者需要达成一致意见，共同发展、共担责任、共享利益，共同致力于避暑度假地发展。实践中，当原住居民与经营者的出现经济利益矛盾时，管理者可以出面进行协调，以平衡与维护利益体的相对和谐与友好，进而促进避暑度假地的整体发展。社区与原住居民的利益具有一致性，是公共利益与个体利益的关系，之间存在临时利益与长期利益的分配问题；如果当地个体利益过大，会影响到当地的整体与长期发展；如果社区利益过大，会影响到个体(当地居民)获益，由此影响到他们发展旅游的积极性。这就需要管理者从居民的参与方式考虑利益获得模式。

2. 文化利益关系

对于避暑度假地而言，文化利益关系主要发生在原住居民与避暑居民之间、避暑居民之间、NGO 与社区文化传承者之间。其中避暑居民之间的文化利益关系具有临时性，其矛盾可能因时间推移而化解。

(1)原住居民与避暑旅游居民。原住居民与避暑居民之间的文化关系是该旅游地最重要的文化利益关系。一般情况下，原住居民群体代表着本土文化，避暑居民代表外来文化。双方在旅游活动、旅游生活、经济活动过程中，必然有交往，相互影响。双方多会站在自己既有的文化利益视角看待问题，避暑居民除沿袭自己常态的文化观点外，可能也会受本土文化的影响，因此做出一些改变；而原住居民在传承本土文化的同时，也会不自觉地受到外来文化的影响，并按照一定的价值观，不断吸收外来文化的精要，丰富当地文化内容的多样性。但二者之间也会因文化价值主张差异而产生矛盾，随着时间推移又逐渐融合。一方面，避暑旅游的发展客观上让更多的人了解到了避暑地的本土文化，原住居民在这一过程中感受到了文化自信，并逐渐意识到本土文化所具有的文化价值和吸引力，从而激发保护、传承与创新意识[188]。另一方面，避暑居民的大量涌入，由于功利主义思想，加之地方居民和管理者缺乏文化价值的甄别能力，可能导致大量现代文化元素渗透、移植到避暑度假地。例如将传统建筑文化丢失，大量旅游设施建筑变成现代建筑，对本土文化会产生强烈的冲击，本土文化遭到削弱，一旦触及文化根脉性的东西，势必引起文化冲突。

（2）NGO与地方居民、文化传承者。对于避暑度假地，非营利组织对文化的传承与保护具有重要作用。虽然他们没有经济利益目的，但有文化利益取向。他们一般能够与地方文化取得和谐，对地方文化起到保护作用。调查认为，大量旅游地为了发展经济，不能很好地保护和利用地方文化，最终导致地方文化被严重削弱。NGO能够对地方文化保护起到较好的监督作用，他们可以主动为政府、为社区、为文化传承者提供指导和建议，为文化创新提供相对稳定的发展环境。但是，由于NGO与当地居民对文化价值的理解存在差异，居民有时很难发现文化发展的偏差，在经济利益的驱使下，忽视文化传承和保护，也可能与NGO出现矛盾。这是旅游地比较普遍的问题，如果地方管理者、开发者缺乏文化保护意识，很容易导致优秀传统文化的丧失。

3. 生活利益关系

本书所指的生活利益关系是在社区生活过程中，居民由于社会资源、共享设施等影响日常生活权益而产生的利益关系。该利益关系较难通过"经济""政治""文化"等来诠释清楚，但又真实存在。例如，生活中涉及的公共服务设施、休闲设施、卫生设施、物品消费、共享空间等均可能因为公平性问题导致利益冲突。避暑度假地的生活利益关系则更常见，特别是避暑度假者，很容易与当地居民争用公共服务设施等。

（1）原住居民与避暑度假居民。显然，避暑度假居民的涌入，必然会占用避暑度假地一定的社会资源，影响到原住居民对社会资源的权益，情况严重时会导致原住居民产生抱怨、厌恶的情绪等。

避暑旅游作为现代休闲旅游方式之一，也是旅游发展趋势的体现。我国南方（特别是长江中下游地区）夏季，大量居民由于炎热的天气会就近选择凉爽的山地区避暑度假。在避暑生活过程中，避暑度假居民会大量挤占当地居民的资源和市政投入，例如休闲场所、生态环境等，而且会抬高当地生活物价。淡季时，避暑度假区成了空城，导致大量建筑设施闲置浪费，一定程度上影响着原住居民既有生活质量。当然，避暑度假者的到来也会给地方基础设施建设带来新的机会，发展新的功能空间，丰富地方居民的生活内容；带来新的生活信息，提高当地居民的生活品位。

（2）原住居民与经营者。原住居民与经营者之间也存在着一定的生活利益关系。因为避暑游客的到来，会占用大量的生活必需资源（水、电、食物等），而经营者（包括开发者）从利益出发，会占用土地资源与社会功能空间等，建设有盈利性的建筑和街区等，自然会导致既有社会资源被挤占、原来空间资源的丧失、生态环境质量下降等。而且，经营者经营的产品主要面向避暑游客，导致原住居民的生活受到影响（例如生活成本增加等）。当然，经营者对原住居民在生活方面也有好的一面，例如生活环境得到质的改善、生活产品更加丰富、生活品质得到提高、生活更加方便等。

（3）避暑度假居民与经营者。二者在避暑度假地有不同的目的，主要存在经济利益关系。但在生活利益方面没有特别的关系，避暑者主要追求闲适健康的品质生活，而外来经营者主要追逐利益，生活方面要求不高。尽管二者均是社会资源的享有者，但享有资源存在一定差异，之间的交集比较少，主要反映在生活物资的供给和价格方面，能够为避暑旅游者提供必要的生活保障。

4. 政治利益关系

这里所提及的政治利益关系主要指利益主体之间的决策、执行、建议和监督关系。例如决策权，是指地方政府对旅游避暑地的地方性公共事务，根据社区的经济、社区发展规划、旅游经营规划以及地方政府发展目标，充分运用国家权力机关和上级政府部门授予的权力，通过科学决策以维护和保障既定利益实现所进行的行政决策过程。过程中，就可能涉及利益体的意见和表决权益问题。

(1)政府部门与避暑旅游居民、旅游投资者。政府部门与避暑旅游居民、旅游投资者之间存在一定的政治利益关系。首先是政府管理部门与投资者之间，在避暑地发展问题上存在较多的博弈，博弈的核心是经济利益，会影响社区发展决策问题。当避暑度假地建成后，又涉及社区治理问题，政府部门需规范管理旅游居民与旅游投资者的各类行为，督促其履行相应的社会责任，以维持避暑度假地的整体和谐等。避暑度假地的社区管理，需要结合旅游者的意见和建议，形成多方沟通，任何一方的权益未得到保障，都会埋下问题隐患，在未来任何时间可能爆发、重提。

(2)政府部门与原住居民。原住居民是避暑度假地的常住居民，有权参与避暑地的政治性事务，享有选举权与被选举权、监督权等权利。在地方发展规划和社区管理方面，当地居民有表决权和建议权，管理部门应该尊重他们的意见和要求，没有原住居民支持的避暑度假旅游是无法发展起来的。同时，原住居民也应当承担和履行相应的义务，如遵守宪法与法律、爱护公共财物、遵守社会公德等。

5. 环境利益关系

避暑度假地最具价值的旅游资源应该就是"环境"，包括两个方面，一是核心资源"凉爽"的气候环境，二是良好的"生态"环境；而"环境利益"则还涉及生活的环境、文化的环境等。在避暑度假地的开发过程中，"环境"应该是各方关注的地方。政府视其为社会资源，用以发展地方经济；开发者(经营者)视其为经济资源，用以赚钱盈利；地方居民视其为生活资源(生活环境)，恨爱有加(传统经济时代，这里的环境艰苦，制约了发展；现代经济时代，这种环境成为发展的资本，致富之宝)；避暑度假者视其为旅游资源，度假生活的必要条件，夏季的天堂；NGO 视其为人类资源，生存之本。显然，各方对环境的利益取向有较大的不同，之间自然会因为"环境"利益问题出现冲突。

(1)政府与生态环境、避暑旅游资源。中共十九大报告在"加快生态文明体制改革，建设美丽中国"中提出了"构建政府为主导、企业为主体、社会组织和公众共同参与的环境治理体系"的理念。其中"政府为主导"准确地界定了政府在环境治理体系中的地位。可见，政府在环境利益问题上，有明确的责任和利益定位，不得以牺牲环境获取经济利益。但是地方政府还有发展地方经济的任务和责任，因此，如何保护生态环境、合理开发避暑旅游资源，应该有一个环境利益的平衡点，并为地方居民培育良好的生活与文化环境。

(2)NGO 与生态环境、避暑旅游资源。NGO 作为社会资源的保护者之一，其环境利益取向最有利于环境的持续健康发展。他们对避暑旅游开发起到监督和建议等作用，帮助政府和开发者(经营者)树立和严格执行环境责任意识，以此保护人类赖以生存的生态环境。随着避暑旅游市场的不断发展，避暑旅游资源越来越受到追捧，出现的问题也越来越多，当地的生态环境压力越来越大，NGO 等利益体方对生态环境的保护作用不可或缺。

(3)旅游经营者与生态环境、避暑旅游资源。避暑旅游经营者(开发者)以经济利益取向为主，其行为对避暑旅游资源是利用，对生态环境是破坏。由于开发者大多来自外地，对地方缺乏特殊的感情与依恋，虽然他们能够为避暑市场提供必要的度假产品，为当地经济发展带来机会，但因此导致的环境问题则需要当地社区和居民来承受。避暑度假地的社区具有长期性，政府和社区居民对避暑地的生态环境等具有依赖性与依恋性，因此需要避暑度假产品开发者应该与社区、居民形成一致的环境利益观，建立良好的环境利益关系。

(4)原住居民与避暑度假者。环境利益关系还涉及避暑度假者与原住居民。避暑度假居民因为良好的避暑旅游资源、生态环境、生活环境而来到避暑度假地，但他们的度假生活具有临时性，因此对环境利益的态度比较模糊，以利用、享受为主，地方依恋感不强，缺乏环境保护主动性；而且他们是与当地居民争环境利益最主要的人群。根据实地调研，大量避暑度假地的最佳环境区域被避暑居民占据，压缩了当地居民的环境利益，甚至剥夺了当地居民的环境利益。"鸠占鹊巢"现象在避暑度假地比较多，这对当地居民而言，确实不公平，引起了部分地方居民的不满。原住居民大多是环境资源的守护者，而付出的环境努力可能被避暑居民占用，内心肯定有意见，毕竟已经侵占到他们的环境利益，如果没有其他的补偿措施，很难平息这种矛盾。

二、文化友好

避暑度假地的长远发展，除了需要良好的避暑旅游资源、完善的基础设施、具有一定优势的区位条件以及合理的开发外，还应当具备一定的软实力，以维持避暑度假地精神层面的友好性与和谐性。"软实力"是近年比较流行的词语，主要指文化、教育、价值观、影响力、道德准则、文化感召力等，通常具有潜在的、隐性的能量，达到"硬实力"所不能达到的效果。对避暑度假地而言，构建和谐、友好的文化氛围，对避暑度假地的可持续发展至关重要。

对避暑度假地的文化友好性应该有更宽泛的理解。具体表现在以下几个方面。第一，避暑度假地的发展认知、发展价值导向、发展理念等，得到了避暑度假地各利益体的基本认同与支持，形成了较为一致的认识与观念，这是避暑地社会关系能够长期友好发展的意识基础。第二，避暑度假地各种文化群体的关系友好与包容，包括本土文化与外来文化、传统文化与现代文化、物质文化与精神文化等，在交流与互动过程中相互学习、相互包容、相互融合，由此形成一种多元的、和谐的社会文化氛围，利益群体之间友好互认。第三，避暑度假地对避暑旅游资源、社会资源与生态环境的认知与保护达成一致认识，各方利益体都关注和爱惜共同的资源与环境，并愿意为此付出努力。第四，经济利益关系是整个度假地的关系核心，友好的基本前提；一个好的避暑度假地，应该形成各方比较认同的经济利益关系，利益模式比较公平，由此提高各社群对社区的好感，也愿意积极为社区付出，反之，则有碍于社会关系与文化关系的发展。第五，在上述情况下，还应当形成一套有利于各利益体、各居民文化友好交往的保障性制度[179]。

避暑度假地的文化友好，是以和谐、认同、可持续的社会理念为基础，是对科学发展观的理论实践，也是新时代旅游行业发展的必然选择。只有在和谐友好的文化氛围下，各利益体才能做到自觉、合理地开发与享用避暑旅游资源、保护环境、遵守相关规章制度、达成共识等。

友好的社会环境氛围也是避暑度假者所希望的环境氛围，是休闲度假生活需要的条件之一。由于避暑度假地的原住居民和旅游居民有不同利益诉求和生活目的，其友好关系形成需要更多的沟通协同，需要社区管理者处理好各方利益关系，努力营造友好的文化氛围、和谐的社会关系。

第四节　避暑度假地的社区参与和旅游认同

一、社区参与

社区是一个社会学概念，它是社会学家费孝通先生对英文"community"一词的中文翻译。目前，社会学界对社区的定义有140余种，但尚无公认的定义与解释。

廖盖隆等认为，社区参与就是社区居民自愿参加社区内各种活动与公共事务的全部行为及其过程[189]。汪大海等在《社区管理》一书中指出，居民参与是指社区居民本着公共精神参与社区事务，并在此基础上培养社区认同感和社区归属感的过程[190]。张大伟和陈伟东则认为居民参与是指社区居民本着公共精神参与社区事务，从而推动社区发展和人的全面发展[191]。联合国经济及社会理事会(United Nations Economic and Social Council)的一项决议案表示，社区参与应当包含三个条件：①需要在民众民主自愿的基础上使其融入社会发展过程。②必须平等地分享参与所带来的利益。③必须参与决策制定程序，包括目标设定，政策方案的形成、执行与评估。

(一)避暑度假地的社区参与

从联合国经济及社会理事会的议案可以看出，"参与"的三个核心表现，即自愿、平等、决策，其中居民参与"决策"是较难做到的，而避暑度假地的发展又涉及居民的核心利益和利益关系，关系到原住居民与旅游居民的利益维系，因此居民的"参与"行为应该到达"决策"层面。

从政治学角度看，社区参与主要包括三个层面的内容，即社区参与的主体、社区参与的客体(内容)、社区参与的方式(图6.11)。

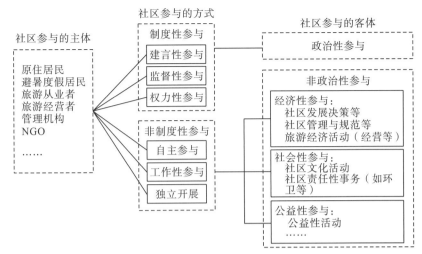

图 6.11　避暑度假地的社区参与结构示意图

（资料来源：根据王昕[173]修改整理）

1. 社区参与的主体

"谁来参与"即为社区参与的主体。一般来说，社区参与主体的积极性与利益相关程度呈显著的正相关关系，即利益相关程度越高，则社区参与主体的积极性也越高，反之亦然。避暑度假地社区参与的主体由主要利益体构成，原则上包括原住居民、避暑度假居民、旅游从业者、旅游经营者、NGO 及管理机构等群体。但在实践中，社区参与主体主要为原住居民和管理机构，他们参与的频度和领域应该是最广的；其中，根据制度性参与的要求，只有原住居民才有资格参与其中，尽管避暑度假居民拥有当地的房产权，具有"居民"的资格，但政治性事务还是只能在常住地参与。

2. 社区参与的客体

"参与什么"即为社区参与的客体，实际上就是社区参与的内容。而对于社区参与的内容，可分为政治性参与和非政治性参与，政治性参与是指居民参与国家政治事务或本社区权力运行相关的公共性事务，如选举各级人大代表和社区居委会成员等。非政治性参与是指与社区居民日常生活相关且与社区权力运作不相干的事务性参与，如组织社区文体娱乐活动等[192]。对避暑度假地而言，可以具体区分为几大客体，即政治性事务、经济性事务、社会性事务和公益性事务。其中，政治性事务只有避暑度假地的户籍居民才有资格参与；经济性事务的参与者比较广，主要出于经济利益目的，一般避暑度假居民、NGO 等不参与经营性实际活动；社会性事务参与的主体更广泛，所有在避暑度假地的居民均可以（应该）参与，例如文化活动、环境保护、社区治理等；公益性事务参与纯粹为志愿行为，没有约束，但必须在法规之下行事，NGO 是典型代表。

3. 社区参与的方式

"怎样参与"涉及社区参与的方式问题，社区参与的方式主要分为两大类，一类是制度性参与，另一类是非制度性参与。制度性参与是指社区成员在既定制度规范内的参与活动，常见的形式有选举、表态、执行、管理、决策、监督、观察等。非制度性参与是指社区成员超越既定制度规范地参与活动，常见的形式有议论、投诉、抗议等。避暑度假地的社区参与和一般社区一样，具体参与方式包括建言性参与、监督性参与、权力性参与等制度性参与，主要由避暑度假地的户籍居民（并非所有原住居民）完成；自主参与、工作性参与、独立开展等非制度性参与则是所有居民根据自己的意愿和目的参与，包括经济性活动、社会性活动等。

（二）避暑旅游地的社区参与意义

马歇尔（Marshall）在《公民资格与社会阶级》中，将公民资格的组成要素分为公民权利（如各项言论、结社、信仰权等自由权，以及财产权、司法正义权等个人自由所需的权利）、政治权利（参政权、选举权等）与社会权利（福利权、继承权、社会安全权等社会保障权利）。可见，社区公民参与是公民运用权利、履行义务的一种方式，是建立在公民资格理论基础上的公民实践。

避暑度假地的社区参与是社区民主管理的重要体现，也是各社会群体争取和维护自身利益的重要方式，其客观层面也反映了度假地社区居民对自己的身份认同、地方认同，甚至旅游认同等。

1. 社区参与是促进避暑度假地可持续发展的主要动力

任何社区的改造和建设离不开居民的参与。避暑度假地各利益群体虽然有不同的利益观和利益目的，但存在共同的利益目标，应该有共同的责任和对社区的认同，这是避暑地发展的基本动力，特别是避暑度假地建成后，社区治理需要各主体的主动参与，共同推进避暑地的完善和进步。各利益体主动参与到避暑度假地的各项社会事务中，促进利益平衡，执行和完善管理举措，提高生活环境、社会福利、社会教育、卫生健康、地方产业、文化艺术、犯罪防治等的治理水平，不断提高避暑度假地社区生活的整体品质。

2. 社区参与有利于促进避暑度假地的社区自治与社区民主

社区参与是社区自治与社区民主的前提。如果没有避暑度假地各社会群体的广泛参与，其发展必然会出现大量的矛盾和问题，导致当地的社会管理体系无法推行和实施。一般情况下，当地居民参与社区事务的积极性越高，参与的程序越规范，该社区的民主水平越高，社会越公平。社区民主是社会民主的重要一环，社区民主有利于推进整个社会的民主政治进程[193]。避暑度假地的管理必然需要原住居民、避暑度假居民的参与，否则难以获得不同利益群体的意愿和要求，通过居民参与，管理举措更能够实现公平。

3. 社区参与有利于降低避暑度假地的治理成本，提高服务效率

避暑度假地的原住居民长期生活于此，拥有在当地生活的丰富经验与智慧，比较了解居民自身的需要。正如奥斯本与盖布勒在《改革政府：企业家精神如何改革着公共部门》一书中所言：公民是那些自己明白自己问题所在的人，好的公民组成强有力的社区；社区

对成员的承诺，比一般服务机构对顾客而言，更要全力以赴。只有通过原住居民、度假居民等的多维参与，社区管理者才能发现更多的问题，更有效地解决问题。只有原住居民的参与很难获得关于避暑度假地旅游服务、旅游产品、配套服务等需求，只有度假者的参与同样很难获得当地矛盾、社区需要等问题。多元主体参与之下，避暑度假地的社区管理才更直接、更经济和更有效。

4. 社区参与有利于提高避暑度假地各类居民的社区意识，增强旅游认同感

认同感是一种发自内心的体会，也是一种生命共同体的美好体验，居民认同感的产生也在一定程度上意味着社区意识的增强；而且社区参与会增强避暑度假地各类居民的存在感。避暑度假地社区居民通过共同参与，在社区活动过程通过各种方式讨论、交流与互动，不同的利益诉求都因此得到理解或实现，利益群体之间相互理解和认同，地方感与社区认同感会明显加强。对避暑度假地而言，通过避暑度假居民的参与、各方互动理解，能够产生较好的旅游认同，这对避暑度假地产品宣传推广、旅游形象传播起到很好的作用。

二、文化认同与旅游认同

（一）文化认同

1. 认同的理论

1）心理学对认同的理解

认同是人的一种感觉，是一种复杂的心理现象。大体上，认同可以分为个体认同与社会认同。个体认同是个体对自身内部的吸收，是以个体自身为认知客体而进行的诸方面经验的统合。社会认同则主要指个体对外部世界的吸收，是外部事物向内部个体的转化。Freud等所用的认同（identification）是指在社会情境中，个体对他人或团体的行为方式、价值标准的采纳，使其与他人或团体趋于一致的心理过程。这便是主体对外部世界的主观吸取，属于社会认同[194]。

我国心理学界对认同也有多种理解。从认知心理看，认同是一种情感、态度乃至认知的移入过程[195]；从模仿心理看，认同是社会化过程中，个体对他人的整个人格发生全面性、持久性的模仿学习[196]。从社会心理看，认同是一种社会学习的历程，社会认同是指个人的行为思想与社会规范或社会期待趋于一致，如价值认同、工作或职业认同和角色认同等[197]。从人格心理看，认同是维系人格与社会及文化之间互动的内在力量，可用来表示主体性、归属感等[198]。

2）社会学对认同的理解

人是社会中的人，而认同就是人们对自己以及与他人的关系定位。人们在进行社会生活的过程就是寻找自身在社会中的定位、形象、角色等（"我是谁？"），以及与他人关系性质（"他们是谁？"）的过程。一般情况下，当人们拥有这种社会认同感时，得到的是一份归属感与幸福感；而当人们缺乏认同时，往往就会陷入自我怀疑与惊慌失措之中，由此陷入认同危机。

针对社会认同的分类，主要可以从两个方面进行阐述。一方面，从主观与客观的关系看，社会认同可分为主观认同与客观认同。前者是指人们在主观意识上得到认同，后者则为表现与显示人的社会认同的客观特征与符号等，如肤色、口音、方言、风俗、生活习惯、行为举止等。另一方面，从社会接受程度看，社会认同可分为正面认同与反面认同。正面认同是指社会予以肯定和人们主动接受的认同，而反面认同则表现为社会予以否定、贬低而人们试图避免的认同。如有色人种，其所具有的肤色特征，在部分群体看来，就是反面认同的"标记"。

3）哲学对认同的定义

加拿大哲学家查尔斯·泰勒（Charles Taylor）认为，认同问题也是哲学的基本问题。就个体指向而言，认同是指相信自己是什么样的人或信任什么样的人，以及希望自己成为什么样的人；就共同体指向来说，认同是指个体对不同社会组织和不同文化传统的归属感。然而，自我认同通常是把自己认作属于那个群体或持有那种文化价值观的人，而文化认同则主要通过不同人的认同行为的选择显现出来。

2. 避暑度假地的文化认同

文化认同，指个体对所属文化群体以及文化群体内化并产生归属感，进而获得、保持以及创新自身文化的社会心理过程。简单来说，文化认同就是个体对所属文化的认同。

文化认同是一种自我认同，是个体"认识"自我的一个重要方面，也是探寻一种文化所能进入人最核心部分的过程。文化认同也是一种社会认同，是个体获得群体"我们感"的过程与途径。

避暑度假地更需要不同利益群体通过社会参与获得不同视角的文化认同，这既是居民精神层面的需求表现，更是物质层面需求的结果。一方面，原住居民认同避暑度假地的本地文化，具有深厚的"主人翁"意识；同时，还认可避暑度假旅游发展和形成的新地域文化现象（社会现象等），一是因为原著居民在物质层面的巨大利益获得，二是文化层面的融合和认同。另一方面，避暑度假居民虽然是临时居民，他们购置避暑房本身就是对该地避暑资源、生活条件的认同；一经购置避暑房，就成为避暑地的"居民"，尽管他们的核心利益目的与原住居民不同，但也因此有了地方认同感；此外，在避暑度假生活过程中，避暑度假者对当地社会文化有所认知，也逐渐接纳并产生好感。

（二）旅游认同

避暑度假地作为典型的旅游目的地，是多元文化、多元群体和多元生活形态并存的地域。在长期的经济与生活活动作用下，当地逐渐"旅游化"，其地域文化、生活形态和习惯、社会群体和社会关系、社会价值观等深受旅游发展的影响。但在这一过程中，避暑度假地的发展状态是否能够获得认同，需看各利益群体的意见。基于旅游视角的认同，就是旅游认同。

简单地讲，旅游认同就是指在旅游目的地的各群体对所得、所见、所闻、所感等内容表现的集体性认同。旅游者离开惯常环境，去往异地（旅游目的地），在这一过程中，不仅认识了陌生、新异的环境，还重新认识了自己、他人以及这个社会等。也就是说，游客在其旅游过程中，通过对自己所遇到的人、事、物等新的认识，会生成各种形式的认同[199]。

旅游认同是认知主体从各维度认知下的综合性认同，包含了对旅游地的文化认同。以避暑度假者群体为例，在入住避暑目的地后，会寻求、确认自己在文化上的"身份"（个体认同），或是寻求自己在避暑目的地的角色认同，诸如游客、外地人、过客、居民等（社会认同），由此形成一定的文化认同，并在长期生活体验、避暑度假活动中进一步产生旅游认同。

能够获得多方旅游认同的旅游地才具有发展持续性。原住居民从经济利益获得、社会利益获得、生活感知方面对避暑度假旅游有所判断；避暑度假者主要从旅游获得、生活获得角度判断旅游；政府从社区整体效应、社会效益、社会文化等方面进行评价；经营者则从经济效益角度判断。但旅游认同主要涉及原住居民与避暑度假居民两个主要群体。

1. 原住居民对避暑度假地的旅游认同

避暑度假地的原住居民，基于文化因素与历史因素，对避暑度假地具有浓烈的地方情怀。在避暑度假地，原住居民主要扮演着度假资源的供给者和保护者、度假产品生产者、地方文化传承者、旅游发展获益者等多种角色，其旅游认同分别表现在三个层面。

首先，原住居民生长生活于当地，对地方旅游资源与环境十分熟悉，在过去的长期生产生活过程中，已经产生了文化认同与地方依恋，初步的旅游认同（对旅游资源与环境的认同）。

其次，在发展避暑旅游过程中，原住居民通过直接或间接的参与，是否有经济利益获得，是产生旅游认同的关键。如果原住居民支持并主动配合避暑旅游发展，积极参与避暑旅游产业，并获得可观的经济利益回报，就容易产生旅游认同感，对当地发展避暑旅游认可。

最后，随着避暑度假旅游的蓬勃发展，当地社会资源、生活条件得到较大改善，新的社区形态（生活文化）得到原住居民的广泛认可，会唤起原住居民对家乡新的自豪感、归属感与责任感，形成对旅游更深层次的认同，从而进一步推动避暑旅游和当地文化的创新发展。

2. 避暑度假者对避暑度假地的旅游认同

避暑度假者在避暑度假地停留、生活、游憩、康养，如果在这一过程中有休闲、舒适、放松、安全、健康等体验感，就容易形成旅游认同。

避暑度假者在避暑度假地有多重社会身份，其心态也是游离的、模糊的。对避暑度假地而言，避暑度假者是不可或缺的主体，是旅游者身份；对原住居民而言，避暑度假者被视为"过客""外来者""临时居民"等，甚至是社会资源的竞争者。对管理者而言，避暑度假者是"游客"和"居民"。避暑度假者对避暑度假地的旅游认同也可分为三个层面，不同层面的旅游认同程度也有不同。

首先是避暑度假者对自己旅游身份的认同。避暑旅游决策行为影响到避暑度假者的自我价值认同，他们通过信息获取，了解、判断并认可避暑地的旅游资源和环境条件，进而产生旅游购买，他们多希望自己的决策能够得到身边人群的认同。

其次是避暑度假者的旅游体验认同。在避暑旅游活动中，避暑度假者通过度假体验、休闲生活，达成自己的避暑度假目的，对避暑度假产品认同；通过与当地社会的交流与互动，获得更高的满意度和幸福感。

最后是对避暑度假地的地方认同。通过满意的避暑度假生活，避暑度假者对避暑度假地的生活形态、社会关系、文化活动、地方资源持以认同的态度，并逐渐自觉承担与保护当地生活环境、社会文化的责任，让自己有了"当地人"的感觉，进而对避暑度假地产生依恋。

由于避暑度假旅游的特殊性，一旦产生旅游认同，避暑度假者就容易成为"永久性"的旅游者，即重游率极高，这是避暑度假地可持续发展的根本保证。

第七章 山地型避暑度假地的功能空间与建构

柏林工业大学社会学教授 Martina Löw 在其《空间社会学》一书中提出，空间是在人和人的交流、人和物的交流过程中逐步形成的，是由人所创造、规划与设计。换言之，人与人的互动、活动特点及社会关系显著作用于空间建构。避暑度假地作为旅游者的活动空间，其空间布局与旅游者度假生活质量紧密相连。然而在利益驱使下，虽然避暑度假地的旅游得到大力发展，但多数避暑度假地的空间规划与项目设计以行政、经济等要素为主要考虑原则，忽略了度假地人群对功能空间的真正需求，导致功能空间的规模和结构不合理，因大量避暑度假旅游者的涌入受到质疑，引起各类服务问题、社会问题，对度假地的管理、文化交流及经济发展等造成一定阻碍。

城市的形成与运作离不开居住、就业和服务等多种功能的支持[200]。居住空间外延常代表城市空间的外延，对其他空间也将带来连锁变化，如周边地区居住空间因公共服务设施的形成被吸引。同时，实体空间因为居民提供多种多样的需要而产生，商业的空间布局需要获得经济利益而与公共服务设施的空间布局所考虑因素不同，究其本质是为居民提供各类服务功能，城市由不同的功能区有机组成[201]。度假地同样离不开居住、服务、休闲等功能的支持，以满足居民度假生活需求，建构度假地功能空间。夏季，避暑度假地人流骤升，对原本空间承载力提出重大挑战。各功能空间界限虽然无法准确划分，但彼此相互联系，相互补充。一旦功能空间缺失，将导致度假地发展不足，其他空间被动承担相应功能，一定程度上造成混乱与阻碍，影响空间结构的合理性。

结合社会学相关理论与方法，掌握不同人群的活动空间差异，根据人群关系紧密度，对应群体相应的互动空间，寻找避暑度假地空间布局之间的关系及存在的问题，有利于优化避暑度假地空间布局。社会网络理论通过研究要素关系及关系结构，构建关系之间的结构性网络系统，将各类关系投影于空间结构之中，通过对关系的研究与区域空间结构相联系，探究其存在的问题。社会关系变化作用于空间生产，根据人群活动空间特征与空间布局的相互作用，形成理想的避暑度假地功能空间布局形态。

一、避暑度假地的基本功能空间

避暑度假地的基本空间分类是相对的，主要是根据其主导功能而划分，例如度假聚落区可能也会产生经济活动。从避暑度假者的消费特点与行为特征看，避暑度假地的空间应有基本的生活服务区、休息游憩区、居住区等，而且是避暑度假地的核心区域；同时，还需要有辅助性功能空间的支持，如为原住居民和旅游者日常生活提供保障的社会基础服务区域、满足旅游者和居民购买的经济商贸区以及满足文娱活动的文化交往区等等。这些功能空间就是避暑度假地的基本功能空间(图7.1),形成避暑度假地的基本空间单元和结构,为避暑度假地的旅游活动、生活和经济活动提供场所和条件。功能空间之间又相互关联、相互联系,形成一定的活动流态特征,影响到避暑度假地的具体布局。

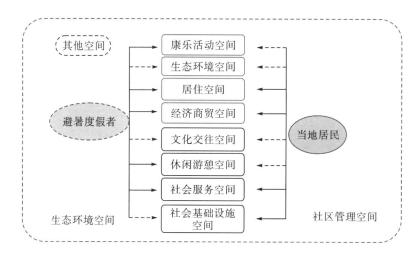

图 7.1　避暑度假地的基本空间

注:虚线表示主体可能去向。

在避暑度假地,原住居民是长期生活于此的群体,人口规模不一定大,他们在避暑度假地的居住空间可能松散、无规律,但生活形态比较稳定。避暑度假者作为外来者,他们在避暑度假地的各类活动具有临时性、短时性、季节性等特点,但人口总体规模较大,可能远超原住居民数量;从文化心理归属看,避暑度假者尽管关系松散,但是相互信任、相互支持。因此避暑度假地的功能空间布局应该充分考虑各居民群体的消费特征、心理特征和消费行为特点,为各类人群提供合理的空间、物质、服务,构建和谐的避暑度假空间。

(一)居住空间

居住空间是指有一定居民规模和用地规模,相对集中布置居住建筑、公共建筑、绿地、道路以及其他各种基础设施,相对独立的居住区域;也有称为聚落空间的。避暑度假地的居住空间则更广泛,如酒店、民宿以及当地居民和避暑人群集居、散居的居住场所,并且在聚落区内有一定配套的、满足基本生活需要的公共服务设施。由于我国特有的避暑度假状态,避暑度假地的居住空间大致区分为原住居民聚落空间和度假旅游居民聚落空间(旅游聚落),其中大量避暑度假地的旅游居民的居住空间超过了原住居民的居住空间,成为度假地最显性的功能空间。

(二)文化交往空间

文化交往空间是反映避暑度假地特色的空间区域,各社群在这里进行日常文化活动、文化交流等,是展示当地文化风采、旅游者体验地方民俗的绝佳场所。例如居民集体活动、宣传活动、文化展示、文化体验、生活漫谈、文体活动等。文化交往空间的实际形态丰富多样,例如文化广场、文化走廊(区域)、文化活动中心、文化馆、文化活动舞台等;文化交往空间形态也存在面积大小、内容丰富性之分。由于文化交往空间具有共享性,其影响辐射的空间区域因内容和功能的丰富性有所不同;一般情况下,一个避暑度假地应该有1或2个聚集性很强的文化交往空间,应该是整个旅游地文化活动的中心,是旅游者聚集的中心;一般性的文化空间通常靠近居住区或生活区、休闲区。文化空间对旅游地而言,就是一个形象宣传与推广区,不同文化人群在这里交往、沟通,实现文化和谐,是避暑度假社区人文旅游的空间,吸引旅游者前来。文化交往空间可能与其他空间融合存在,现实中的避暑度假地文化交往空间多与经济商贸、休闲游憩、康乐、邻里等空间融合,例如休闲区、聚落区、生活服务区等都存在不同程度的文化交往功能。

避暑度假地的本土文化是旅游者希望感受和体验的旅游活动项目,旅游者希望度假地有这样的文化空间,在文化活动与交往过程中,他们会无意识地表现与传递自身文化,原住居民或其他文化群体可以了解、学习、模仿,并与自身文化相融合,为避暑度假地带来新的文化元素。避暑度假地管理者也应清楚意识到,文化交往空间是旅游地的形象区、文化展示区,应该在规划和建设中加以重视,它是避暑居民了解地方文化的最佳空间,是原住居民与旅游居民文化沟通的重要平台。

(三)休闲游憩空间

休闲游憩空间是人们从事休闲活动的开放空间,由各种休闲要素相互作用、相互联系而构成。广义的休闲游憩空间包括休闲公园、游憩步道、儿童游乐园、音乐厅、咖啡馆等可进行休闲娱乐活动的场所。就功能来说,旅游也是休闲游憩活动的一种,因此广义上的休闲游憩空间也包含了部分旅游活动空间。但是休闲游憩空间与康乐空间存在本质的区别,这里的休闲游憩空间主要是指满足避暑度假者日常休闲、游憩活动的地方,基本上是室外场所,是避暑度假地的公共空间,属于市政性的基础服务空间(即多为无偿使用)。目前,休闲游憩空间已经成为衡量一个避暑度假地生活质量、度假地品质的标准之一。

在避暑度假地,休闲游憩空间主要作为居民日常的休闲性活动空间,是人们从事休闲活动的主要场所。对度假旅游者来说,闲暇时间较多,对修养与文化精神需求强烈,休闲游憩空间尤为重要。避暑度假者一般希望在一定的空间范围内,可进行娱乐、观光、观赏、健身活动、文化交往、生活服务等一系列活动,以实现休闲的度假生活。休闲游憩空间是避暑度假地的代表性空间类型,除了为旅游者提供休闲的服务环境之外,也为当地居民提供了一个消遣的场所;休闲游憩空间无论是对旅游者还是当地居民,都是他们生活中必不可少的空间类型,是日常生活中缓解压力、舒缓心情、消遣时间的空间环境。

避暑度假地的夏季,旅游者对休闲游憩空间需求量大。避暑度假地在前期规划布局中,应该根据地理条件、旅游规模、活动需求等,合理布局休闲游憩场所,尽量丰富具体游憩空间的形态,提升避暑度假地的环境品质、空间功能质量等。

(四)康乐活动空间

从某种意义上讲,康乐活动空间与休闲游憩空间比较类似,但该空间的功能价值表现为"康""乐",它本是度假型旅游地的核心要素之一,与"休闲"存在性质的不同。康乐活动是以满足旅游者健康和娱乐需求为主要目的的活动,具体表现为运动场馆、健身场所、身体保健、养生医疗、文化厅、KTV、电影院等;大多数康乐活动项目是有偿的,是度假者消费的一部分。康乐活动是高品质度假地所必须有的活动项目,其功能空间在避暑度假地同样有一席之地。

根据避暑度假地的实地调查,康乐项目与康乐产品是我国避暑度假地发展的短板之一,相当匮乏。究其原因,应该与度假者的消费观念、消费需求以及度假地的开发导向有关;以运动场所为例,大多避暑度假者不愿意到付费场所消费,只喜欢免费场所,即使开发出项目,也难以维系经营。显然,我国的避暑度假旅游尚处于初级阶段,还有较大的发展空间。

(五)社会服务空间

社会服务空间是在避暑度假地的一定区域内提供餐饮、住宿、教育、家政、生活、医疗等功能的服务空间,为居民提供日常所需的生活服务,它维持着整个度假区的基本运行。社会服务空间具有共享性,不只是满足当地居民的生活需求,同时为旅游者的基本生活、基本活动提供相关服务。由于避暑度假者多为久居型旅游群体,居住停留的时间比较长,其活动具有日常生活特征,需要购买生活物资、生活用品、家居用品等,需要有相应服务设施。社会服务空间不仅存在于原住居民区周围,在旅游聚落附近也应该有一定分布,以尽量便捷的方式服务各类居民的生活。

(六)经济商贸空间

经济商贸空间是指避暑度假地区域内以经济活动、商业活动为主要功能的空间区域,主要满足旅游者旅游活动、旅游购买、生活购买以及原住居民的生活购买。一般情况下,度假地提供的经济商贸区主要面向避暑旅游者,主要提供具有地方文化特色、地域特色的旅游商品,或商品体验等。避暑度假地经济商贸空间呈现的形式多样,例如特色风情街、特色餐饮街、商业广场(中心)等,主要目的是满足旅游者的基本消费、旅游购买、特色体验、文化感知等需要,如果开发和管理得当,经济商贸空间可以成为避暑旅游的活动区之一。

经济商贸空间大致分为两类,一是满足当地居民和旅游者生活消费需求的商业区域,二是满足旅游者旅游消费需要的商业区域。两类商业区域并非完全独立,各旅游地应该根据自己的实际情况进行合理布局,不能一概而论。各类消费者的选择完全自由化,避暑度假者同样可以在地方居民的日常生活消费区消费,例如农贸市场是避暑度假者的实际消费场所、生活体验场所,具有共享性;地方居民也可以到旅游商业区消费。相对而言,地方居民生活消费区的商品价格更低,面向旅游者的价格更高,因此大多数情况下,当地居民不愿意前往旅游者消费的地方消费,反之则不然。避暑度假地的经济商贸区是地方经济活动的核心,集中了当地的经济实体和经济活动,具备经济商贸、生活服务、文化体验等多种功能;经济商贸区的活力程度反映了旅游经济的发展程度,是避暑度假地经济水平的一把标尺。

(七)生态环境空间

生态环境空间是避暑度假地存在的基本空间，它是避暑度假地生态质量、空气质量的根本保证，也是旅游者消费选择的重要参考指标，是避暑度假地重要的吸引物；对避暑度假的"康养"起到很大作用。一般情况下，生态环境空间主要表现为自然植被覆盖区（特别是森林植被）、田园乡村区域，以及一定的人工植被园区。避暑度假地内（周边）的自然植被越丰富，生态环境质量越好，越受避暑度假者的欢迎。因此，避暑度假地的生态环境空间应该得到精心保护，不应该因为过分追求经济利益而破坏。

此外，基本空间还包括景观空间、社会基础设施空间、邻里空间等。社会基础设施空间是整个旅游地物质能量和通道的保证，例如交通道路、停车场、水源地、天然气管网、电力设施等用地，不可或缺。景观空间和邻里空间是较微观的空间范畴，其中景观空间对避暑度假者的赏游、活动环境、生活环境、居住环境起到很好的美化作用，对旅游地的氛围起到很好的包装作用；生态环境空间本身就是景观空间；其他功能空间之间的关系也存在景观关系问题。邻里空间一般出现在居住场所、聚落等，是旅游者、居民的闲谈之地，一个体现邻里关系的微观型社会空间，同样值得关注和设计，其有助于邻里和谐。

二、避暑度假地的功能空间模式

(一)功能空间决策与关联性

避暑度假地的功能空间定位、空间类型选择、空间规模、空间之间的关系直接影响到整个避暑度假地的空间组织与规划、实体空间的建设等，否则后续运行会出现系列问题。

1. 功能空间的决策

避暑度假地功能空间的决策来源于整个度假区的发展定位和目标、旅游产业选择以及属地政府的发展理念与价值取向等。根据旅游地发展的基本逻辑，首先应确定旅游地的发展定位和目标，谋划旅游产品与项目等，并进行旅游规模预判，结合避暑度假者的消费行为特征，确定功能空间的类型和规划建设、确定功能空间的规模等。

以休闲游憩空间为例，由于避暑度假者日常生活中少不了基本的休闲与健身活动，因此应该结合居住空间的情况，合理布局休闲游憩空间；由于避暑度假者的家庭组合方式，需要考虑儿童群体的活动空间，聚落区需要有一定的儿童乐园(图 7.2)。同样，避暑度假地需要有一定的游赏空间和场所，应该结合实情合理利用景观空间和景观资源，以满足避暑度假者的休闲观光活动，而不是一味规划建设商业性空间(图 7.3)

某避暑度假小区：儿童乐园，是小孩子们的娱乐中心，人气旺的地方之一；为家庭管理减轻了压力（摄于2019年夏）　　　某避暑度假小区的活动广场，功能作用明显，聚集了周边人气，是康体（晨练、傍晚集体锻炼）、游憩、玩乐等活动的集中点之一（摄于2019年夏）

图 7.2　避暑度假地功能空间的实景现象照片(一)

(注：作者实地调研拍摄)

某避暑度假地随拍：由于对活动流态、游憩空间、服务空间考虑不足，导致人车拥挤、商点随意，场景混杂，严重缺乏度假氛围（摄于2018年夏）　　　某避暑度假地几乎将所有可建设用地都留给了避暑地产，缺乏公共游憩空间、景观游赏空间规划建设。照片位置有较好的休闲游赏资源，但把最佳位置用于了地产，只是示意性开发了简单的休闲游赏设施（摄于2019夏）

图 7.3　避暑度假地功能空间的实景现象照片(二)

(注：作者实地调研拍摄)

　　在实践中，避暑度假地的功能空间缺失问题相当严重、相当普遍，例如休闲空间不足、商业空间不足和不合理、康乐空间缺失、居住空间过大、挤占生态环境空间等问题，最终导致人流、物流混乱，场景拥挤杂乱现象(图 7.3)。即使后续采取了补救措施，但也较难从实质上解决问题，给避暑度假地形象带来损害。究其原因，主要还是地方在发展避暑度假的过程中，受避暑旅游市场消费特征影响，过多关注了对地方直接影响大，见效较快、短期经济效果好的避暑地产，忽视了避暑度假地的综合性发展与布局；不愿意从"旅游"专业要素出发，合理布局功能空间、相关项目，忽视了公共性非营利空间的建设。

2. 功能空间的关联性

根据社会网络关系原理,避暑度假地的功能空间之间是相互关联的,其格局与分布决定了避暑度假地的社会流态特征,特别是人流和物流等。由于不同避暑度假地的地理条件、自然环境、社会格局等存在差异,各功能空间结构也存在一定差异,但总体规律和特征是一致的。各功能空间之间关系的紧密程度存在明显差异,以居住空间和公共服务空间的关系为例,关系一般比较紧密,活动流频发,但居住空间之间,可能联系相对较少。

功能空间的功能和关系决定了社会基础设施布局与用地规划。首先,避暑度假地存在社会共享型功能空间,如图 7.4 的功能空间 A,由于其功能辐射性,注定会带来大量人流和物流,现实中它与其他空间之间的交通道路等就应该具有相当规模,相关配套设施建设、社会管理就应该与之协同;而有些功能空间(如图 7.4 功能空间 C)的辐射性则不然,规划建设应该酌情考虑。其次,应该充分预判度假市场规模,分析功能空间之间的关联性,以合理规划布局整个旅游地的发展。避暑度假地容易产生功能空间布局失衡现象,主要表现为空间建设严重偏向于旅游居住空间,即避暑地产用地空间过大,而服务空间不足,导致旺季拥挤等问题。

根据实地调研,避暑度假居民受个性化的度假目的和生活需求影响,对居住环境、休闲游憩、社会服务、文化生活、康乐活动的需求有明显差异,对各功能空间的需求也存在一定差异,他们来往于各功能空间之间的频次存在明显不同(图 7.4)。避暑度假者具有久居性、生活性等特点,活动空间主要在居住区、生活服务区、休闲游憩区等,而前往康乐场所、观光场所、管理场所的情况相对比较少。

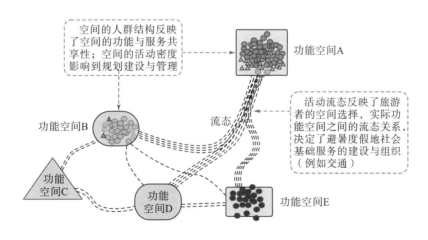

图 7.4　避暑度假地功能空间关系流示意图

(二)功能空间组织的三种模式

正常情况下,避暑度假地的功能空间多以休闲游憩空间、生活服务空间和居住空间为中心,活动最频繁,能够为旅游者提供最为基础的生活空间与服务,其他功能空间随之自内向外形成同心圆状结构。基于不同视角考虑,有不同的空间组织与建构模式,但最终殊途同归，形成理想的空间格局，也是避暑度假地发展成熟的最终格局。不同的空间组织模式代表了不同的优先考虑问题要素，也是开发价值观、发展理念的表现。

1. 基于公共服务视角的功能空间模式

避暑度假地需要有一定规模、一定层次的公共服务空间，不同尺度的功能空间有不同的服务氛围。结合避暑度假地的地理格局和特征，可以从公共服务视角规划和布局度假地的功能空间(图 7.5)，按照同心圆结构原理(空间辐射)，规划布局文化空间、经济空间、休闲游憩空间；围绕其辐射布局度假聚落、生活服务点、康乐项目等。该空间组织模式可以尽量节约用地，实现公共服务空间效应的最大化。但也可能出现一些问题，公共服务空间中心化会导致出现基础设施配套、后续运行管理的难题，例如公共服务设施中心化需要大量的停车场等，导致优质土地(空间)浪费，特别是避暑度假地的季节性特别强，闲置期又较长。

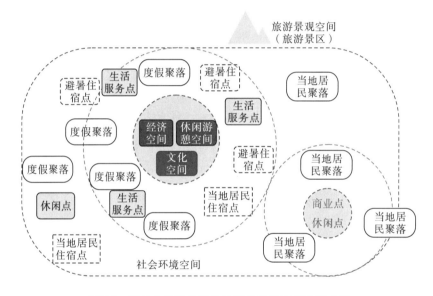

图 7.5　基于公共服务视角的避暑度假地空间模式图

该空间组织模式在城市型社区比较普遍，商业(经济)空间往往会成为当地人气的聚集地，经济活动频繁、人流量大，但也导致城市的拥挤、吵闹，对周边居民生活影响较大，未必适宜避暑度假地的空间布局。根据前述的避暑度假者的活动特征，避暑度假者对经济空间、文化空间的兴趣不太大，前往频次一般。因此是否选择该模式，需要酌情考虑。

2. 基于生活服务视角的功能空间模式

根据避暑度假者的消费与活动行为特征，他们前往社会服务空间的频次特别高，主要是出于度假生活的考虑，追求生活方便性。因此，有基于生活服务视角的功能空间组织模式(图 7.6)，以生活服务空间为中心，围绕布局居住空间(度假聚落等)，最大限度满足避暑度假者的生活需求；生活服务空间辐射范围的交叉区域，可以考虑文化空间、休闲游憩空间等。

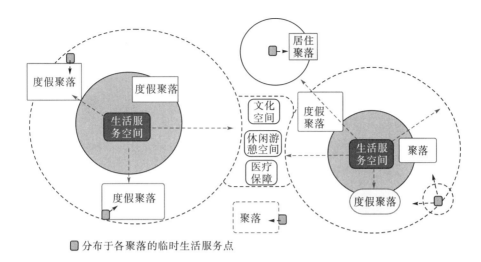

图 7.6　基于生活服务视角的避暑度假地空间模式图

　　从目前避暑度假地的布局形态、旅游者的生活消费与活动特征看，优先考虑生活服务空间是可行的。生活服务空间有规模之分，有具体功能层次之别，大型生活服务空间商品更丰富，具有更强的辐射能力，在实践中可以固化建设；生活服务空间又有一定的灵活性，一般聚落都可以有临时性的生活采买点。由于避暑度假地的季节性非常强，不宜建设过多的生活服务固定市场，否则淡季完全没有作用；可以多考虑一些临时性生活市场。

　　3. 基于住宿视角的功能空间模式

　　相对而言，居住空间对环境、地理条件的要求更高，休闲空间、娱乐空间等对地理条件的要求更低。南方避暑度假地多为山地区，用地条件非常有限，一般会优先考虑居住空间等大型用地项目的布局建设。基于住宿视角的功能空间组织模式(图 7.7)，即以居住空间为核心，从生活服务、度假休闲等方面考虑相应功能空间的布局，服务居民(旅游者)的第一层次功能空间应该包括游憩空间、娱乐空间、小型卖场(以生活物资为主)；在居住区的规划过程中，还应该考虑旅游者日常生活中邻里之间的闲谈交流等微观空间，即邻里空间。第二层次空间应该考虑服务范围更广的旅游空间、文化空间、商业空间、医疗保障、康乐空间等，并与其他居住区(聚落)共享。

　　目前，大多数避暑度假地有此空间组织模式的现象。主要原因是避暑地产为当地旅游发展的重点，优质的用地空间多被避暑地产、商业地产占用，而对服务空间、康乐空间、游憩空间考虑不足。因此当前避暑度假地或多或少存在问题，根源就是对避暑度假旅游缺乏深刻解读，对度假活动的核心功能考虑不足，导致度假地的基础设施、服务设施建设不合理、不足等问题。

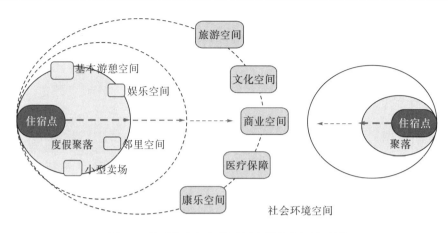

图 7.7　基于住宿视角的避暑度假地空间模式图

三、避暑度假地的空间格局建构

城市化过程在海滨形态度假地演变尤为突出，因此西方地理学者大多从形态学（Morphology）的视角，对海滨度假地的城市化过程进行研究。早在 20 世纪 30 年代就有学者发现英国海滨城镇在旅游推动下出现的城镇形态变化[202]。20 世纪 70 年代以后相关研究逐渐升温，并且逐渐形成了相对独立的度假地形态学（Resort Morphology）。

度假地形态学关注度假地的土地利用、建筑形态及目的地具有的相关功能[203]。度假地形态必须考虑三方面要素：区位特征、旅游要素和城市功能[204]。区位特征分析有助于揭示度假地发展的外部条件，以及物质环境和文化特征可能对度假地形态结构造成的影响。旅游要素分析包括考察度假地的吸引物类型、接待设施类型、为游客服务的其他商业设施以及为员工提供的住宿服务设施等。城市功能主要考察母城的旅游服务功能在整个城市功能中的地位，旅游功能与土地利用及工业、商业、交通等其他城市功能之间的关系。由此在多种要素影响下，形成了不同的(海滨城市)度假地形态。

根据消费者行为学和度假地形态学理论，我国南方避暑度假地同样有特殊的度假空间格局特征。而影响山地避暑度假地空间格局的主要因素包括地理条件、度假旅游要素、属地社会特征、旅游者消费特征等。归纳起来，有以下三种不同的避暑度假地空间格局。

(一)带状+串珠状的空间格局

受地理条件(地形条件、可建设用地、地质条件等)、资源环境分布状况(森林植被、景观环境、社会环境等)、道路交通等因素限制，避暑度假地的功能空间布局可能只能因势而为，沿地势呈带状、串珠状分布(图 7.8)。

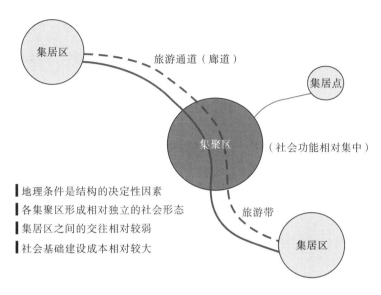

图 7.8　山地避暑型旅游度假地带状+串珠状空间格局

居住空间、游憩空间、经济空间等沿线状布局,具体形态可能是带状均匀分布,也可能是串珠状分布。该空间格局容易导致联系线(交通)的压力,人流、物流叠加形成拥堵;各功能空间的辐射作用有限,大量社会公共服务空间需要重复布局,增加了社会基础建设成本。在带状空间格局下,所有度假产业业态均呈带状分布,各产业要素通过带状的空间安排或组织,产业要素、社会要素之间形成关联和有节奏的变化,在整个带状空间格局中构成连续而变化的社会经济系统。在这一空间格局中,旅游聚落、产业业态、社会服务等连续分布在沿线多个节点和组团上,需要从规划开始,明确产业业态等功能空间分工,进行合理布局,尽量避免重复建设、尽量做到"珠"的差异化和关联化发展,尽量降低社会成本;但也容易形成有主次之分的聚集区,各"珠"一般较难均衡发展,因此会进一步增加物流、人流的聚集,交通压力更大。

实践中,由于山地避暑度假地受地形影响较大,该类型的空间结构比较普遍。例如湖北苏马荡旅游度假区,是典型的带状结构,居住区、经济点、生活服务点沿交通干线分布,其交通问题可想而知。

(二)饼状空间格局

该空间格局结构是由于有大面积、集中的用地条件,因此形成以经济空间、文化空间、休闲游憩空间为中心的空间布局模式,整个避暑度假地的各功能空间如同摊大饼一样扩展开,中心区域如同大本营,产生生活活动、购买活动、游憩活动的集聚,是旅游者的主要集散地和主要生活游憩地,产业的关联度高。由于中心集聚效应与功能辐射效应不断扩大,避暑度假地规模不断扩张,导致中心的功能无法满足所有旅游与活动需求,于是周边开始出现次级集聚点,规模相对较小,逐渐会形成有一定功能和聚集能力的区域,可能是度假社区等(图 7.9)。

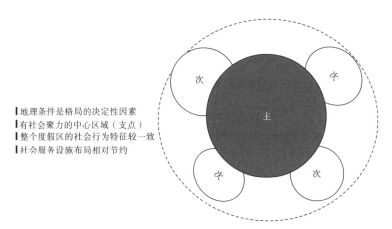

图 7.9　山地避暑型旅游度假地饼状空间格局

　　避暑度假产业集中于一个区域易形成单核式的空间格局,度假者的日常活动等相对集中于功能比较齐全的中心区域,使得空间功能层次更为明晰(城市发展需要有这样的空间格局),作为管理主体和经济实体,更希望这种格局,节约社会基础成本、商业效果更理想。避暑度假地单核式的饼状空间格局首先要求其地理条件(地形和用地面积)足够满足功能需要,能够达到聚集经济活动、休闲活动、人气的目的;其次是能够满足避暑度假者的需求,不破坏避暑度假氛围。饼状空间格局也会面临些问题,一是产业业态过度集中,导致服务的不均衡性建设;二是导致中心区域活动、社会流过于频繁,会给交通、管理、度假环境带来负面影响,未必是越集中越好;三是中心区域是商业实体所喜欢的格局,但避暑度假者不一定喜欢,因为度假者更希望一个宁静、生活方便的度假地。

　　实践中,重庆黄水旅游度假区、重庆仙女山旅游度假区就属于此类格局。旺季期间,中心区域人声鼎沸、商业活跃、人满为患,一派繁荣景象,度假区基本形成了旅游者认同的中心区域,是各类旅游者必体验的场所,如同城市规划建设的翻版。但是站在避暑度假旅游者的角度看,避暑度假者并不喜欢这种格局景象,特别是距离中心区域较近的避暑度假者,度假生活已经受到了一定干扰。

　　(三)组团状空间格局

　　多核心的组团状空间格局同样是受到避暑度假地的地理因素影响,无法将整个度假区发展联系为一个整体,不得不被地理因素分割成多个区域。每一个区域都有相对的核心,建设有一定的功能场所,辐射各自周边区域,形成一个相对独立、关系比较紧密的组团。基于日常购买、服务功能和休闲游憩功能,组团之间联系不太紧密,各自形成了相对成体系的功能系统,各个组团之间彼此有一定距离,通过道路交通联系,但缺乏实质性的功能联系(图 7.10),社会流(人流、物流)不频繁。

　　从度假社区建设与管理角度看,该类空间格局是不得已而为之。大量社会基础设施、服务设施难以实现共享;需要社会基础的重复建设,增加了开发与建设成本;避暑度假地也较难形成整体效应,市场形象和市场识别性容易出现偏差。当然,该空间格局也有好处,即各组团之间互为吸引力,成为避暑度假者相互走动、健行游憩的方式。各组团开发容易形成各自特色,也许会成为避暑度假地亮点。

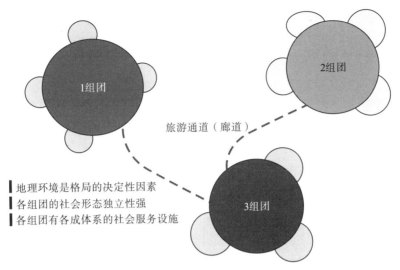

图 7.10　山地避暑型度假地组团状空间格局

实践中，重庆万盛黑山谷旅游度假区就属于此类情况。由于用地条件限制，度假区通过合理的土地腾挪，形成了相对比较集中的黑山谷镇组团，规模较大，避暑度假人群较聚集；但还有另外两个小型度假组团，即后漕组团、黑山谷南门组团，基础设施、生活服务不足；之间距离较远。该旅游度假区通过公路+健行步道+观景点将各组团串联在一起(图 7.11)。

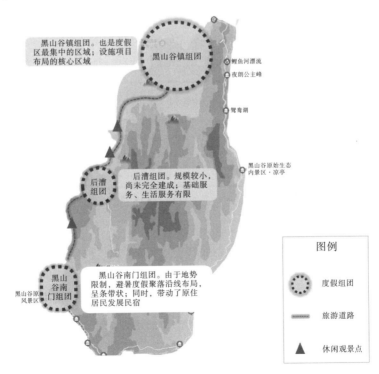

图 7.11　黑山谷旅游度假区的组团格局示意图
(说明黑山谷旅游度假区与黑山谷景区融为一体)

四、基于社会网络的空间结构分析——以苏马荡旅游度假区为例

苏马荡旅游度假区目前已经开发得比较成熟，功能空间已经基本形成，当地的空间格局基本定型，社会形态特征已经凸显，旅游者的度假生活方式基本固化，各种社会关系网络也已形成。夏季，度假区避暑度假人群规模达 30 万人次，远超其度假旅游容量。整个度假区大面积建设各类酒店、避暑度假聚落，而其生活服务空间、休闲娱乐空间、康乐空间、文化空间则出现明显的缺失现象，空间结构布局存在显著偏向性。为此，本书基于社会网络理论、社会网络结构模型来分析苏马荡度假地的空间结构关系，从科学方法角度发现问题，为苏马荡度假区功能空间的优化提供专业支撑，从而提升避暑度假者的生活避暑体验。

(一)社会网络结构模型构建

1. 社会网络结构模型

苏马荡旅游度假区各类功能空间布局的不合理性给避暑度假者生活带来了诸多不便。本书通过建立各功能空间的人群关系网络，使用社会网络分析法构建人群的社会网络模型，测算网络模型的点度中心度、中间中心度、结构洞等，对网络密度、网络大小、网络节点位置、网络之间连接线粗细等进行分析，解释该关系网络模型所体现出的凝聚力和可连通性，判断不同类别人群在该人群关系网络结构中的重要性，及其与其他类别人群之间的关系(表 7.1)。

表 7.1　社会网络分析法描述网络的要素

网络模型要素	内容描述
网络结构大小	网络中节点的数量
网络结构密度	网络中现有关系数量与可能出现的关系数量的占比
网络结构凝聚力	即使从网络中删除各种节点，网络仍可以保持连接的程度
网络结构可连通性与可到达性	网络中节点的直接或间接联系以及从一个节点到达另一个节点的能力

2. 社会网络结构要素

社会网络分析方法(social network analysis，SNA)是一种刻画网络整体形态、特性和结构的重要分析方法，其核心在于从社群关系的角度出发研究结构问题。何正强通过社会网络分析方法分别对社会公共空间网络、个体行为网络和社区社会结构网络进行数据分析并相互比对，从而对社区公共空间进行有效性评价，探索了与社会网络相匹配的公共空间设计策略问题[205]。

在社会网络模型中，主要包含"点"结构、"线"结构两个基础结构，点代表能动者，线代表能动者之间的关系。结合本书研究对象特征，社会网络模型的"点"结构为苏马荡度假区不同功能空间的人群，通过实地预调研和德尔菲法，确定人群为原住居民、避暑度

假者(旅游者、旅游居民)、度假地工作人员(景区工作人员)、商贸工作人员、个体工商服务人员、政府机构人员和社区管理人员;社会网络模型的"线"结构则是各人群之间的联系。通过各类人群之间的联系构建该旅游度假地人群关系网络结构模型。

3. 数据收集与数据分析

社会网络理论这一社会学基础理论采用的数据收集方式通常有以下两种。第一种为问卷调查法,通过实地问卷调查方式获得研究对象的相关数据,通过对数据的整理分析,构建社会网络理论;第二种为整合法,将通过问卷调查法、档案法、观察法、访谈法等收集的数据,进行整体的网络关系构建,并分析得出结果。

本书的研究对象为苏马荡度假区的各类人群,需要构建关系紧密度网络模型。因此数据收集采用问卷调查法、观察法、访谈法相结合的方式进行。通过研究区的实地调研,对调研结果进行整理分析。首先使用 SPSS 24.0 数据分析软件对问卷调查的调查对象属性进行整理和分类,并得到 $n \times n$ 各不同类别人群的相关性联系矩阵。其次将该矩阵数据导入社会网络分析专用软件 UCINET6.125 中,计算各指标具体数值,再使用 NetDraw 绘图工具生成苏马荡旅游度假区各类别人群之间的可视化网络关系图。最后从图分析得出各要素之间的联系紧密程度,再对网络结构中的各人群进行中心性分析和中心度分析,主要选取中心性与结构洞两个指标对旅游度假区人群关系进行测量。

4. 研究设计与数据处理

为深入掌握研究区人群关系及空间结构情况,采用实地踏勘、现场访谈、问卷调查等多种形式收集所需数据。参考国内外学者对社会网络理论模型构建的研究文献,如刘蔚丹[206]、袁园媛和黄海燕[207]等,为研究区设计调研问卷,进行访谈交流和预调研(2018 年 9 月)等。同时访谈旅游领域相关专家,利用德尔菲法获得主要问题的内容,形成最终问卷。

调查过程中(2020 年 7 月),大部分问卷是采取实地发放方式,且根据预调研结果拟定不同人群活动区域,有针对性地发放问卷。"其他"选项中的 3 份问卷,为网络问卷调查,由未去过苏马荡旅游度假区的人群填写,为无效问卷(表 7.2)。

表 7.2　研究调查的样本量和有效率

功能空间	人群类别	发放问卷	回收问卷	无效问卷	有效问卷	有效率
居住空间	旅游者	143	123	20	123	0.86014
	当地居民	54	42	12	42	0.77778
休闲空间	商贸工作人员	23	20	3	20	0.86957
	景区工作人员	24	22	2	22	0.91667
服务空间	个体工商服务人员	15	12	3	12	0.8
管理空间	当地政府机关人员	7	7	0	7	1
	社区组织人员	5	5	0	5	1
其他		3	3	3	0	0
合计		274	234	43	231	

(二)案例区人群关系网络结构模型分析

1. 关系网络可视化

社会学学者 Weyer 在 2000 年的研究中对社会网络节点之间的特征进行了详细描述，主要表现为四个特征：一是网络结构之间的沟通是跨越不同组织系统的；二是网络节点所代表的人群之间应互相协调；三是缩小不同文化之间的差距；四是连接不同的利益关系。

以上特征在对苏马荡旅游度假区人群构建的网络结构模型中同时存在，特点明显。研究所选取的网络节点共 7 个，即在不同空间活动的 7 类人群，互相之间有一定的交往与沟通，共同建立起度假地的社会关系网络。通过调研收集整理的苏马荡居住人群关系数据，梳理成矩阵数据，其中 S1 表示商贸工作人员，S2 表示旅游者，S3 表示社区组织人员，S4 表示景区工作人员，S5 表示个体工商服务人员，S6 表示当地政府机关人员，S7 表示当地居民(表 7.3)。

表 7.3 苏马荡居住人群关系网络矩阵

	S1	S2	S3	S4	S5	S6	S7
S1	10	14	3	5	2	3	12
S2	44	67	5	52	36	3	46
S3	4	3	3	3	2	2	2
S4	9	14	3	12	8	1	10
S5	3	9	1	2	4	2	7
S6	3	2	0	3	2	3	0
S7	11	18	2	15	10	2	22

将表 7.3 的矩阵数据导入社会网络分析软件 UCINET6.125，使用 NetDraw 绘图工具制图，最终生成苏马荡各人群的可视化关系网络如图 7.12 所示。其中"●"表示各网络节点，即度假地不同类别人群，"●"的形状大小表示其在该网络结构中的重要性程度，即形状越大，表示在网络结果中重要性越高，反之亦然；"——"表示不同类别人群之间的关系，线条的粗细表示其联系的紧密度，线条越粗，则表示紧密度越高，反之亦然。由于在关系网络中是选择关系，存在有向性，箭头方向指向被选择人群。基于上述方法，分别从软件中导出了度假地人群(含同类别)关系网络结构图，以及度假地居住人群(不含同类别)关系网络结构图，基本呈现了度假地内居住人群间的关系结构网络。

如图 7.12 所示，整体关系网络结构显示，各类人群之间都存在一定的相互联系，但关系的稀密程度不同。其中，旅游者群体存在于整个网络结构的中心位置，与其他群体之间都存在联系，部分点之间的联系程度较高；当地政府机关人员与社区组织人群在网络结构中所处位置较远，且与其他群体联系较为稀疏。以上关系网络结构特征符合避暑度假者的实际情况，一般情况下，旅游者不会与政府和社区工作人员联系。

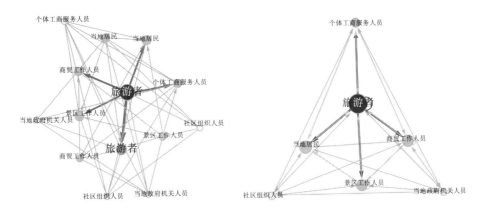

图 7.12 苏马荡旅游度假区的人群［含同类别(左图)、不含同类别(右图)］关系网络结构图

对含同类别和不含同类别的关系网络结构进行综合分析：①旅游者与旅游者、当地居民、景区工作人员、个体工商服务人员、商贸工作人员几类人群关系较为紧密；与当地政府机关人员、社区组织人员之间有一定联系，但较为稀疏。其中避暑度假者之间交往最为频繁，这也符合实际情况，在避暑度假期间，度假者与家庭、友人、邻里等度假者交往最多，交往活动包括休闲游憩、娱乐等；与当地居民的交往表现在生活采买过程中(即购买当地居民的蔬菜等；到当地店铺购物被受调查者理解为与当地居民交往)。②当地居民与当地居民、旅游者、商贸工作人员、个体工商服务人员这几类人群之间关系较为紧密，与景区工作人员、当地政府机关人员、社区组织人员之间存在联系，但较为稀疏。③商贸工作人员与旅游者、当地居民、景区工作人员之间关系较为紧密，与个体工商服务人员、当地政府机关人员、社区组织人员之间存在联系，但较为稀疏。④个体工商服务人员与旅游者、当地居民、商贸工作人员、个体工商服务人员之间关系较为紧密，与景区工作人员、当地政府机关人员、社区组织人员之间存在联系，但较为稀疏。⑤景区工作人员与旅游者、景区工作人员、社区组织工作人员、当地政府机关人员之间关系较为紧密，与当地居民、商贸工作人员、个体工商服务人员之间存在联系，但较为稀疏。⑥当地政府机关人员与景区工作人员、当地政府机关人员、商贸工作人员、旅游者之间关系较为紧密，与当地居民、个体工商服务人员、社区组织人员之间存在联系，但较为稀疏。⑦社区组织人员与社区组织人员、当地政府机关人员、旅游者、当地居民之间关系较为紧密，与景区工作人员、个体工商服务人员、商贸工作人员之间存在联系，但较稀疏。

2. 中心性分析

中心性分析是衡量网络关系结构中心化程度的重要指标，通过建立网络关系结构了解网络结构中网络节点与其他网络节点之间的联系，以测算该网络节点在整个网络结构中的重要性。中心性分析通常分为点度中心度、接近中心度和中介中心度。

1) 点度中心度

点度中心度表示节点的连接数量，点度中心度越高，节点的连接数量越多，节点的重要性也就越高[208]，从而表明其在度假地人群网络结构中具有中心地位，有一定的影响力。

本书对苏马荡内居住人群的中心性进行研究，即测算在网络结构中与该结构点直接相连的结构点的个数。点度中心度的计算公式为

$$C'_D(n_i) = \frac{\sum_j X_{ij}}{g-1}$$

式中，i 表示某结构点；C 表示该结构要素的旅游量；g 表示网络中的结构个数。通过测算得出，中心性最高的网络节点为旅游者、当地居民。

2）接近中心度

接近中心度表示，在网络结构模型中，某一个网络结构点不受其他网络结构点控制的能力，即关系建立的有效性或独立性[209]，接近中心度越高，该节点与网络中其他节点的距离越短，对其他节点的依赖性就越低[210]。而且通常来说，不论是从度假地居住人群的关系紧密度，还是从其日常活动空间看，接近中心度与点度中心度在网络结构模型中的排名均靠近或一致（表7.4）。接近中心度的计算公式为

$$C_C(n_i) = \frac{n-1}{\sum_{j=1}^{n} d(n_i, n_j)}$$

式中，$d(n_i, n_j)$ 代表 n_i 与 n_j（两个网络节点）之间的距离；n 表示网络结构中的结构个数。

表 7.4　苏马荡各类人群的接近中心度分析统计指标

类别	入度	出度	度	接近中心度
S1	7	7	14	1
S2	7	7	14	1
S3	6	7	13	1
S4	7	7	14	1
S5	7	7	14	1
S6	7	5	12	0.75
S7	7	7	14	1

上述统计结果显示，除了 S6（当地政府机关人员）外，其他类别人群的接近中心度均为 1，表示 S1（商贸工作人员）、S2（旅游者）、S3（社区组织人员）、S4（景区工作人员）、S5（个体工商服务人员）、S7（当地居民）的接近中心度处于较高均值，相互之间的依赖性较低，有较强独立性，而当地政府机关人员在该网络结构中则与各类别人群之间都存在一定依赖性，相互依赖，相互作用。因此，当地政府机关人员在该网络结构中发挥统筹作用，应该通过合理规划改善网络各节点（不同类别人群）之间的关系紧密度。

3）中介中心度

中介中心度是指在所建立的网络结构模型中，网络结构中某网络节点控制其他网络节点的能力，值越高，则表明中介中心度越强[10]，其媒介作用就越强[11]。中介中心度的计算公式为

$$C_B(n_i) = \sum_{j<k} \frac{g_{jk}(n_i)}{g_{jk}}$$

式中，g_{jk} 是度假地居住人群类别；$g_{jk}(n_i)$ 表示两个节点和之间的短程线数量。中介中心度的取值范围为[0，0.5]，如果一个行动者的中介中心度为0.5，表示该人群具有很强的媒介作用，起着沟通交流的重要作用；相反中介中心度为0，表示该点处于网络边缘，具备较弱媒介作用。通过测算，在研究区的人群网络关系结构中，旅游者、商贸工作人员、景区工作人员、个体工商服务人员当地居民具有较强的媒介作用（表7.5）。

表7.5　苏马荡各类人群的中介中心度分析统计指标

类别	入度	出度	度	中介中心度
S1	7	7	14	0.5
S2	7	7	14	0.5
S3	6	7	13	0
S4	7	7	14	0.5
S5	7	7	14	0.5
S6	7	5	12	0
S7	7	7	14	0.5

综上所述，在研究区各人群网络关系结构模型中，关系网络可视化结果显示S2（旅游者）居于整个网络结构的中心位置，与其他人群的关系紧密度较高，影响力较大；S1（商贸工作人员）、S4（景区工作人员）、S5（个体工商服务人员）、S7（当地居民）也在该网络结构中具有一定的重要性，在苏马荡度假区人群社会关系网络中具有一定主体地位；S1（商贸工作人员）、S2（旅游者）、S4（景区工作人员）、S5（个体工商服务人员）、S7（当地居民）在该关系网络中充当着媒介作用，通过与其他人群之间的紧密联系，共同维系该度假地人群关系网络，建立交往和沟通体系，促进度假地的文化交往与发展。各类人群在不同角度下，具有不同的地位和作用，相互之间存在交融现象。

3. 结构洞分析

对苏马荡旅游度假区人群网络关系结构进行中心性分析后，大致得出度假地内联系度较为紧密的网络节点，由此判断出该网络节点所代表的结构要素（人群）在网络结构中的重要性。除此之外，结构洞计算也是网络关系结构中的重要环节，结构洞计算即为冗余度研究，通过数据分析软件 SPSS24.0 和社会网络分析软件 UCINET6.125，对相关数据进行相关性分析，寻找人群之间直接联系漏洞，或是查找出联系较为稀疏的网络节点，由此来判断其冗余度，即存在结构洞。结构洞的测量指标主要分为限制度、有效规模、效率以及等级度四种，其中限制度、有效规模和效率在该数据测算中最为重要。

1）限制度

限制度主要用于测量某网络节点在关系网络中，运用结构洞能力的强弱，表示某网络节点在网络结构中对其余网络节点的依赖程度。故限制度越小，网络节点运用结构洞的能

力就越大，越能在关系网络中拥有主要信息和资源。限制度计算公式为

$$C_{ij} = (P_{ij} + \sum_q P_{iq}P_{qj})^2$$

式中，P_{ij} 指网络节点 i 投入 j 的关系占全部关系的比值；P_{ij}、P_{qj} 为网络节点 i 和 j 之间的冗余度。

2）有效规模

有效规模（effective size，ES）主要用于测量网络结构整体的影响力，表示所测量的网络关系结构中，其网络节点所得到的非冗余信息的程度，即为网络节点的网络规模减去网络的冗余度。有效规模计算公式为

$$ES = N - 2t / N$$

式中，N 为网络规模；t 是度假地居住人群在关系网络中的结构个数。

3）效率

效率（efficient，EF）主要测量某网络节点对网络中其他网络节点的影响程度，用有效规模和实际规模的比值来表示。效率计算公式为

$$EF = ES / N$$

式中，ES 为有效规模；N 为网络规模。

表 7.6　研究区各人群的结构洞统计指标

类别	有效规模	效率	限制度	等级度
S1	2.931	0.419	0.728	0.362
S2	3.346	0.478	0.588	0.319
S3	3.810	0.544	0.660	0.195
S4	2.873	0.410	0.739	0.376
S5	2.812	0.402	0.790	0.394
S6	4.140	0.591	0.617	0.147
S7	3.053	0.436	0.702	0.328

最终计算结果见表 7.6，从限制度结果看，S4（景区工作人员）、S1（商贸工作人员）、S6（当地政府机关人员）的指标值较高，表明他们与其他居住人群的联系较少，处于关系网络结构的边缘地区，这符合避暑度假地旅游活动特征，即避暑度假者前往旅游观赏地、商业点等的频次不高。有效规模结果显示 S2（旅游者）、S7（当地居民）的指标值较大，表示他们在该网络结构中的非冗余因素较大。效率结果显示 S3（社区组织人员）、S6（当地政府机关人员）的指标值较大，表明其在网络结构中对其他网络节点的影响程度较大。等级度结果显示 S5（个体工商服务人员）、S1（商贸工作人员）的等级度指标值较高，表明其在该网络结构中处于连接关系的中心，控制力较大。

因此，限制度最小值排列顺序是 0.588（S2 旅游者）＜0.617（S6 当地政府机关人员）＜0.660（S3 社区组织人员），表明在该网络关系结构中这三类人群在关系交往中所受到限制较小，占据的结构洞较多。显然，避暑度假者是整个苏马荡度假区最活跃、最受重视的群体，当地政府机关人员虽然处于关系网络的边缘，但在避暑度假地的运行中起到非常重要

的作用,不可或缺。

(三)结论分析

通过对苏马荡旅游度假区人群社会关系网络指标进行关系网络可视化、中心性分析及结构洞分析,归纳得出以下结论。

1. 社会网络结构整体离散程度较高,存在人群分层问题

研究区社会网络结构关系网络可视化结果所示,苏马荡各类人群之间的关系离散程度整体上较高,关系网络紧密度不够,没有完全实现度假地人群之间的关系联动,没有建立紧密联系。对照人群类别划分标准,不同人群的关系,间接反映出不同功能空间之间的关系,该关系网络结构显示各类人群之间关系稀疏,表明该研究区各功能空间之间、人群之间联动性较弱,联系度不够,独立性较强,空间结构缺乏整体性,社会关系比较松散、不够成熟;也说明人群关系存在较明显的分层问题,并非一个完整的社会关系网络。这主要是由于苏马荡空间格局和功能空间布局不足、季节性太强所致,直接影响人群日常活动方便性和人群交往的深度。

从局部看,主要活跃群体为旅游者和当地居民,主要是出于旅游目的、生活目的、休闲目的与商贸区工作人员、个体工商服务人员、景区工作人员等产生交集,相对于整体社会关系网络而言联系较为紧密,即与提供旅游、生活、休闲服务的人群接触较多,联系紧密,以实现基本需求。但从数据看,并未建立明显密切联系,可能有多种原因,例如调查样本量不足、调查样本来自不同空间、实际功能空间之间距离较远等。当地政府机关工作人员、社区组织人员与其他人群交流较少,反映出管理相对独立,在各类群体中存在感不强,这应该与民意态度消极有关,不一定真实。

2. 社会网络模型中旅游者具有最高关系紧密度

根据中心性分析结果,研究区社会网络结构接近中心度与点度中心度的网络结构模型中的排名一致,在苏马荡旅游度假区的人群社会关系网络中,旅游者占据该关系网络的中心位置,与其他类别居住人群的关系紧密度最高,影响力最大,而其他类人群远离中心位置。表明研究区旅游者已经成为当地利益的绝对主体,是旅游度假地的主要服务对象,与其他类别人群均存在一定联系,且关系中心倾向于旅游者,即其他类别人群之间的交往相对于旅游者之间的交往密度较弱。人群关系密度与功能空间相结合,反映出研究区旅游者数量较多,其居住空间占据了较大面积,其他功能空间面积相对较小,且旅游者居住空间与其他功能空间的联系较为紧密,需求性较强,但其他功能空间的中心性位置较远,表明其他功能空间布局存在问题,而且规模不足,却承载了大量的旅游者需求。这对社会运行有一定影响,区位好的个体商贸有利,但位置偏远的商铺则有经营压力。

在中心性分析中,接近中心度和点度中心度稍弱于旅游者的人群是商贸工作人员、个体工商服务人员、景区工作人员、当地居民等,相互之间及与其他人群之间的关系存在一定的紧密联系。这几类人群的日常工作和活动空间为旅游活动空间、游憩空间、娱乐空间、服务空间和商业空间等;表明苏马荡度假地服务空间和休闲空间是需求量最大的空间之

一，但距离旅游者居住空间存在一定距离，说明该类功能空间面积较小、数量不足，也说明规划之初缺乏对人群流动量、生活需求量等指标的合理判断，对该类空间规划不足；或许是各地段的空间独立性强，可实现自给自足，无须与其他空间建立联系等原因。

当地政府机关人员、社区组织人员则处于该居住人群社会网络结构较边缘位置，显示该类人群在社会关系网络中与其他人群的联系度较弱，影响较小；保障空间等在度假地的空间结构中所占比例相对较少。

3. 社会网络模型中服务人群处于连接关系中心

研究区社会网络模型的等级度分析显示，个体工商服务人员具有最高等级度，表明服务人群具有较密集的关系网，控制力较强，处于网络结构的关键地位，发挥重要作用，是苏马荡旅游度假区稳定发展的重要因素。

根据心理学家马斯洛的需求理论，生理需求是维持生存的必要条件，同时也是生活最基础的需求。在研究区人群结构分类中，个体工商服务人员日常活动的空间就是服务空间，是为各类居民提供生活需求的空间区域。结构洞分析显示，该类人群在社会网络结构中占关键位置，符合苏马荡社会生活的实际情况，生活服务空间是必需空间，且具有较大需求量，尤其在避暑度假地这类生活性较强的旅游地，建立合理、完善的生活服务空间是满足当地生活的基本要求。通过对苏马荡旅游度假区的实地调研得知，避暑度假者在日常生活、餐饮、卫生以及生活用品采购等方面，与居住区周边的当地居民存在一定关系或依赖性：一是从健康食物①角度考虑，多选择购买当地居民销售的食材；二是从生活方便的角度考虑，喜欢就近购买食材，固定菜市场一般有一定距离，当地居民很好地满足了这个需求；三是部分在农家（民宿）租赁住宿的避暑度假者选择与房东一起生活，向当地农家（民宿）居民缴纳 2000～6000 元/月的费用，农家（民宿）为其提供住宿、餐饮、洗衣、房间清洁等日常生活服务。因此避暑度假地空间布局中，必须有合理的生活服务区和设施，根据旅游者规模合理规划配置，以满足度假人群的生活需求。

4. 功能空间布局与建设不合理，休闲空间不足

整体上，苏马荡旅游度假区避暑气候非常好，但休闲度假属性不强，休闲功能比较缺乏。作为避暑度假地，休闲游憩空间应是必要的、主要的功能空间之一；避暑度假地应该充分发挥当地旅游资源条件，开发休闲性、观赏性旅游区域满足旅游者的休闲需要。根据社会网络关系分析，避暑度假者（旅游者）是苏马荡具有高紧密度的人群，是避暑度假的主要消费者，其需求应该得到重点关注。此外，社会网络关系分析涉及的康乐空间、娱乐空间也应该是度假地规划建设的，否则度假地会处于低品质发展状态。

根据实地调研，苏马荡旅游度假区内只有两个共享性休闲旅游活动空间，即十里杜鹃长廊（免费）和中国水杉植物园（免费），而其他可游憩观赏地在度假区范围之外，有一定距离，需要交通车辆，例如苏马荡大花谷（门票 50 元）车程 30 分钟左右。从空间分布与影响力看，十里杜鹃长廊和中国水杉植物园分别位于当地居民集居区和旅游者集居区，一般情

---

① 避暑度假者普遍认为当地居民生产提供的食材就是生态的。

况下，避暑度假者和当地居民会前往这两个休闲旅游点，辐射的空间范围正常（图 7.13）。从旅游规模看，旺季出现旅游者流和当地居民流的分层，每年约 20 多万避暑度假者涌入度假区，加之本地居民人数，整个度假区出现拥挤，休闲游憩空间变得稀缺，两个主要休闲活动空间变得拥挤，因此避暑度假者一般不愿意前往植物园，当地居民也会暂时放弃前往十里杜鹃长廊，各自辐射范围缩小。从交通便利性看，多数人群表示该度假区周边旅游景点距离较远，远超 1 小时步行距离，故多选择在度假区内健行，但各度假小区人群前往其他休闲点均较远，步行至少 30 分钟，休闲活动便利性不足。从休闲空间类型和数量看，以自然资源为主，缺少人文性强的休闲活动场所，而且整个公共休闲空间的数量不足，难以满足需要，目前主要靠各度假小区的休闲空地来满足避暑度假者的活动需要。

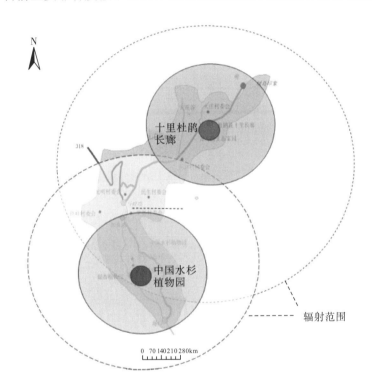

图 7.13　苏马荡主要休闲旅游活动区的辐射范围示意图

（注：根据实地调研统计绘制）

以上情况表明，苏马荡目前尚未形成完整的休闲与旅游活动空间体系，休闲空间数量不足、相互独立，相互之间缺少联系沟通，使得公共活动空间未能满足整体需求。因此，苏马荡需要开发更丰富的、多层次的休闲活动空间，全方位辐射区域人群。

5. 交通功能空间不足，导致功能空间关系弱化

功能空间区域之间的联动，是通过区域内各要素（功能空间或其他结构要素）之间的物流、人流、车流、信息流等实现有序流动，其流动性强度代表各要素之间的联系强度，其有序程度表明该区域空间结构的合理性，从而体现各结构要素之间的联动性。研究区社会

网络分析结果显示，整体空间布局呈现离散程度较高的特点，表明该区域各功能空间之间的要素流动有序性偏弱，并未形成区域的整体联动。

1) 交通设施规模与网络密度不足

苏马荡旅游度假区的发展受地理条件的局限比较明显，由于避暑气候的优越性，吸引了大量避暑度假人群，避暑度假旅游产业发展迅速；但由于前期对避暑度假消费特征和行为特征预判不足，加之旅游价值导向存在问题，缺乏容量控制，导致对功能空间思考不足，多方面原因的影响下，造成交通网络规模和布局不合理，道路等公共交通设施发展滞后等问题。例如"生态休闲度假区"和"土家风情度假区"之间仅有一条主干道(四级公路，双车道)，交通道路呈现典型的单一带状态势，各功能空间则为乡公路(乡道)、快速路、慢性道路等组成网状路网，由于路网密度较小，人流量又大，私家车辆较多，因此多处易产生车辆拥堵现象，尤其在"生态休闲度假区"与谋道镇场镇之间，极易发生拥堵，出行很不便(图7.14)。

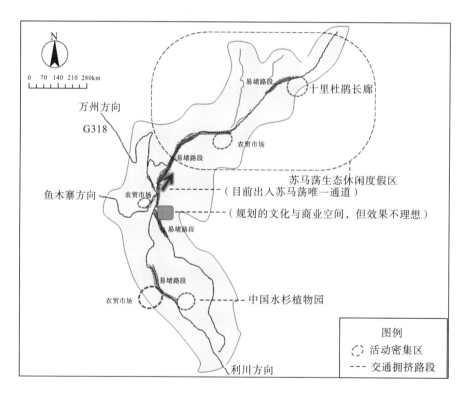

图7.14　苏马荡旅游度假区交通干道及(旺季)拥堵状况

(注：根据实地调查的粗略统计，2018～2020年)

2) 交通系统设施建设滞后

研究区在交通系统的规划中，主干道不足，部分机动车道、非机动车道、人行道等未明显区分，缺乏各功能空间之间的社会交往关系考虑，在避暑度假旺季，时常造成交通拥堵，居民和旅游出行均不便。而且配套的停车场(点)、加油站、交通导向等基础交通设施缺乏，公共休闲点、中心商贸区（点）、生活市场等的停车位严重不足；整个度假区只有 1 个加油站；交通系统配置滞后，交通压力较大，间接增加了功能空间之间的流动压力，造成线状空间无序、拥挤。目前，当地政府正在积极弥补和改善这一不足，新的交通干线正在建设中。

6. 空间布局独立性较强，体系化不足

1）各功能空间独立性较强

通过研究区的社会网络分析结果及实地调研发现，该区域各功能空间布局建设，未对功能空间之间的社会关系交互进行充分考虑，导致出现各空间相互独立的现象。具体表现为大量功能空间单一实现空间用地面积（例如避暑地产面积）扩张，仅对快速增长的避暑旅游人口、旅游经济效益等因素进行了考虑，并未考虑由此带来的与居民空间有密切联系的功能空间之间的交互联系。在空间建设用地方面，旅游者（避暑度假）居住空间增长明显快于当地居民的居住空间，居住空间的增长速度明显快于生活服务空间、休闲娱乐空间、文化交互空间、康乐空间等。

就目前该区域功能空间的发展模式看，需要通过宏观调控进行用地空间优化，例如按照空间交互关系与空间辐射作用，建设合适的功能空间以实现空间联动与集聚效应，使各功能区域之间建立密切联系，促进整个度假区的协同发展。

2）功能空间辐射力较弱

根据避暑度假者消费特征，应建立集休闲、娱乐、康体、居住、生活、服务于一体的综合性功能度假地。例如建设民俗文化表演、KTV、酒吧、农家乐等娱乐活动空间，布局生活超市、中心农贸市场、农贸点等多种生活服务空间，建设休闲公园、文化广场、运动场等康体空间，呈现多元化的避暑度假业态。

研究区社会网络分析结果显示，服务人群具有较密集的关系网，控制力较强，处于网络结构的关键地位，发挥重要连接作用，是度假地稳定发展的重要因素，若规划合理，则可发挥其优势集聚资源，成为带动当地经济发展的关键环节之一。但就社会网络分析的中心性分析结果，以及结构洞分析的有效性结果看，处于中心地位且具有高度有效性的只有旅游者，表明研究区服务系统功能辐射带动作用不够，还未发挥出应有功能，具体表现为聚集资源能力不够，未成为区域的连接中心之一，对周围空间提供服务有限。

以生活服务空间为例，主要表现为菜市场、小型超市等提供日常生活所需的服务区域。但据不完全统计，苏马荡旅游度假区的固定农贸市场只有三个，因为交通出行不便，很多旅游者选择就近市场，例如政府划定的临时性市场、当地居民自发形成的农贸点。每年旺季 20 多万人次的庞大生活群体，显然需要大量的生活服务点。根据实地调研，由于苏马荡旅游度假区的避暑房发展不理性，占用了过多用地，对其他功能空间考虑不足，导致了系列社会运行问题。

参 考 文 献

[1] 林崇德，姜璐，王德胜，等. 中国成人教育百科全书[M]. 海口：南海出版公司，1994.

[2] 农丽媚，杨锐. 历程与特征:欧美度假旅游研究[J]. 装饰，2019(4)：18-21.

[3] Strapp J D. The resort cycle and second homes[J]. Annals of Tourism Research，1988，15(4)：504-516.

[4] 肖潜辉. 中外旅游业管理[M]. 北京：中国旅游出版社，1993.

[5] 孙文昌. 现代旅游开发学[M]. 青岛：青岛出版社，1999.

[6] 唐继刚. 我国旅游度假区的开发现状、问题及发展构想——以苏南地区为例[D]. 南京：南京师范大学，2002.

[7] 孔繁嵩. 观光旅游向度假旅游过度阶段的旅游消费特征[J]. 商场现代化，2008(15)：246-247.

[8] 吴必虎. 休闲度假城市旅游规划[M]. 北京：中国旅游出版社，2010.

[9] 爱德华·因斯克普，马克·科伦伯格. 旅游度假区的综合开发模式:世界六个旅游度假区开发实例研究[M]. 国家旅游局人教司，译. 北京：中国旅游出版社，1993.

[10] Aron C S. Working at play: A history of vacations in the United States[J].Oxford: Oxford University Press，1991.

[11] 马波. 简论青岛市度假业的发展[J]. 旅游论坛，1997(2)：33-37.

[12] 刘岩. 大连市度假旅游发展对策研究[D]. 大连：东北财经大学，2005.

[13] 杨铭铎，陈心宇. 休闲、养生、度假旅游概念辨析[J]. 黑龙江科技信息，2009(29)：109，316.

[14] 姜红敏. 度假旅游相关概念界定探讨[J]. 现代商贸工业，2007，19(12)：44-45.

[15] 吴国清. 旅游度假区开发：理论·实践[M]. 上海：上海人民出版社，2008.

[16] 熊清华. 休闲度假旅游是新时期旅游发展的主旋律——以云南省保山市为研究个案[J]. 学术探索，2007(2)：63-68.

[17] 黄郁成. 新概念旅游开发[M]. 北京：对外经贸大学出版社，2002.

[18] 张耀天. 旅游度假地度假氛围研究[D]. 泉州：华侨大学，2011.

[19] Gee C Y. Resort Development and Management[M]. East Lansing, MI: Educatinal Institute of the Amenican Hotel Motel Assoc，1981.

[20] Tavallaee S，Asadi A，Abya H，et al. Tourism planning: an integrated and sustainable development approach[J]. International Journal of Industrial Engineering Computations，1991，4：2495-2502.

[21] 邹统钎. 旅游度假区发展规划——理论、方法与案例[M]. 北京：旅游教育出版社，1996.

[22] 陈东田，吴人韦. 旅游度假地规划特点及现有规划设计规程的适用性研究[J]. 旅游学刊，2001(5)：59-62.

[23] Scanlon N L. An analysis and assessment of environmental operating practices in hotel and resort properties[J]. International Journal of Hospitality Management，2007，26(3)：711-723.

[24] Sukkay S，Sahachaisaeree N. A study of tourists' environmental perceptions of the functional design of popular resorts in Chiang Rai Province[J]. Procedia-Social and Behavioral Sciences，2012，50：114-122.

[25] 魏彬. 关于建设国家旅游度假区若干问题的探讨[C]//区域旅游开发研究，1991.

[26] 国家旅游局规划财务司. 中国旅游度假区发展报告[M]. 北京：旅游教育出版社，2013.

[27] 邢铭. 论旅游度假区规划的若干问题[J]. 旅游学刊，1995(1)：28-32.

[28]方志远，朱湘辉，李琼英，等. 旅游文化概论[M]. 广州：华南理工大学出版社，2005.

[29]刘爱利，刘家明，刘敏，等. 国内外旅游度假区孤岛效应研究进展[J]. 地理科学进展，2007，26(6)：114-122.

[30]张凌云. 试论我国度假区的市场定位和开发方向[J]. 旅游学刊，1996(4)：5-9.

[31]吴承照. 现代旅游规划设计原理与方法[M]. 青岛：青岛出版社，1998.

[32]廖慧娟. 中外旅游度假区经营模式创新研究[J]. 创新，2008(2)：38-41.

[33]吴承照，薛海旻. 离散型度假区规划研究——崂山旅游度假区规划探索[J]. 规划师，2001，17(6)：27-31.

[34]束晨阳. 旅游度假区规划的思考[J]. 中国园林，1996，12(3)：23-24.

[35]毛建华，蔡湛. 旅游度假区定义的探讨[J]. 地理学与国土研究，1996，12(2)：52-54.

[36]杨帆. 佛教文化旅游度假区规划策略探究——以无锡灵山小镇·拈花湾为例[D]. 南昌：南昌航空大学，2018.

[37]陈诗. 旅游度假区规划设计探究[D]. 重庆：重庆大学，2014.

[38]罗燕. 贵州避暑旅游品牌战略研究[D]. 广州：暨南大学，2012.

[39]刘园园，金颖若. 避暑旅游产业发展概述[J]. 生态经济，2010(6)：115-119.

[40]吴普，周志斌，慕建利. 避暑旅游指数概念模型及评价指标体系构建[J]. 人文地理，2014，29(3)：128-134.

[41]陈南江. 滨水度假区旅游规划创新研究[D]. 上海：华东师范大学，2005.

[42]蔡卫民，熊翠. 湖南省温泉休闲度假旅游空间布局研究[J]. 经济地理，2010，30(4)：688-692.

[43]江海旭，李悦铮，王恒. 地中海海岛旅游开发经验及启示——以西班牙巴利阿里群岛为例[J]. 世界地理研究，2012(4)：124-131.

[44]张善斌，朱宝峰，董欣. 我国滑雪休闲度假旅游发展研究[J]. 体育文化导刊，2018(9)：65-69，89.

[45]唐静. 山地休闲度假旅游产品的开发研究——以黔东南州为例[J]. 戏剧之家，2018(9)：241.

[46]王恒，席建超，冯永忠. 山岳度假旅游地旅游业态集聚演进特征及驱动机制研究——以重庆市黄水镇为例[J]. 西北师范大学学报(自然科学版)，2018，54(5)：89-98.

[47]杨振之，郭凌，蔡克信. 度假研究引论——为海南国际旅游岛建设提供借鉴[J]. 旅游学刊，2010(9)：12-19.

[48]郑群明，宋冠杰，刘嘉. 大湘西地区度假类景区空间分布特征分析[J]. 旅游研究，2016，8(6)：45-50.

[49]陈桂洪，黄远水，陈金华. 闽南金三角地区旅游度假地空间布局研究[J]. 北京第二外国语学院学报，2010(5)：65-71.

[50]赵明，吴必虎，袁书琪. 城市周边度假地空间区位研究——基于北京城市中心距离变化的思考[J]. 重庆师范大学学报(自然科学版)，2010(1)：73-78.

[51]张艳艳. 天津休闲旅游可持续发展对策探析[J]. 特区经济，2010(4)：154-155.

[52]李慧敏. 秦皇岛休闲旅游业的可持续发展规划设计[J]. 商品与质量：理论研究，2011(7)：75.

[53]苏章全，明庆忠，廖春花. 休闲度假旅游目的地复杂系统及其反馈模型分析[J]. 北京第二外国语学院学报，2011(1)：10-16.

[54]孙鸿其，崔梨园. 南京珍珠泉旅游度假区发展及优化策略[J]. 现代商业，2013(18)：95-96.

[55]王铮，李山. 论旅游区的文脉[J]. 地域研究与开发，2004，23(6)：63-66.

[56]魏小安，魏诗华. 旅游情景规划与项目体验设计[J]. 旅游学刊，2004，19(4)：38-44.

[57]陈丹阳. 山地旅游度假区规划设计[D]. 北京：北京林业大学，2016.

[58]郭菲菲，王雪梅. 旅游度假庄园景区设计探讨[J]. 中国林业经济，2018(3)：100-101.

[59]李婷. 旅游度假区竞争力评价指标体系研究[D]. 杭州：浙江工商大学，2015.

[60]邹东璠，王彬汕，周觅. 中国度假旅游市场发展现状与趋势调查分析[J]. 装饰，2019(4)：12-17.

[61]范燕. 我国旅游度假地发展状况探析[J]. 德州学院学报，2010(4)：67-70.

[62]周翀燕. 我国旅游度假地开发研究——兼论福建省旅游度假地开发[D]. 厦门：华侨大学，2005.

[63]周建明. 旅游度假区的发展趋势与规划特点[J]. 国际城市规划，2003，18(1)：25-29.

[64]肖立，杭佳萍. 大众消费时代的居民消费特征及消费意愿影响因素分析——基于江苏千户居民家庭消费专项调查数据[J]. 宏观经济研究，2016(2)：120-126，136.

[65]刘敏，窦群，刘爱利，等. 城市居民亲子旅游消费特征与趋势研究——基于家庭结构变化的背景[J]. 资源开发与市场，2016，32(11)：1404-1408.

[66]魏莉莉. 青少年消费特征及趋势探析[J]. 当代青年研究，2014(4)：100-107.

[67]汤宁滔，李林，齐炜. 中国家庭旅游市场的消费特征及需求——基于中国追踪调查数据[J]. 商业经济研究，2017(2)：40-43.

[68]邓朝宏. 我国由生产型社会向消费型社会转型探析[J]. 企业经济，2011，6(25)：24-26.

[69]韩和元，郭杰群. 深化供给侧结构性改革对疫情后经济恢复至关重要[J]. 清华金融评论，2020(4)：50-52.

[70]酒江伟，张敏. 雾霾影响下不同阶层市民日常消费活动与制约[J]. 热带地理，2016，36(2):181-188.

[71]北京旅游学会. 旅游社会学[M]. 北京：中国旅游出版社，2018.

[72]吴必虎，方芳，殷文娣，等. 上海市民近程出游力与目的地选择评价研究[J]. 人文地理，1997(1)：21-27.

[73]周蕾芝，周国模，应媚. 旅游活动的适宜气候指标分析[J]. 气象科技，1988(1)：60-63.

[74]张荣，范春，赵崇平. 避暑休闲地产的内涵及特征研究[J]. 生产力研究，2017(12)：118-121.

[75]王松霈. 生态经济建设大辞典(上册)[M]. 南昌：江西科学技术出版社，2013.

[76]吴必虎. 中国城市居民旅游目的选择行为研究[J]. 地理学报，1997，2(52)：97-103.

[77]陈健昌，保继刚. 旅游者的行为研究及其实践意义[J]. 地理研究，1988(3)：44-51.

[78]吴必虎. 中国城市居民旅游目的选择的四种规律[J]. 城市规划，1997(4)：58.

[79]张安，丁登山，沈思保，等. 南京城市游憩者时空分布规律与活动频率分析[J]. 经济地理，1999(1)：107-111.

[80]杨新军，牛栋，吴必虎. 旅游行为空间模式及其评价[J]. 经济地理，2000，4(20)：105-108.

[81]丁健，李林芳. 广州居民对旅游目的地的到访率研究[J]. 地域研究与开发，2004(4)：73-77，89.

[82]斯蒂芬·史密斯. 旅游决策分析方法[M]. 李天元，徐虹，黄晶，译. 天津：南开大学出版社，2006.

[83]吴必虎，黄潇婷. 旅游学概论[M]. 北京：中国人民大学出版社，2014.

[84]杨俊，张永恒，席建超. 中国避暑旅游基地适宜性综合评价研究[J]. 资源科学，2016，38(12)：2210-2220.

[85]Gold E. The effect of wind,temperature,humidity and sunshine on the loss of heat of a body at temperature 98°F[J]. The Royal Meteorological Society，1935，61(261)：316-346.

[86]Siple P，Passel C F. Measurements of dry atmospheric cooling in subfreezing temperatures[J]. Proceedings of the American Philosophical Soeiety，1945，89：177-199.

[87]Smith K. The influence of weather and climate on recreation and tourism[J]. Weather，2012，48(12)：398-404.

[88]Terjung W H. Physiologic climates of the conterminous United States: A bioclimatic classification based on man[J]. Annals of the Association of American Geographers，1966，56(1)：141-179.

[89]陆林，宣国富，章锦河，等. 海滨型与山岳型旅游地客流季节性比较——以三亚、北海、普陀山、黄山、九华山为例[J]. 地理学报，2002(6)：731-740.

[90]曹伟宏，何元庆，李宗省，等. 云南丽江旅游气候舒适度分析[J]. 冰川冻土，2012，34(1)：201-206.

[91]吴普，葛全胜，齐晓波，等. 气候因素对滨海旅游目的地旅游需求的影响——以海南岛为例[J]. 资源科学，2010，32(1)：157-162.

[92]马丽君, 孙根年, 王洁洁. 中国东部沿海沿边城市旅游气候舒适度评价[J]. 地理科学进展, 2009, 28(5): 713-722.

[93]孙根年, 马丽君. 西安旅游气候舒适度与客流量年内变化相关性分析[J]. 旅游学刊, 2007(7): 34-39.

[94]马丽君, 孙根年, 黄芸玛, 等. 城市国内客流量与游客网络关注度时空相关分析[J]. 经济地理, 2011, 31(4): 680-685.

[95]李明, 龚念, 王映. 湖北省旅游"气候适宜度"时空分布初探[J]. 武汉交通管理干部学院学报, 1999, 1(1): 74-79.

[96]王金亮, 王平. 香格里拉旅游气候的适宜度[J]. 热带地理, 1999, 19(3): 235-239.

[97]梁平, 舒明伦. 黔东南旅游气候适宜性评价[J]. 贵州气象, 2000, 24(4): 14-21.

[98]张欢, 杨尚英. 陕南旅游气候适宜性评价[J]. 枣庄学院学报, 2010, 27(2): 125-128.

[99]刘伟, 李红波. 辽宁长山群岛旅游气候适宜性研究[J]. 中国人口·资源与环境, 2011, 21(12): 500-503.

[100]赵仕慧, 周长志, 汪圣洪, 等. 花溪国家城市湿地公园旅游气候资源适宜性评价[J]. 安徽农业科学, 2014, 42(31): 10989-10991.

[101]陈慧, 闫业超, 岳书平, 等. 中国避暑型气候的地域类型及其时空分布特征[J]. 地理科学进展, 2015, 34(2): 175-184.

[102]Mcharg I L. Design with Nature[M]. New York: Natural History Press, 1969.

[103]钟林生, 肖笃宁, 赵士洞. 乌苏里江国家森林公园生态旅游适宜度评价[J]. 自然资源学报, 2002(1): 71-77.

[104]粟维斌, 钟泓. 漓江流域生态旅游资源开发适宜性评估[J]. 改革与战略, 2014(11): 94-99.

[105]梁红玲, 李忠武, 叶芳毅, 等. 长沙市旅游开发生态适宜性评[J]. 城市环境与城市生态, 2009(6): 31-34.

[106]邬彬. 基于GIS的旅游地生态敏感性与生态适宜性评价研究[D]. 重庆: 西南大学, 2009.

[107]闫凤英, 何泽南, 范士陈. 基于生态旅游适宜性评价的空间规划策略研究——以海南省保亭县为例[J]. 建筑与文化, 2014(6): 40-44.

[108]张爱平, 钟林生, 徐勇, 等. 基于适宜性分析的黄河首曲地区生态旅游功能区划研究[J]. 生态学报, 2015(20): 1-13.

[109]陆林. 山岳风景区旅游季节性研究——以安徽黄山为例[J]. 地理研究, 1994, 13(4): 50-58.

[110]王灵恩, 成升魁, 钟林生. 旅游资源自驾车旅游开发适宜性评价体系构建与实证研究——以伊春市为例[J]. 人文地理, 2012(2): 134-139.

[111]卢晓旭, 陆玉麒, 靳诚, 等. 江苏湿地资源旅游开发适宜性评价[J]. 自然资源学报, 2011(2): 278-289.

[112]刘莎. 非物质文化遗产旅游开发适宜性研究——以秭归屈原故里端午节为例[J]. 云南地理环境研究, 2014(4): 65-70.

[113]闫业超, 岳书平, 刘学华, 等. 国内外气候舒适度评价研究进展[J]. 地球科学进展, 2013, 28(10): 1119-1125.

[114]Hill L, Griffith O W, Flack M. The measurement of the rate of heat-loss at body temperature by convection, radiation, and evaporation[J]. Philosophical Transactions of the Royal Society B Biological Sciences, 1916, 207(335-347): 183-220.

[115]Vernon H M, Warner C G. The influence of the humidity of the air on capacity for work at high temperatures[J]. Epidemiology & Infection, 1932, 32(3): 431-462.

[116]Li P W, Chan S T. Application of a weather strees index for alerting the public to stressful weather in Hong Kong[J]. Meteorological Applications, 2000, 7(4): 369-375.

[117]McArdle B, Dunham W, Holling H E, et al. The predication of the physiological effects of warm and hot Environment[R]. Renewable Northwest Project Report47/391. London: Medical Resource Council, 1947.

[118]Siple M P A, Passel C F. Excerpts from: Measurements of dry atmospheric coolong in subfreezing temperatures[J]. Wilderness&Enviromental Medicine, 1999, 10(3): 176-182.

[119]Steadman R G. The assessment of sultriness.Part 1: A temperature-humidity index based on hiunan physiology and clothing science[J]. Journal of Applied Meteorology, 1979, 18(7): 861-873.

[120]Jendritzky G, Dear R D, Havenith G. UTCI-why another the rmal index[J]. International Journal of Biometeorology, 2011,

56（3）：421-428.

[121]Gagge A P, Stolwijk J A J, Nishi Y. An effective temperature scale based on a simple model of human physiological regulatory response[J]. ASHRAE Transactions, 1971, 77（1）：21-36.

[122]钱妙芬, 叶梅. 旅游气候宜人度评价方法研究[J]. 成都信息工程学院学报, 1996（3）：128-134.

[123]马丽君. 中国典型城市旅游气候舒适度及其与客流量相关性分析[D]. 西安：陕西师范大学, 2012.

[124]范业正. 中国海滨旅游地气候适应性评价[J]. 自然资源学报, 1998, 13（4）：304-311.

[125]唐瑜. 中国气候舒适度的空间分布研究与WEBGIS应用[D]. 上海：华东师范大学, 2018.

[126]Intergovernmental Panel on Climate Change. IPCC Fourth Assessment Report: Climate change 2007（AR4）[R]. Geneva: United Nations Intergovernmental Panel on Climate Change，2007.

[127]李萍. 杭州市旅游气候资源及开发利用研究[D]. 长沙：中南林业科技大学, 2005.

[128]陆林, 丁雨莲. 旅游气候研究进展与启示[J]. 人文地理, 2008, 5（19）：7-11.

[129]王艳平. 对"旅游需求"概念及其影响因子分析的深度认识[J]. 桂林旅游高等专科学校学报, 2005, 16（3）：10-12.

[130]袁世全. 中国百科大辞典[M]. 北京：华夏出版社, 1990.

[131]谢彦君. 基础旅游学（第一版）[M]. 北京：中国旅游出版社, 1999.

[132]朱俊杰, 丁登山, 韩南山. 中国旅游业地域不平衡分析[J]. 人文地理, 2001, 1（16）：26-30.

[133]刘润, 杨永春, 李巍. 中国民族地区的旅游需求及其对地方旅游行为的启示[J]. 广西民族研究, 2013（2）：156-164.

[134]Lohmann M, Kaim E. Weather and holiday destination preferenc-es: Image attitude and experience[J]. Tourist Review, 1999, 54（2）：54-64.

[135]Gallarza M G, Saura I G, Garcia H C. Destination image: Towards a Conceptual Framework[J]. Annals of Tourism Research, 2002, 29（1）：56-78.

[136]Kozak M. Comparative analysis of tourist motivations by nationality and destinations[J]. Tourism Management, 2002, 23（3）：221-232.

[137]Goh C，Exploring impact of climate on tourism demand[J]. Annals of Tourism Research, 2012, 39（4）：1859-1883.

[138]包战雄, 祁新华, 袁书琪. 天气和气候与旅游需求关系的研究进展[J]. 亚热带资源与环境学报, 2019, 14（3）：60-67.

[139]李志龙. 考虑气候因子的旅游需求模型构建[J]. 统计与决策, 2019, 12（19）：79-82.

[140]Rossello J, Santana-Gallego M. Recent trends in international tourist climate preferences: a revised picture for climatic change scenarios[J]. Climatic Change, 2014, 124（1/2）：119-132.

[141]Moreno A，Amelung B，Santamarta L. Linking beach recreation to weather conditions: A case study in Zandvoort, Netherlands[J]. Tourism in Marine Environments, 2008, 5（2/3）：111-119.

[142]Dubois G，Ceron J P，Gossling S，et al. Weather preferences of French tourists: Lessons for climate change impact assessment[J]. Climatic Change, 2016, 136（2）：339-351.

[143]Taylor T, Ortiz A. Impacts of climate change on domestic tourism in the UK: A panel data estimation[J]. Tourism Economics, 2009, 15（4）：803-812.

[144]张丽雪, 杨建明, 苏亚云. 福建东山岛游客旅游气候偏好研究[J]. 海南师范大学学报（自然科学版）, 2014, 27（2）：191-195.

[145]陆鼎煌, 崔森, 李重和. 北京城市绿化夏季小气候条件对人体的适宜度[C]//林业气象论文集, 北京：气象出版社, 1984：144-152.

[146]王昕, 张海龙. 旅游目的地管理[M]. 北京：中国旅游出版社, 2019.

[147]Cooper C，Fletcher J，Fyall A，et al. Tourism:Principles and Practice[M]. London：Longman Group Ltd., 1993.

[148]布哈利斯，马晓秋. 目的地开发的市场问题[J]. 旅游学刊，2000（4）：69-73.

[149]魏小安. 促进旅游目的地的新发展（上）[N]. 中国旅游报，2002-06-07.

[150]张立明，赵黎明. 旅游目的地系统及空间演变模式研究——以长江三峡旅游目的地为例[J]. 西南交通大学学报（社会科学版），2005（1）：78-83.

[151]张东亮. 旅游目的地竞争力指标体系及评价研究[D]. 杭州：浙江大学，2006.

[152]张雪婷，李勇泉. 文化创意旅游园区智慧旅游服务体系构建研究——以晋江五店市为例[J]. 湖北文理学院学报，2018，8（39）：70-75.

[153]邹永广，谢朝武. 基于技术嵌入的乡村旅游服务体系研究[J]. 企业活力，2011，4（6）：27-32.

[154]路紫，沈和江，高艳红. 旅游社区管理的理论与实证[M]. 北京：科学出版社，2014.

[155]唐峰陵，岑海间. 文化视角下城市休闲公园生态游步道产品设计研究——以梧州苍海公园为例[J]. 企业经济，2014，11（19）：86-90.

[156]华成钢，白长虹，韦鸣秋. 移动互联时代旅游信息服务体验对出游决策的影响研究[J]. 旅游学刊，2019，11（34）：51-65.

[157]刘敦荣. 旅游商品学[M]. 天津：南开大学出版社，2003.

[158]张勇. 旅游资源、旅游吸引物、旅游产品、旅游商品的概念及关系辨析[J]. 重庆文理学院学报（社会科学版），2010，29（4）：155-159.

[159]吴晋峰. 旅游吸引物、旅游资源、旅游产品和旅游体验概念辨析[J]. 经济管理，2014，36（8）：126-136.

[160]吕晓玲. 近代中国避暑度假研究（1895−1937年）[D]. 苏州：苏州大学，2011.

[161]王建喜，张霞. 我国度假旅游发展的驱动机制[J]. 社会科学家，2008（12）：91-94.

[162]邹再进. 旅游业态发展趋势探讨[J]. 商业研究，2007（12）：156-160.

[163]李晓琴.基于"产业融合"理论的低碳旅游业态创新路径研究[J].西南民族大学学报（人文社科版），2016，37（2）：126-130.

[164]高苹，席建超. 旅游地乡村聚落产业集聚的时空演化及其驱动机制研究——野三坡旅游地苟各庄村案例实证[J]. 资源科学，2017，39（8）：1535-1544.

[165]陆建华. 论青年群体的社会学特征[J]. 中国青年研究，1993（1）：38-40.

[166]闻虹. 19世纪末20世纪初西方人在环渤海地区的海滨避暑活动研究[J]. 外国问题研究，2021（1）：109-116，120.

[167]王霞. 人口年龄结构、经济增长与中国居民消费[J]. 浙江社会科学，2011（10）：20-24，155.

[168]吴俊. 长三角城市老年人旅游决策前因及策略研究[D]. 杭州：浙江工商大学，2018.

[169]马丽君，孙根年，谢越法，等. 50年来东部典型城市旅游气候舒适度变化分析[J]. 资源科学，2010，32（10）：1963-1970.

[170]马林. 内蒙古草原生态旅游开发战略探讨[J]. 干旱区资源与环境，2004（4）：65-71.

[171]何洋. 中俄度假旅游者偏好和行为特征比较研究[D]. 大连：东北财经大学，2019.

[172]邱洁威，张跃华，查爱苹. 农村居民旅游消费意愿影响因素的实证研究——基于浙江省780户农村居民的微观数据[J]. 兰州学刊，2011（3）：57-64.

[173]王昕. 旅游社区学[M]. 北京：中国旅游出版社，2020.

[174]吴方桐. 社会学教程[M]. 武汉：华中师范大学出版社，2007.

[175]Barnes J A. Class and Committees in a Norwegian Island Parish[J]. Human Relations，1954，7（1）：39-58.

[176]Thorelli H B. Networks：Between markets & Fombrun.C Social network analysis for organizations[J]. The Academy of Management Review，1979，4（4）：507-519.

[177]陈秀琼，黄福才. 基于社会网络理论的旅游系统空间结构优化研究[J]. 地理与地理信息科学，2006（5）：75-80.

[178]于海. 行动论、系统论和功能论——读帕森斯《社会系统》[J]. 社会，1998（3）：44-45.

[179]徐杰，孙雷雷. 系统流视角的系统协调评价理论及其应用[J]. 山东农业大学学报(社会科学版)，2013，15(3)：59-63.

[180]罗珉，李亮宇. 互联网时代的商业模式创新：价值创造视角[J]. 中国工业经济，2015(1)：95-107.

[181]郑杭生. 社会学教程[M]. 武汉：华中师范大学出版社，2007.

[182]吴满意，景星维. 网络人际互动对人类交往实践样态的崭新形塑[J]. 重庆邮电大学学报(社会科学版)，2015，27(2)：76-82.

[183]石磊. 哲学新概念词典[M]. 哈尔滨：黑龙江人民出版社，1988.

[184]冯天瑜. 中华文化辞典[M]. 武汉：武汉大学出版社，2001.

[185]尹俊芳. 论文化冲突对社会主义和谐文化建设的影响[J]. 求实，2013(3)：58-62.

[186]何小莲. 西医东渐与文化调适[M]. 上海：上海古籍出版社，2006.

[187]邓伟志. 社会学辞典[M]. 上海：上海辞书出版社，2009.

[188]安超. 传统文化保护视角下的古村落旅游可持续发展研究[J]. 西部皮革，2019，41(5)：114.

[189]廖盖隆，孙连成，陈有进，等. 马克思主义百科要览（下卷）[M]. 北京：人民日报出版社，1993.

[190]汪大海，魏娜，郇建立. 社区管理[M]. 北京：中国人民大学出版社，2005.

[191]张大伟，陈伟东. 城市社区居民参与的目标模式、现状问题及路径选择[J]. 中州学刊，2008(2)：115-118.

[192]郭彩琴，吕静宜. 完善社区参与式互动治理结构的对策研究[J]. 行政论坛，2018，25(4)：106-110.

[193]付兵. 培育社区居民参与意识的意义及对策[J]. 广西社会主义学院学报，2012，23(5)：96-99，105.

[194]周樊. 和谐文化与中华文化认同[M]. 北京：中国工商出版社，2007.

[195]费穗宇. 社会心理学词典[M]. 石家庄：河北人民出版社，1988.

[196]朱智贤. 心理学大词典[M]. 北京：北京师范大学出版社，1989.

[197]张春兴. 青年的认同与迷失[M]. 北京：世界图书出版社，1993.

[198]沙莲香. 社会心理学[M]. 北京：中国人民大学出版社，2002.

[199]陈才，卢昌崇. 认同：旅游体验研究的新视角[J]. 旅游学刊，2011，26(3)：37-42.

[200]高宜程，申玉铭，王茂军，等. 城市功能定位的理论和方法思考[J]. 城市规划，2008(10)：21-25.

[201]陆唐信. 长沙市城市功能空间演变及驱动机制分析[D]. 长沙：湖南师范大学，2020.

[202]Gilbert E W. The Growth of Brighton[J].The Geographical Journal，114(1)：30-52.

[203]杰弗里·沃尔. 旅游地形态学:西方概念和在中国的运用[A]//保继刚,潘兴连,杰弗里·沃尔.城市旅游的理论与实践[C].北京：科学出版社，2001.

[204]Pearce D G. Tourism Today：A Geographical Analysis（Second edition)[M]. London：Longman Group Ltd.，1995.

[205]何正强. 社会网络视角下改造型社区公共空间有效性评价研究[D]. 广州：华南理工大学，2014.

[206]刘蔚丹. 基于社会网络分析法的重庆市主城区公园绿地可达性研究[D]. 重庆：重庆大学，2015.

[207]袁园嫒，黄海燕. 上海体育旅游组织间合作关系研究——基于社会网络分析法的分析[J]. 中国体育科技，2018，54(6)：3-11.

[208]梁菇，王媛，冯学钢，等. 文体旅上市企业社会关系网络结构特征分析——同行业与跨行业比较视角[J]. 旅游学刊，2021，36(10)：14-25.

[209]刘春. 基于社会网络方法的中部地区城市群旅游空间结构研究[J]. 世界地理研究，2015，24(2)：167-176.

[210]彭红松，陆林，路幸福，等. 基于社会网络方法的跨界旅游客流网络结构研究——以泸沽湖为例[J]. 地理科学，2014，34(9)：1041-1050.

后　　记

　　本书得到了重庆师范大学"重庆市全域智慧旅游 2011 协同创新中心""旅游管理国家一流专业建设点"、重庆国家应用数学中心的资助和支持，也得到了各避暑度假地的相关帮助。研究成员有王昕、曾祎、罗仕伟、宋娟、杜佳蓉、邓皓玉、刘宇航、彭锐真、刘虹利、范卓、张玲瑶、曾凤君等，本书是研究小组共同努力的成果。

　　本书参考了大量的学术成果，个别参考（借鉴）比较碎片，书中未一一标注，参考文献罗列于后。若有遗漏，绝非故意，望海涵！谅解！

　　本书是研究团队关于旅游目的地研究的系列成果之一，研究主题来自实践调研和实际问题，但部分研究内容还需要进一步探究，到出版为止仍然存在不足，敬请各位读者批评指正！

作者

2021.11

附件：山地型避暑度假地的社会学特征调查问卷

尊敬的受访者：

您好！我们是避暑度假地研究团队。感谢您接受本次度假地社会特征调查。请您根据日常生活的真实情况填写(回答)，调查内容不会涉及您的隐私，也不会公开任何个人的答案。谢谢！

1. 受访者基本情况：

性别：____(男 1 女 2)　　年龄：_____　　职业：_____　　籍贯(省市)：_____

2. 您选择避暑度假地时，主要看重哪些因素？(至少 3 个，可多选；建议排序)

□气候凉爽　　□交通便捷　　□时间距离　　□环境优美　　□生活便利

□地方特色　　□水土质量　　□旅游景观　　□基础设施　　□度假房价格

3. 您觉得避暑度假地离您常住地应该多远为宜？

□近点好些(开车 1~2 小时)　　　　□不远不近(开车 2~4 小时)

□稍微远点(开车 4~8 小时)　　　　□只要喜欢，无所谓

(注：或公里数为_____公里为宜。　　　其他答案_____)

4. 在您的避暑度假生活中，以下活动的时间花费大概多久？

活动类型	睡觉休息	基本生活	娱乐交友	商业购物	文化康乐	外出游玩	休闲健身	其他：_____
花费时间(小时)								
主要时段 (例如上午、周末等)								

(注：基本生活指买菜、做饭、卫生清洁、休闲等；外出游玩指在周边观光旅游活动等)。

5. 您度假生活期间，月消费大致多少(_____元/人)；各项消费大致占几成？

消费项目	1~2 成	2~4 成	4~6 成	6~8 成	8 成以上
基本生活					
住宿(亲、友)					
交通出行					
商业购物					
旅游活动					
娱乐、交友					
健身活动					
其他：_____					

(注：购置房产、家具家电外未在统计之列；也可以直接填写经费)。

6. 您平时的主要活动地方(可补充)及大概频次。

活动地方	主要活动地 (选 3~4 个)	活动频率				
		每天	1 周 2~3 次	1 周 1 次	2 周 1 次	2 周以上 1 次
健身场馆						
文化场所						
娱乐场所						
商业场所						
旅游景点						
休闲场所						
生活市场						
当地场镇(街)						

(补充：＿＿＿＿＿＿＿＿＿＿＿＿＿＿＿＿＿＿＿＿＿＿＿＿＿＿＿＿＿＿)

7. 您在避暑度假过程中，一般和哪些人群交往？

□兴趣爱好者   □邻居   □家人亲戚   □朋友   □当地居民   □商贩 □其他

8. 您在避暑度假地一般会留住多久？从＿＿＿月到＿＿＿月？

□2~3 天 □1 周以内 □2~3 周内 □1 个月以内 □1 个月以上 □断断续续，主要是周末

9. 您对避暑度假地的公共服务设施是否满意？

□非常满意   □满意   □一般   □不满意   □很不满意

(原因：＿＿＿＿＿＿＿＿＿＿＿＿＿＿＿＿＿＿＿＿＿＿＿＿＿＿＿＿)

10. 针对您所旅居的避暑度假地，还有存在的其他问题、您的建议。

＿＿＿＿＿＿＿＿＿＿＿＿＿＿＿＿＿＿＿＿＿＿＿＿＿＿＿＿＿＿＿

再次感谢您的支持！祝度假生活健康幸福！

山地型避暑度假地研究团队

2019.01